活動、慶典、集會與展覽

活動行銷

【第二版】

C.A. Preston 著

張明玲 譯

推薦序

21世紀的活動所具備的潛力與奧妙

今日，透過數位方式與人聯繫是眾人普遍接受且可空見慣的事實。數位互動就像我們呼吸的空氣一般，看不見但是卻習以為常，即使它造成明顯荒謬的情況，譬如兩個青少年並肩而坐，但是卻互相來來回回的收發簡訊，而這也正是為什麼知道如何策略性地善用活動，比過去更為重要的原因。我們愈是活在一個數位化的世界中，我們愈需要現場的活動，而且我們愈需要知道如何明智地利用它們。

我任職的傑克摩頓全球公司（Jack Morton Worldwide），是一家有72年歷史的品牌經驗代理商，每隔一段時間就會有預言家和不理性的狂熱技術人員預測說，新的發明─從視訊會議到網際網路本身的虛擬活動─將會扼殺現場活動。然而，指稱「活動將死」實在言過其實，套用馬克吐溫的名言就是：「正好相反！」活動的定義從小規模的高階管理人員集會，到號召消費者參與和引起媒體關注某品牌的大型集會皆屬之，它作為行銷組合的一部分，重要性有增無減。像我們這類的公司也蓬勃發展。身為一個人，我們會渴望「真正的」人類互動。身為企業的領導者，我們瞭解當我們面對面聚會時，可以完成許多事，這是我們無法透過其他方式做到的。身為一名行銷人員，我們明白與人有關聯的品牌經驗比其他管道更快激發積極的行動，而且長期來看，它能夠建立更難忘和更有意義的互動。除了關於現場活動的價值這些不變的事實外，還有一個更重要的條件是：在當前的數位時代裡，投資在「活動」的品牌必須知道如何運用策略來善用它們。這句話意指投資者必須瞭解現場活動有何特殊和獨到之處。它意味著對

3

於一個特定品牌的產業，必須清楚其商業目標以及他們試圖要號召的對象為何，更須瞭解現場活動能夠發揮什麼作用。它的意義在於瞭解如何將數位互動整合並合併到面對面的集會中，以及如何在持續的行銷戰和一系列相關的品牌接觸點中，平衡現場與數位活動所分配的時間。還有，最重要的是，它代表著必須知道如何衡量現場活動的效應。以上所有的因素皆使得本書更加具有價值和不可或缺。

麗茲・畢格漢（Liz Bigham）

傑克摩頓全球公司行銷總監

作者序

「拋開凡事應該依循往例的觀念。」

《活動行銷》第一版作者　李奧納多·豪伊爾（Leonard H. Hoyle, 1939-2010）

　　歡迎你成為《活動行銷》第二版的讀者，我希望你會發現這是一本清晰、具有啟發性和實用的一本書。首先，我要先向第一版的作者，已故的李奧納多·豪伊爾致上我的敬意，前一版的《活動行銷》是一本具有啟迪作用的教科書，它著重在活動行銷的特性上。豪伊爾用熱情與熱忱完成了這本書。他的版本重點在於如何行銷活動。第二版則比較偏重如何將策略性行銷思維應用在活動上。不過，兩個版本之間有一些重疊之處，因為豪伊爾有許多卓越的觀點無論在過去和現在都同樣實用且見解獨到。

　　本書最重要的主題就是：21世紀的活動市場就像其他的消費者市場一樣，日漸過度飽和，因此你必須運用策略性的行銷思維來生存。例如，英國（人口為6,500萬人）每年就舉辦了超過70場不同的啤酒節。我不敢說每一場的啤酒節我都去過，但是每個人都需要一個努力的目標。在美國（人口將近3億人），一年當中就有超過2,500場的音樂節，這反映出品味的多元化，而對於活動行銷人員重要的是，它顯示出一個廣大的人口特徵差異。

　　計劃性活動時時刻刻隨處可見，如今消費者對於他們想要投資和參與的活動有愈來愈多選擇。本書致力於幫助你確保他們選擇你的活動。欲達成該目標的方法就是降低他們不選擇你的活動的風險。這就是策略性活動行銷的精髓所在。

解決問題與避免問題

　　就如同許多人一樣，我希望我學會避免人生中會出現的種種問題。我也希望我早就發現問題所在。沒錯，我們活著就是要學習。萬一我要在一個充滿競爭和強敵的環境中行銷一場計劃性活動該怎麼做？如果我要行銷美國每年舉辦的2,500場音樂節中的一場該怎麼做？我當然想要未雨綢繆，以避免問題發生。我當然不想要被問題困住，我當然會思考問題之所在。競爭對手呢？他們的數量多嗎？我當然想贏過我的競爭對手。我想要取得優勢。我希望是他們有問題，而不是我。你希望成為什麼樣的人，是花許多時間解決問題還是透過策略性的活動行銷學習如何避免問題呢？

　　這就是本書的主旨。策略性活動行銷就是降低風險，或者說如何策略性地降低出錯的風險。它的目的是提高做對事情的可能性。它是關於避免問題，這樣我們就不會花所有寶貴的時間來嘗試解決問題。當然，總是會有事情無法解決的時候。行銷並不是一把魔杖，能夠將問題變不見，然而它是一個著手處理事務的方法，可以讓你在問題襲擊你之前就先看到它們，因此你就能夠採取正確的途徑來避開它們。

　　在第一版中，李奧納多‧豪伊爾相當簡潔有力地陳述行銷與活動管理之間的關係。豪伊爾說道：「行銷應該整合所有的管理決策，如此他們才能將重點放在活動的目標上。」這句話意味著行銷活動與規劃活動的事業相關聯。豪伊爾繼續評述道：「有見識的活動專業人員在規劃過程一開始的時候就會將行銷納入。」同樣地，很顯然活動行銷與活動企劃密切相關，而且它超越了只是宣傳的想法。此外，豪伊爾語重心長地提醒我們一件關於活動很基本的事：「你是在從事腦部外科的事業。但不是做醫生的工作，而是去改造心靈。你將透過慶典讓人們感到快樂；透過教育讓他們變得聰明；透過互動教他們合作；透過仲裁讓他們達成共識；透過動機讓他們獲利……這是一個關

於人的事業。假如你做好你的工作，那麼你便是在改造心靈與實現夢想。」

由於欽佩豪伊爾的智慧，於是我開始改寫這本書。在第一版中，我最喜歡的一句箴言是：「我愈努力，就會愈幸運。」諸位如果現在正在製作活動，就會知道此言不虛，而如果你正在研究計劃性活動，你也會漸漸明白這個道理。在一個高度競爭的現代活動市場中，你無法將成功視為理所當然。必須透過勤奮努力以及策略性的活動行銷才能獲得成功。

我的第一次活動行銷經驗

我真正意識到別具特色的第一場活動是我小時候在位於蘇格蘭的家鄉附近，每年都會在農村地區舉辦的一個小型農業展。現場有動物和農場機具、露天遊樂場的遊樂設施，還有許多食物。它特別之處在於幾乎每次都下雨。無論當週的天氣如何，活動一開始就會烏雲密佈，然後不用說，天空就開始降下傾盆大雨。這就是它之所以特別的原因。隨著重大的活動日愈來愈近，人們就會心照不宣地點點頭，並抬頭仰望天空。在全球社交網絡興起之前的年代裡，人們都是以眼神和目光以及一兩句話親自分享他們共同的經驗。參加者總是人數眾多，像我們當地人就會穿上威靈頓靴湧向這片泥濘的土地。它成為一種傳統，而且它的名氣跟它實際的內容已經相去甚遠。我常常心想，如果不是它具有影響天氣的神奇能力，在我們心中還會這麼喜愛這個活動嗎？因為在其他方面，這個活動根本平凡無奇。我想那就是它的品牌形象，因為某種原因，它起了作用。它擁有非比尋常的東西，讓一切都不同了。這場活動的海報在數週前就四處張貼，提醒我們這重大的日子就要來臨。海報的圖案是一個穿著紅色雨衣的人物，手上舉著一把傘，傘面上飛濺著以卡通手法繪成的雨滴。

這是我頭一次接觸活動行銷的經過，我記得我認為海報上的圖案

是個很棒的想法，因為它將焦點放在我們參加者對這個事件的實際感受上。沒錯，從我童年時，我就開始在思索活動行銷的深層奧祕以及策略性的機會。

活動簡史

時光匆匆流逝，我來到了青少年時期，我發現我對歷史有著濃厚的興趣，我盡己所能地吸收關於過往的事物。我猛然意識到世界史大致上就是一部活動史，從古代就開始被用來提供娛樂消遣、形塑文化認同，以及表達我們彼此之間與更廣大的世界之間的關係。

回溯到西元前2300年，古英國人完成了巨石陣，在這個龐大的露天聚會所，舉辦關於生死循環的活動，而且與神祕的天體有關。由於我們日常生活的事務將變成像廣袤的沙漠中的砂礫一般消失在時間之流裡，所以唯有將焦點放在活動上，過往才會變得清晰。再回到西元前876年，當時舉行了第一屆的奧林匹克運動會，這是相互競爭的希臘城邦之間不是經由戰爭而是以運動賽事彼此較量的機會，不過戰爭仍舊普遍。這些活動成為了當時的時代標記。在西元80年時，羅馬競技場落成，當時的公民熱愛觀賞屠殺的壯觀場面，這樣的活動或多或少成為羅馬城以及羅馬帝國的象徵。

歷史是許多人類活動的記錄，因此活動往往成為我們審視歷史的一面透視鏡，我們也藉此瞭解世界和人類文明演進的過程。活動有悠久的傳統，今日的活動相當以人為本，並且界定了我們的身分。我們常常會問是什麼讓我們成為人類，使得我們與野外的獸類有所區隔。很顯然，其中一個因素就是計劃性活動，因為它們代表我們決心設立世界秩序，讓我們自己設計的事物出現在流逝的時光中，銘刻我們共同的認同。

當豪伊爾強調說活動產業是一個關於人的事業，此話一語中的。假如沒有活動，很難想像人類如何能夠朝著21世紀我們所享有的文明

成果而進化。因此，本書也設法要激勵你並幫助你感覺到參與計劃性活動的偉大歷史是多麼榮耀的一件事。你有責任讓人們相聚在一起，這是最崇高的追求。

本書如何幫助你有效地行銷活動

在第1章，你將學習區別活動的行銷以及利用活動作為行銷策略之間的差異。所以你必須先瞭解你的活動目的。活動本身就是目的嗎？還是它是達到目的的一種手段？這之間的區隔與你的活動所設定的策略性行銷有很大的關係。

第2章描述了活動行銷的演進，並以活動行銷實務上具有歷史意義的例證幫助你瞭解我們如何發展到今日的現況。它將為未來以及剛起步的策略性活動行銷的演進提供穩固的根基。

在第3章，我們將打造一個策略性活動行銷的模型，內容設計兼具概念與實務。其目的是作為策略性活動行銷的使用者指南，除了降低活動的風險，也透過一連串界定流程的實用步驟來引導行銷人員。

贊助對於活動的資金募集非常重要，因此需花費大量心力去爭取必要的贊助者，以使活動順利進行。第4章有助於你瞭解如何著手取得贊助者的資金。但贊助是一體兩面。無論誰贊助你的活動，都會將其形象與特性加諸在你的活動上，因此策略性活動行銷也必須納入這個重要的考量。

第5章目的是幫助你瞭解如何充分利用策略性的網路行銷來支援你的活動。假如不懂得如何利用搜尋引擎以及如何善用社交網絡的傳播力量，那麼策略性活動行銷人員將會在這個充滿變數的環境中處於完全的劣勢。

大量的媒體都將注意力放在娛樂與慶典活動上，許多學生也因為與此市場領域有直接的經驗，所以對該主題感興趣。第6章將幫助你設計、選擇、協調和評估娛樂與慶典領域中策略性的活動行銷計畫。

讓我們再次思考活動作為一個目的或是一種達到目的的手段之間的差異，第7章是要幫助你瞭解就外部與內部的企業策略而言，活動所扮演的角色。你將學到在企業與品牌行銷策略中如何有效率及有效能地善用活動。

協會組織的策略性行銷包含了特殊的挑戰與機會。第8章將幫助你聚焦在這個最特殊的領域中若干主要的議題上，譬如與宗教性協會的策略性活動行銷相關的敏感度，它們無疑地會希望維持一個虔誠的表象。協會的形式與規模不一，我們將藉由本章理解和洞察協會的活動行銷領域。

第9章將帶你進入社交活動的世界，這類活動也日漸納入專業活動管理中。這個領域包括慶生會、喪禮等等，我們將關注高齡化人口的現象，以及這個現象代表的人口結構改變所提供的策略性活動行銷機會。

接下來，本書將在第10章探討策略性活動行銷未來的影響力與趨勢。知道明天將帶來什麼肯定對我們每個人都極為重要，對於當代的活動行銷人員而言，能夠預測趨勢和預期變化絕對也是必要的。

第11章挑選了涵蓋各種方法與策略的活動行銷個案研究作為本書的總結。

活動行銷的下一個新領域

顯然地，活動在21世紀消費者社群中所扮演的角色已經變得相當主流，因此須特別考慮關於它們的行銷與宣傳。再者，活動與行銷全球的產品與服務密切相關。就讓我們來看看世界賽車大獎賽（World Grand Prix）的賽車場，這個活動的目的就是要行銷贊助商的品牌以及汽車產業的優點。這是一個共生的關係，每一方都為了共同的利益相互依賴。所以，活動既是被行銷的產品與服務，同時也是行銷產品與服務的一種手段。

　　身為一名當代的消費者，你可以選擇你所要消費的事物。你可能選擇購買一個經驗，而不是一個實在的物品。活動的世界提供給消費者一個豐富且多樣的選擇清單。

　　在20世紀，認為消費大抵是關於購買食衣或是家用品的觀念，正被消費的新觀念所取代。在社交網絡的概念下，娛樂是大眾消費，資訊是數位時代的消費，而其他人則代表在社交網絡中的一種消費形式。廣告本身被視為是我們消費和吸收的事物，可與那些被宣傳的事物各自獨立。我們消費了觀念、宗教和政治意識型態，以及在當代生活這個超大型百貨公司裡所供應的任何事物。

　　在現代社會裡，活動代表了新的消費概念，它與代表我們時代特色的傳播基體息息相關，而且本身就代表了一種提供社交互動機會的消費形式，無論是有形和無形皆然。人們可能會說在我們電子化傳播的世界中，活動為人們提供了一個亟需遠離虛擬網絡的機會，並且在現實的場地與真正的人接觸、做真實的事，並且體驗第一手的人生。

　　我最近剛好身歷其境，參加了一場在蘇格蘭舉行的音樂節，名稱叫做「T in the Park」，它是在愛丁堡附近的鄉間所舉辦的年度活動，出席人數大約10,000人。我的目的是去看我最愛的表演，一群稱自己為Alabama 3樂團的中年無賴男子。我想盡辦法要看他們的表演已經好幾年了，所以我很想把握這個機會。因為不是青春正盛的年輕人，所以這個經驗有點讓我招架不住，而且我所有的感官都過勞了，有時候悅耳、有時候刺耳，雖然有很多的表演在我聽來似乎很沉悶，然而那些毛頭小子卻熱烈地接受它們。這個音樂節的主要贊助商是當地一個稱為Tenants的啤酒製造商，這點可能不會讓你感到意外，他們利用這場活動作為與一大群啤酒客交流的一種方式，因此稱為T（代表Tenants）in the Park。喔，沒錯，唯一販售的啤酒就是Tenants。所以說這場活動究竟是要行銷表演還是啤酒製造商，或者兩者皆是？

　　這也是本書主要的主題之一。無論一場活動是否由一個品牌業者籌辦，例如可口可樂，或者一場活動是由一個品牌業者贊助，例如國

際奧林匹克委員會，活動已經無可避免地與品牌的行銷相連結。奧林匹克運動會可能一開始是古希臘城邦之間以運動較勁的活動，但是近年來已經變成主要的品牌經驗。譬如可口可樂和百事可樂這類的品牌業者都在相互競爭，希望成為奧林匹克運動會的官方贊助商，為的就是要參與構成奧林匹克運動會的許多活動。活動的特質將反映在你的品牌上，而且這也是一個獲得影響力、地位以及關注的絕佳方法。

顧客會來嗎？

　　我想要引申在前一版的作者序中發人深省的故事。1989年的電影《夢幻成真》（*Field of Dreams*），內容是描述主角在自己農場的玉米田開闢了一座棒球場，結果不可思議地吸引各式各樣想要來實現夢想的人；這部電影的宗旨是「產品做出來，顧客就會來」。事實上，因為是改編成小說的故事，而且是一部好萊塢的電影，所以他們真的會來，而且真的實現了他們的夢想。我必須承認在這個令人難忘的故事中有非常鼓舞人心的東西，因為它告訴我們，當他們勇於做夢時，就會產生希望的力量，自始至終不屈不撓，以及出於我們本性中善良因子的能量與動機。

　　可惜的是，這在現代的活動行銷中很少發生。事實上，這個神祕的農夫根本沒有理由期望任何人會來，更別說形成投資報酬率的人數。人生並不會像這樣。由此看來，我們應該要改寫這個浪漫小說的哲理，來作為本篇序文的總結：「產品做出來，沒有理由相信顧客就會來，即使他們會上門，可能人數也不足以讓你回本。」讓我們面對現實吧，參與和單純的好奇是兩回事。假如你動身尋找一個夢想之田，結果發現它只是一畝農田，那麼你將感到失望。

　　你也看到，凱文‧科斯納（Kevin Costner）的角色既天真又自滿。他的夢想不見得與別人的夢想有關。這麼想就錯了。他認為他所打造的是一個異想天開的夢想，因此很自然地其他人也會這樣想。這

是你很可能會遇到的公然以產品為導向的例子。他真正應該做的是弄清楚他在一個鳥不生蛋的地方蓋棒球場的想法就是要吸引人們來。他應該要執行一些研究來確認從一個可行的消費者基礎來看，這件事是否值得做。如果值得做，他應該要利用研究的情報來調整活動，如此最後的結果才會符合參與者的期待，而且他應該利用適當的媒體來宣傳這個活動，方能將資訊完整及以有說服力的訊息傳送給潛在消費者。當然，這個做法不適用於這種成功的好萊塢電影，但是這本書並不是要教你如何寫劇本。

這本書是關於將策略性活動行銷方針應用於計劃性活動的管理與宣傳上。這並不是說你不應該擁有你的活動夢想。也不是意味著你不會被激勵和鼓舞別人。

當然，你想要為你的活動製造刺激感、創意以及有感染力的熱情，你就應該要放膽去做，別怕將你的夢想付諸實行，而且無論如何你都不應該逃避創意與創新的魅力。在一個競爭激烈的環境中，這些就是使你的活動與眾不同的特性，並且為你的活動注入正確無誤的成功要素。不過，你也應該要確保你認為很棒的創意也符合你現在和未來的活動顧客所抱持的態度、價值觀以及信念。

這就是所謂的行銷方針。其宗旨就是降低風險，讓你不會提不出你的活動顧客所重視的神奇要素。其目的是從顧客的觀點出發，獲得最大的正向經驗，而不是從你個人的觀點。

現代活動行銷的未來新領域正等著你去規劃、種植、施肥和收成。豪伊爾在將近20年前播下初期的種子。現在，輪到你上場了。請善用本書的第二版，祝你能獲得策略性活動行銷豐富和長期的收成。

「有時候一畝農田就只是一畝農田。」

普瑞斯頓（C. A. Preston）

　　狄維恩‧伍德琳（DeWayne Woodring）對於宗教世界為了舉辦集會也已經進步到運用現代科技提供他獨特的看法。狄維恩長年來均擔任宗教會議管理協會的總監。

　　保羅‧布希（Paul Bush）在各式各樣的活動與旅遊業問題上貢獻良多。保羅是蘇格蘭活動局（Event Scotland）的首席執行官。我覺得我有義務告訴讀者，蘇格蘭是全世界最棒的旅遊地點。

　　雷吉‧阿格瓦（Reggie Aggarwal）對於科技影響活動產業方面提出了非常有趣的看法。雷吉是全球活動行銷科技公司Cvent的執行長。

　　史提夫‧溫特（Steve Winter）在活動公共關係方面貢獻他的意見，無論是為了公關而利用活動還是為了活動而利用公關。史提夫現任Brotman Winter Fried公司的總經理，這是一家從事傳播、公共關係以及媒體宣傳的公司。

　　John Wiley & Sons出版公司的克莉絲汀‧麥克奈（Christine McKnight），他行事向來果斷穩健，是十足冷靜的典範人物。

目　錄・Contents ▼

第1章

何謂活動？何謂活動行銷？

「做對的事之後，接下來最重要的就是讓人們知道你正在做對的事。」

石油大亨及慈善家　約翰・洛克斐勒（*John D. Rockefeller, 1839-1937*）

當你讀完本章，你將能夠：

- 在活動行銷及其本身作為行銷策略的活動之間做出實務上的區隔。
- 瞭解各式各樣不同的活動行銷業務，以及種種構成要素。
- 向其他利益關係人說明及有效證明透過活動從事行銷的重要性。
- 理解需要行銷策略的活動所具有的多元性、規模大小以及種類。
- 認識活動行銷在全球擴展的現況以及如何對活動本身和透過活動所行銷的許多產品與服務產生更大的助益。

　　策略性活動行銷正是在做對的事，並且讓人們知道你正在做對的事。困難的地方在於瞭解什麼是對的事，以及瞭解以何種方式讓人們知道會最好。舉例來說，一個呼籲環保的活動由石油產業贊助會是一件對的事嗎？如果是，誰應該要知道這項信息？如何知道？

　　將策略性行銷概念應用於籌備及推廣計劃性活動，過程中須克服重重困難。簡單來說，它將幫助你規劃最可能達成目標的活動，並以能達到最大利益的方式來傳播活動。我們盡量避免使用專業術語，並以簡單明瞭的思考方式及平實易懂的文字說明來引發你的興趣。

■ 創意、刺激感與熱忱乃先決條件

　　創意天才為了吸引眾人的目光，並增加他們計劃性活動的銷售量，往往會構思出奇制勝的絕招，歷史上不乏這類的例子。例如，在

1951年，克里夫蘭印地安人隊的老闆比爾‧維克（Bill Veeck）簽下了艾迪‧嘉德（Eddie Gaedel）。艾迪是個美國人，患有侏儒症，因而成為大聯盟史上最矮小的棒球員。結果證明此舉大獲成功。我們應該如何看待行事作風如此大膽的經營者呢？或許他們智慧過人，也或許他們是運氣好。雖然我們可以從他們無與倫比、有時甚至是驚世駭俗的噱頭和花招中學習經驗，但是我們不該將標新立異的人當作是我們的靈感，不過在第2章我們還是會向他們的創新手法致敬。他們都想娛樂大眾，你也應該如此。他們和你一樣想要製造刺激感，而且的確是有膽識的人物，無疑地你也是。然而，許多人的熱忱卻付諸東流，這究竟是怎麼一回事呢？

所以現在你可以畫畫重點了。活動談的就是刺激感、創意和熱忱，以及創造經驗與回憶。這些要件確實是一個成功的活動企劃的先決條件。這點不言可喻。若不具有創意的天分，就很難想像來參與一場活動的人其實形形色色，但是活動行銷不只是關於創意與熱忱，光靠這兩項並不足以創造出成功的活動。

行銷需要有創意的腦袋構思出有趣的事件，但重點是要確認所販售的商品或服務，其需求的數量足以讓活動變得有價值，並設法吸引足夠的人加入，一同共襄盛舉。如果你自認你的活動好極了，但這並不表示其他人也會這般認為。在你敢大聲說自己的活動成功之前，你必須確認其他人是否也如此看待你的創意天分。此外，現今由於現有活動數量繁多，因而要獲取注意與吸引贊助更加困難。你的宣傳計畫有多健全？它會讓你大放異彩嗎？又或者你的訊息將會被充斥於傳統與電子媒體中的行銷傳播大海給淹沒呢？策略性活動行銷的目的是透過行銷方法的應用，減少負面結果的風險，坦白說就是在一個充滿競爭的市場中，利用市場情報正確地為你的活動定位，並利用適當的傳播手法來向你所界定的目標群眾宣傳你的活動。無庸置疑，這種說法夠簡單明瞭，而事實上也是如此。

現代行銷的互動傳播背景

　　本書第一版的作者豪伊爾認為，人們在家中有這麼多的娛樂和傳播，因此必須要有某個令人無法抗拒的活動才能促使人們外出走動。假如足不出戶也能知天下事，那麼人們就比較沒有動力去尋找消遣娛樂。雖然這點可以適用於現今許多的例子，但是在行為上已經產生根本的變化，取代了這個觀點。

　　在21世紀，傳播已經轉型成互動傳播。在人類歷史上，人們過去從來不曾如此容易地相互溝通，以及如此方便地接觸到專業的資訊傳播者。這是一場寧靜的革命，從過去到現在仍持續在發生。這是智慧型手機的時代。今日家庭娛樂俯拾皆是。這並不是說家中娛樂不再是一門大生意，而只是因為人們待在家裡的時間並不多。他們不需依賴插在電源上的靜態裝置。電池技術的發展、隨處可見的筆記型電腦，以及最重要的，手持裝置的進化，在在大幅改變了娛樂與傳播的面貌。

　　在過去，家庭娛樂被視為是計劃性活動的競爭對手，而且象徵排斥參與發生在外界的事務。當電視時代來臨時，這是許多電影製片的想法，之後的錄影帶和DVD市場也是。然而電影院的生意卻依然欣欣向榮。或許這些發展應該被視為讓大眾注意到電影院，而不是遠離它。請注意，當事後諸葛是容易的，事後看來，每件事總是簡單許多。

　　接下來，我們將檢視指尖互動傳播與當代消費者心目中的活動如何結合，並探索以下這個觀念：科技不是妨礙人們參與活動的障礙物，而是活動行銷人員的朋友——事實證明，活動真的是品牌行銷人員的朋友。品牌業者比以往任何時候都更加訴諸於活動來提升他們的商品或服務在市場上的力道。

從互動傳播中獲益的五種方法

1. 為了參與者及非參與者的利益著想，讓你的活動變成線上的虛擬經驗。
2. 將你的活動影片上傳到YouTube，並確定影片內容是有趣的。
3. 堅決要求你的線上活動資訊與手持裝置相容。
4. 投入資金製作你的活動網頁，讓它與使用者能產生互動及參與感。
5. 利用社交網絡來廣告和宣傳你的活動。

■ 以活動作為行銷工具

就本書的目的而言，「品牌」這個詞使用的範圍非常廣泛，包含了各式各樣可獲得的選擇。舉例來說，我們知道福特汽車和麥當勞都是舉世聞名和歷史悠久的品牌。美國總統歐巴馬也是一個品牌，民主黨也是。愛爾蘭是一個品牌，天主教也是。樂施會（Oxfam）是一個品牌，希爾頓也是。演化論是一個品牌，而創造論也是。只要在事物間有選擇，我們就可以將這些事物視為品牌。由此看來，我們也可以將我們自己視為一個品牌，事實上我們確實符合這項標準，而且就如同我們後續將會討論的，消費者使用商品、服務與經驗為自己打造品牌，使自己與眾不同。

　　品牌具有某些特性，讓它們可被辨識，而且可以提高它們的價值，以擴展其分布範圍。例如，想想紅牛（Red Bull）這個品牌，它是一個含有高劑量咖啡因的機能飲料，它能夠在同質性商品市場中達到頂級的品牌地位，並且支撐一個很大的價差。紅牛的辨識度非常高，它已經跟某種活力充沛的生活方式產生關聯，而且常常被年輕的享樂主義者用來當作伏特加的調酒飲料，裡面即融合了酒精的醉意和些微的清醒。品牌利用活動來增加其形象地位和刺激感。他們贊助了一支一級方程式賽車的隊伍參加國際的大獎賽（Grand Prix circuit），這是一個具有某種魅力和聲望的活動，保證能夠獲得國際宣傳和媒體報導。紅牛的廣告標語：「讓你展翅高飛」（"gives you wings"）反映在一級方程式賽車經驗的激昂情緒中。還有「紅牛特技飛行世界錦標賽」（Red Bull Air Race World Championship），在結合了速度、精準度以及技能的機械運動競賽中，它是以世界最優秀的競速飛行員為號召；比賽在六座城市舉行，每一屆的紅牛特技飛行賽都是獨一無二的。從市中心到空曠的鄉間，飛越陸地與水面，紅牛特技飛行賽幾乎在任何地方都能舉行（可上網查詢：www.redbullairrace.com）。壯觀的背景襯托以及令人瞠目結舌的表演保證讓觀賞者體驗一場當今最新穎和最刺激的新運動。這個活動確實讓你有展翅高飛的感覺，而且這個例子也說明了一個重要的國際優質品牌利用活動作為他們建立形象的宣傳中主要的部分。當然，紅牛也打廣告、產品在各地銷售、有一個圖標的包裝設計，而且如先前所述，它設法維持一個明顯的價格溢價。以活動方式來建立品牌可使得品牌與其他同質性競爭商品保持某種程度的區隔，因而能夠支持他們的價格政策。對紅牛以及全球主要品牌而言，計劃性活動是行

銷組合中不可或缺的成分。

　　為了瞭解紅牛多麼認真地運用策略性的活動行銷，可以上他們的活動網頁看看顧客參與的例子，它在我們一直以來期待中的傳統現場廣告和商品試用技術之外又增添了許多新元素。他們的全球活動策略受到現場參與者的喜愛，而且在網路上也化身為品牌故事，強力的傳播其品牌價值。

(www.redbull.com)

行銷組合內的活動

　　品牌業者愈來愈有可能判斷某種活動在他們的品牌行銷中是否有效用。他們通常不會只是辦一場活動，而是將它視為行銷組合中的一部分。這在實務上很常見。你可以設想成：有一個品牌想要藉由影響潛在和現有顧客的思想與行為，在激烈的競爭市場中勝過競爭對手。

　　行銷介入措施重點在於主要活動上，我們用一個最簡單的商品就可以清楚說明。讓我們來看在蘇格蘭無人不知的燕麥片或麥片粥。我將嘗試清楚解釋就這般平凡無奇的燕麥商品而言，活動該如何融入傳統的行銷組合中。

　　一個品牌業者實際上會如何販售燕麥片呢？首先，他們會先將燕麥片包起來，讓它保持新鮮，然後設計外包裝，讓人們一眼就能辨識，或許包裝盒上會畫一個穿著蘇格蘭短裙的男子在投擲木棒[1]。接下來他們會找出符合他們生產能力的配銷數量以維持供貨順暢。他們會以最大需求量來為燕麥片定價。接下來，他們會利用市場調查來蒐集以上所有的資訊，等到一切都沒問題了，就會開始形塑一個品牌。市場上大多數的品牌都是這樣來的，可以說是一個以配銷和價格為依據

1.為蘇格蘭人運動中一項投擲長而重的木棒項目，用來測試臂力。

的提案。「行銷」一詞經常被一般大眾和媒體用來指涉宣傳活動，尤其是廣告，然而一般而言，它會反映在爭取配銷的業務上。

行銷的宣傳層面一般都反映出品牌在市場占有率中想達到成長的努力，而且投資在宣傳活動上的費用與母公司有多少能力投資在這種以成長為導向的活動有關。當競爭激烈時，花錢透過宣傳來建立品牌也就合情合理。

因此，當市場上有許多燕麥片的品牌時，或者當燕麥片市場內整體上都很競爭，那麼品牌業者或許會決定要做廣告，來增強該品牌的某些面向，注入一些正面的聯想，而且他們可能會贊助某些適合的活動。這些全都是標準的品牌行銷活動。以這些標準方法做宣傳的過程中，品牌業者乃試圖為他們的品牌定位。換言之，他們試圖要提供一種方法，可以明確的區隔他們與競爭對手的品牌。同時，他們很可能會設置一個網站，讓顧客參與支持他們的行銷組合。

定位一個品牌的方式五花八門。在燕麥片產品的案例中，他們可能會決定以抗膽固醇的角度切入，將燕麥片當作是一種健康食品來行銷。但是競爭並未消失，因為對手也會提出類似的正面訊息。那麼，該如何製造競爭優勢呢？該如何將你自己與其他品牌做區隔呢？

一個聰明的品牌業者很可能會決定要花錢辦一場活動，來賦予品牌更多的吸引力和優勢。舉辦一場膽固醇檢查的巡迴推廣活動來支持該品牌如何？將該品牌介紹給人們認識；製造一些趣味和刺激感。透過活動增加一些媒體的曝光率，以更進一步支持該品牌的訴求。品牌業者會想要參與活動是不言而喻的。它使得品牌性格又多增加了人物角色進去。坦白說，該品牌又多增加了一項利器。

2008年，Emmi UK為它的降膽固醇健康乳酪產品miniCol舉辦了一場為期8週的巡迴推廣活動。這項活動的主要目標是針對55歲以上的消費族群，並挑選出一組訓練有素

的品牌大使，來吸引目標群眾，並且在英國各大型連鎖超市巡迴推廣。他們將移動式攤位放在商店的入口處，由品牌大使與顧客互動，在提供免費試用品給他們之前，先向他們說明該產品經科學證實的好處。

顧客也會拿到一份傳單，內容包含了降低膽固醇的深入見解、健康生活型態的建議、飲食概念以及折價券。為了加深顧客的印象，找來一位有表演細胞的主廚準備一系列的食譜，示範在日常烹調中如何廣泛使用該商品。這種體驗式的行銷活動利用巡迴推廣活動的形式，讓自己的產品與形象別具特色。

（www.emmi minicol.ch）

若藉由非與人直接交流的行銷策略要創造這般效應就會困難許多。採用巡迴的活動推廣方式目的就是設法引起人們的興趣和試用意願、提供試用品，並實際與人群接觸。

Steve Winter是Brotman Winter Fried傳播公司的總裁，這是一家專門從事公關與媒體關係以及宣傳的公司。Winter對於活動的崛起並且成為行銷組合中不可或缺的一部分做了以下的評論：

活動的產生和製作是整個行銷與傳播專案中關鍵的元素。多年以前，行銷因為管道不同，而被切割的支離破碎。你若非需要廣告、公關，就是需要宣傳活動作為接觸顧客的管道。但近幾年來，隨著該產業的匯聚，個別的要素也集中在一起了。結果，活動作為過程的一部分就像宣傳這些活動的目的一樣重要。

舉例來說，帝亞吉歐（Diageo）集團的思美洛伏特加酒（Smirnoff Vodka）就很懂得善用它大受歡迎的「陪在你身旁」（"Be There"）的體驗活動，包含贊助的派對與活動。這個主要的國際品牌以配銷、促銷以及廣告為主軸的傳統方式來行銷自己，然而透過舉辦活動，他們能夠加進適合該產品核心價值的享樂主義色彩，也就是「陶醉」。這就是他們如何利用活動行銷方法讓顧客與品牌產生感官上的連結。

雖然活動被推銷以及用做行銷目的行之有年，然後它們被整合在主流行銷中卻是近年來發展的結果，有部分是產業融合所致，有部分則是由行銷業界相關聯的人所推動。因此，發展尚在起步階段，仍須藉由市場力量往前推進。例如，思美洛白酒的大品牌對手百家得（Bacardi）同樣利用活動行銷來增進他們成為知名品牌的目標，而諸如此類的品牌都依據他們的活動企劃在相互競爭，同時市場力量也會形塑及改良他們的行銷策略。

活動與公共關係

同樣地，組織團體也會利用活動來支持公共關係，這可以被視為是一種商譽管理。Steve Winter解釋了它的發展。

我一開始是從事公共關係與籌劃，而執行與管理特殊活動就形成了我們的技能組合中主要的副產品。製作特殊活動起初是為了搏取媒體版面、宣傳噱頭，你若要這麼說也行。最後，活動就變成慈善募款活動的製作與籌劃，後來就演變成全面的活動管理。今天在BWFC，我們從頭開始製作活動。在公關領域中，活動真的變成了一個主要的策略因素。

在創造一個受歡迎的活動時，主辦單位以積極正面的公共關係來鎖定許多重要的目標群眾是有可能的。讓我們舉一家酒類公司為例。他們會提供活動來宣傳他們的品牌，目標設定為終端使用者。不過，還有其他的群眾也被納入考慮。譬如說政府或執法機關，他們對於酒精和反社會行為及犯罪之間的關係，看法可能沒那麼正面。另外，舉辦一場真心誠意的活動，邀請可能的立法人員參加，或許可以達成某種立法延宕或是對公司有利的觀感。同樣地，或許對於醫藥專業而言，活動也是合適的，因為可以強調適量飲酒的正面益處，而且也能製造媒體曝光機會，並產生影響力。展覽與會議也經常被主辦單位用來創造與供應商和客戶之間的正向關係。

麥當勞利用活動贊助作為公共關係的一種手段。無論你對這家企業所販售的食物有何看法，它都已經變成不健康的速食標章。他們在這方面或多或少成了代罪羔羊，或許是因為他們無所不在，畢竟他們並不是唯一提供這類食物的商家。然而，翻轉他們公司的負面形象將對他們的品牌有利。贊助這個幾乎可說是全世界最大的超級盛事——夏季奧林匹克運動會，讓麥當勞與健康生活及兼容並蓄的地球村產生聯想，對一個國際品牌而言當然是有幫助的。此舉有助於扭轉負面的大眾觀感並提升銷售量。這其中的運作很奧妙，因為表面上看來，當人們在奧林匹克會場中看到麥當勞的標誌時，對該品牌的看法並未產生有意識的改變。

在某種程度上，這種贊助象徵簡單的關聯性，亦即在兩個迥異的元素之間創造抽象的關聯性。這種關聯讓奧林匹克的標誌融入到廣告宣傳和商品包裝以及其他雜項中。然而，比較重要的是，它的作用卻像是該品牌發展出新的社會表徵。因而改變了該品牌的意義。就如同所有的品牌都是意義

的集合，加入成為奧林匹克的贊助商，也將奧林匹克意義的重要性加入到麥當勞的品牌中。漢堡並沒有改變，改變的是漢堡所代表的意義。

麥當勞的商譽建立在他們的漢堡所代表的意義上，而不是它們如何被製造。奧林匹克贊助商的公關價值象徵由健康、競爭、國際友好，以及重要性和價值觀等組合而成的一種背景輻射，它融合在每一口漢堡包中，並且從餐廳空調的出風口散發出來。

（www.olympic.org/sponsor-mcdonalds）

品牌行銷人員的活動優勢

所以利用活動作為行銷工具的優勢何在？其實優勢很多，而且各不相同。不過，在我們考量活動的本質以及它們為何對行銷人員助益良多之前，有一個考量會讓人不知所措。你的競爭對手很可能利用活動贏過你。品牌業者和主辦單位採用活動變得愈來愈普遍，因為這種做法的優勢變得愈來愈明確。你曾經聽過為了要站得穩，所以你必須跑得快嗎？假如你正在經營的市場，你的競爭對手利用活動，那麼顧客將會習慣這是一種常規。這會是他們所期待的。隨著活動在行銷人員的工具包中成為一種常態，這個問題就變成：我能否承擔得起不使用活動來行銷我的品牌或是用以支持我的機構形象的後果呢？

這就是行銷人員的難處。往往，不參與某個活動可能居於劣勢，而不是參與活動一定會取得優勢。這種優勢只有在投入時間、精力以及資源以確保你做得恰到好處才能達到。

活動在市場的各個環節為它們所支持的品牌呈現出一個有形的、真實的樣貌，而且它們能夠讓自己適應各式各樣不同的群眾類型，這

Lollapalooza	美國	Budweiser
Rock in Rio	巴西	Heineken
ROCK AM RING	德國	Warsteiner WARSTEINER
T IN THE PARK	英國	TENNENT'S OF SCOTLAND

圖1.1　歐美啤酒品牌與流行音樂節深植的文化底蘊

在歐洲和美國，流行音樂節的文化底蘊深厚，最讓人注意的是，許多在夏季舉行的大型露天音樂節都是由啤酒品牌所贊助。啤酒品牌與音樂節的交互作用包含了兩個主要成分。其一，音樂節提倡了享樂主義的生活型態。事實上，他們對大多數人而言是一種純粹內在和享樂主義的活動，提供這種悠閒自在、放鬆和自由。其二，音樂節所倡導的這種生活型態對於啤酒品牌而言是一個販售其產品的絕佳機會。事實上，啤酒可能是露天節慶中賣得最好的飲品，在這個場合中，過度消費和不當行為似乎變得合乎禮節。因此，啤酒品牌在銷售大量商品的同時也可以將自己依附在某種形象上。

33

使得活動成為一種特別具有彈性的行銷方法。

座落於亞特蘭大的波梅倫斯聯合事務所是由該公司的執行長芭芭拉・波梅倫斯所創立，她是一位有豐富產業經驗的資深業者。她清楚解釋了活動可以成為行銷策略的核心，並說明它們在匯集重要群眾方面的功用。

特殊活動在一個行銷方案中建立品牌意識、創造刺激感以及發展策略聯盟方面皆至關重要。譬如，在一個即將舉辦的綠色企業博覽會中，我們就聯合了政府、企業、媒體和公司代表聚集在一起，進行為期3天的活動以喚起品牌意識、信任以及媒體關注。在這種情況下，活動成為一個推動媒體關係的機制，以及客戶的行銷目標。

顯然，運用活動已成為主流。即便如此，但問題依然是：我該怎麼做才能讓我的活動比其他人的活動更好呢？最好的答案就是利用資訊和研究來找出哪種方法較適當。假如你認為這種謹慎的方法跟許多活動中固有的冒險和炫技的精神背道而馳，請記住你是要讓你的顧客印象深刻，而不是討好你的自我意識。你如何讓人們留下印象？你要找出令他們印象深刻的事物；否則你的事業就會產生不必要的風險。

這個信息在全書中會經常出現。舉例來說，假如你想要提供冒險，那麼你要找出在你的群眾心目中冒險的要素有哪些。你對於冒險的概念可能跟其他人的並不一致。有些人很認真地在冒險，而有些人則容易被取悅。所以，你得先瞭解你的群眾。

活動將行銷帶給人群

　　品牌行銷人員利用計劃性活動在潛移默化中改變了我們對於他們品牌的想法，因此活動是品牌意義所行經的管道。換言之，活動本身既是目的，同時也是達到更廣大的企業目的的一種方式。重點是，活動本身是個媒介，品牌訊息可以經由這個管道傳遞出去。

　　舉例來說，假如一家銀行籌備了一場古典音樂節，那麼它的目的就是要影響我們對於這家銀行的觀感，也或許是要吸引一群富裕且具文化涵養的群眾。這個活動是一個易於達成吸引富人存戶之企業目標的策略。無論是參與了這場活動或是從媒體報導得知這個消息，目標群眾會將該銀行與文化優越感相連結，並且能夠有意義地將該銀行與其他銀行做區隔。

　　在這個愈來愈虛擬的世界中，重要的是，別忘了活動是人們可以親身參與的事件。活動包含了人類互動。它們讓人們有機會成為重要人物，而且被其他人視為重要人物。它們很有趣，而且可以讓你的生活變得朝氣蓬勃。參與活動是我們的選擇。它們賦予消費者一種歸屬感和培力感。人們喜歡活動。這句話一點也沒錯，這不是虛構的，而且它們代表自從文明化的行為有紀錄以來，人們都是以這種方式表現。這使得活動在本質上成為一種強而有力的影響人類的方法。

　　假如管理得當，並且精心推廣，那麼活動確實可以給予人們他們所想要的。或許這就是活動最大的優勢。因此，計劃性活動並未從一開始即成為主流行銷思維的核心是很令人意外的。行銷不就是應該與滿足人們所欲有關嗎？無論活動擁有多麼長久的歷史，我們只要隨意瞥一眼人類的行為就會知道人們想要有活動，而且向來樂在其中。不過，活動顯然近年來才蓬勃發展。是什麼原因讓活動成為眾所矚目的焦點呢？

35

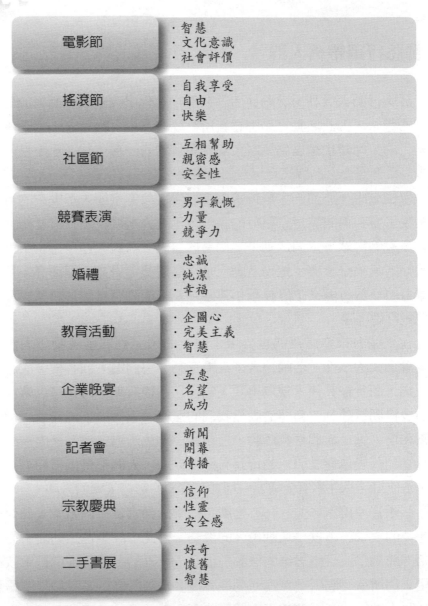

電影節	・智慧 ・文化意識 ・社會評價
搖滾節	・自我享受 ・自由 ・快樂
社區節	・互相幫助 ・親密感 ・安全性
競賽表演	・男子氣慨 ・力量 ・競爭力
婚禮	・忠誠 ・純潔 ・幸福
教育活動	・企圖心 ・完美主義 ・智慧
企業晚宴	・互惠 ・名望 ・成功
記者會	・新聞 ・開幕 ・傳播
宗教慶典	・信仰 ・性靈 ・安全感
二手書展	・好奇 ・懷舊 ・智慧

圖1.2 10種不同類型的活動

在每種活動中，我們挑選了一般人會自然和直覺聯想的3個特色。或許還有其他的特色，或者有些你可能並不認同。然而，每個活動都有其性格、一些特質以及特性。假如你以活動來檢視市場，那麼想想你公司的性格，並思考哪種活動可能適合。

■■■ 活動的經驗轉化

有許多文章都在討論21世紀開始形成一種新體驗經濟。1998年，潘恩（B. J. Pine II）和吉爾莫（J. H. Gilmore）在《哈佛商業評論》（*Harvard Business Review*）中發表一篇名為〈體驗經濟〉（"The Experience Economy"）的文章，於是這個詞開始獲得世人的注意。我們將以批判性的眼光來看這個見解，基本上他們主張難忘的經驗所獲得的回憶可以使人們願意購買的產品。

這是一個再簡單不過的概念了。人們花錢擁有美好的經驗。它或許是一個簡單的想法，但是肯定不是一個新的觀念。

有沒有人們不須花錢就能擁有美好經驗的時刻？

儘管如此，還是值得仔細觀察，由於體驗經濟的概念有很大程度都隱藏在行銷人員擴展活動的背後，有很大部分是由於消費者行為轉向消費活動，就像消費產品本身一樣。

研究者為了吸引人們注意他們所要推行的概念，常常會利用文字來創造事物間根本的差異。這點聽起來很像行銷。因此當我們聽到體驗經濟時，應該要審慎地問：這個詞是什麼意思？我們所知道的是，在20世紀晚期舊有的服務經濟所根據的概念是只要付費，就會有活動為我們執行。例如速食業者的崛起就是一例，我們不必費心為家人準備和烹煮營養的食物，於是它成為我們選擇由產業為我們執行的活動。

因此服務經濟聽起來好像我們不再為自己做事，並且付費由其他人為我們做這些事。它也意味著藉由提供服務會有利潤產生，為大幅減弱的生產能力重新塑造形象。服務經濟就是意味著國內生產毛額受到服務供應的正面影響，而且接下來帶動更多的服務被提供。

當更多服務被提供時，我們自己要做的事就會愈來愈少。我們都在花費時間和金錢擁有經驗，但卻只是平凡無奇的經驗。某個東西正

在消失。刺激感在哪裡呢？久而久之，消費圈變得欲振乏力。從這些普通的經驗中獲得滿足感愈來愈困難。必須要有新的刺激。我猜想那就是立即滿足的思維模式的缺點。要找到滿足感愈來愈困難，昨天是好的，今天可就不見得好了。

由活動取代的服務產生愈來愈多的滿足感。到一家餐廳用餐是享受服務，一般人認為是平凡無奇的。參加美食節是體驗一項活動，可能被認為是讓人興奮的。消費者花在活動上的費用愈來愈高，已經被譽為體驗經濟，裡面的消費者願意付費購買由活動轉化所製造出來的感覺與回憶。在這個醒目、引起共鳴的專有名詞背後一定有某個簡單明瞭的道理。通常都有。讓我們以「事事皆活動」的主張繼續看看它會帶領我們到什麼地方去。

增進活動行銷經驗的五種方法

1. 在會議或活動之前、之間和之後確認你希望你的客人擁有何種經驗。你希望他們看到、聞到、嚐到、摸到、聽到和感覺到哪些事物？
2. 執行研究以發現你的客人在過去是否擁有類似的經驗。
3. 利用焦點小組和會談來決定你如何將他們先前的經驗帶到一個更有效率的新層次，或者引進令人難忘的新經驗，並影響他們對於活動的正面反應。
4. 為經驗撰稿，就好像你正在寫一齣劇本一般。一開始是介紹場景，接著人物上場，然後介紹活動，最後送個禮物或是以其他的購買行為來提醒他們所體驗的活動。
5. 利用臉書和其他的社交媒體網站，張貼現場活動的照片和其他讓人回憶的物件，提供活動後的經驗回憶。

事事皆活動

當我的妻子在她生日那天收到鮮花，那麼這束鮮花就讓局面改變了。我敢說假如鮮花沒出現，或者那束花死氣沉沉的話，那麼情況就會朝另一種較不正面的方向轉變。這裡頭甚至包含了情感與回憶。閱讀本書也是同樣的道理。你將從一個未讀過本書的人變成讀過本書的人。閱讀本書的經驗會產生情感，而有些情感會成為你部分的回憶。

在我們生命中的每一個層面也是如此。轉化是從此刻變成下一刻，基於改變，因此除非某個人在社會心理學上的定義是維持不變的，否則轉化是每天都會發生的事，而且除非這個人心如止水，否則一定會有跟改變相關的情感產生。因此，我認為我們在這裡所要探討的不只是經驗與轉化，因為每一件事都是經驗，而且生活需要改變。如果說突然之間，人們對於與自身相關的經驗、情感與回憶感興趣是不合常理的。但是，若說商業有興趣管理我們的經驗、情感與回憶，就與目標接近了。我們總是很享受婚禮真實的轉化經驗；只是現在我們有婚禮企劃人員。因此，體驗經濟即服務經濟的擴充。

潘恩和吉爾莫在論述經驗與轉化時，提出一個有趣的觀點。他們強調消費者本身就是一項產品，而活動行銷人員則是利用所提供的經驗將改變加諸在願意接受轉化的人身上。他們認為消費者是主動尋求轉化，而他們則利用活動來促進他們的訴求。

久而久之，我們在傳統上為自己安排的活動變成由別人為我們安排。再者，人們也被鼓勵去做自己最拿手的事，那就是跟其他人相聚在一起。在我們與外界隔離的家中囤積商品變得稀鬆平常。將我們的資金投資在獲得回憶變得日趨流行。雖然不希望太哲學，但是事件本身或是事件的回憶，哪一個比較真實呢？人們似乎會以具體行動來對這類棘手的問題表態。人們正花錢投資在他們的回憶中，而計劃性活動為了吸引他們投資，也努力提供特別生動鮮明的回憶。

▬▬■ 行銷鏡

「歷史學家與考古學家將會發現，我們這個時代的廣告是最豐富，同時也最忠實地反映出每個社會都是由各式各樣的活動所組成。」

傳播理論學家　馬歇爾・麥路罕（*Marshall McLuhan, 1911-1980*）

　　若從行銷學的角度來看，行銷人員訴諸活動以推廣其品牌、機構以及事業，理由是顯而易見的。行銷反映出社會。無論人們正在做什麼和想什麼都會成為行銷傳播的實質內容。為了理解在較大範圍的行銷脈絡下有關活動的本質，讓我們先來思考一下廣告傳播的本質。

　　就最簡單的意義而言，廣告意味著讓人們注意某個事物。不過，藉由正在被宣傳的一個想法或提案，或是想像中的價值，廣告已經被有創意地建構起來，而且總是讓我們的注意力投向訊息、品牌的核心目標。這些在某種程度上都會相應地反映在廣告目標上，以吸引那些廣告的目標群眾。

　　市場區隔就是廣告的目標。這些目標就是一群有共同特性的人們。他們所擁有的共同特性形成了鎖定目標的基礎。這些特性可能是人口特徵、一種行為、態度、社會環境或是一種需求或弱點，而且通常都是上述各項的總和。人口特徵的變數可能只是針對性別與年齡，例如樓梯升降椅的廣告通常都將對象鎖定為年長的女性。

　　行為變數是關於廣告中所提到的共同行為模式，譬如在清潔用品的廣告中，主角人物的「省力」行為。Lexus汽車的廣告即是以態度設定目標群眾的範例，在廣告中強調的是品牌的身分地位，而不是技術細節。說到社會環境，譬如身在機場就可以被用來當作鎖定目標的途徑，可以藉此接觸到潛在的香水消費者。在需求方面，舉例來說，減少月消費額被授信機構當作是鎖定目標的途徑，而形形色色的化妝品

廣告將目標鎖定在年輕女性，即是基於她們擔憂老化的弱點。當廣告以一種特別的方式含蓄表達時，那是因為廣告業者希望以一種特別的方式吸引一群特別的消費族群以達成特定的結果。

基本上，它所歸結出的意義對於已確定的目標族群具有最強烈的吸引力。透過與一個反映出消費者主動經驗的特殊活動之間的連結而產生及傳遞意義是全然可能的。就像我們將廣告視為是一種根據特殊變因所設計的行銷傳播方法，因此我們也應該如此看待由品牌贊助的活動，因為它們都能達成類似的目的。

假如人們漸漸地花更多的時間和資源在活動上，那麼行銷人員將會跟隨消費者所引導的道路前進。假如你想要打入這群圈內人中，你就必須跟著這群圈內人的腳步走。我們只要明白一點，假如因為某種原因我們所有的人都對掛毯著迷，那麼行銷人員就會開始利用掛毯來表達他們的訊息。因此行銷人員就有清楚的理由利用活動來銷售商品。他們這麼做是因為他們的目標市場利用活動發揮了娛樂和啟迪的作用，因此行銷人員很自然的就會想到透過活動這個媒介與顧客交流。這個概念在稍早就討論過了。所謂媒介就是使事物之間發生關係的人或物。這是一個相當常見的詞彙，而且被應用在許多地方。報紙是一個媒介、推特（Twitter）是一個媒介、那些聲稱從已故的人身上傳達訊息的人也是媒介。透過媒介，我們就能交流某些事物。因此，對行銷人員而言，一個計劃性活動既是手段也是目的。這件事本身就是要讓人樂在其中，而且也是與顧客交流的媒介。

假如行銷是一面鏡子，那麼它所映照出來的是什麼呢？我應該會說「應有盡有」。從事消費者研究的產業比我們更瞭解自己。這些年來，我們的希望與夢想、我們的企圖心與恐懼、我們的習慣與愛好，更別提我們的抱負和弱點，都在調查之列。20世紀發展出一個研究產業，做各項調查，不放過任何細節，盡可能地找出消費者的品味與偏好。21世紀已經更進一步突破原有的底線，透過利用網際網路的搜尋細節作為研究資料，社交網絡的傳播是趨勢情報很豐富的來源。

圖1.3　專為活動行銷設立的入口網站

活動行銷已經發展成如此巨大的市場，有專門為活動行銷技術所成立的完備
入口網站和網址。無論你是一名產業的專業人員或是一個有熱忱的業餘愛好
者，皆可在該網站找到滿滿的與活動世界相關的想法與資訊。

　　行銷產業要發現活動在許多人的生活中所扮演的角色，並且以品
牌活動管理的形式丟還給他們並不算難事。

活動對經濟的價值

　　蘇格蘭的愛丁堡市是許多世界級的活動與景點的發祥地，並且可
作為景點與活動對於當地經濟產生助益的絕佳範例，無論以直接或間
接收入來看皆然。雖然大家都承認活動文化的價值不只是金錢上，但
它仍然是一個重要的考量。

　　顯然，對愛丁堡市而言，活動代表經由直接收入、支援服務、提
供就業以及觀光等所帶來的巨大價值。當然，全世界成千上萬的城鎮
也可說是同樣的狀況。這些數字只適用於主要的活動，並未將發生在
整個城市各處的次要慶典和娛樂、會議、企業娛樂以及無數的社交活

動為城市所帶來的收入包括進去。

　　活動是一個分化的產業，並未區隔成為可識別的實體，因此它代表事件的多元性，瞭解這點後，若我們全盤觀之，就會知道活動形成了整體可觀的經濟重要性。為了將它聚集成可量化的質量，活動產業可以從某種集中化的觀點獲益。

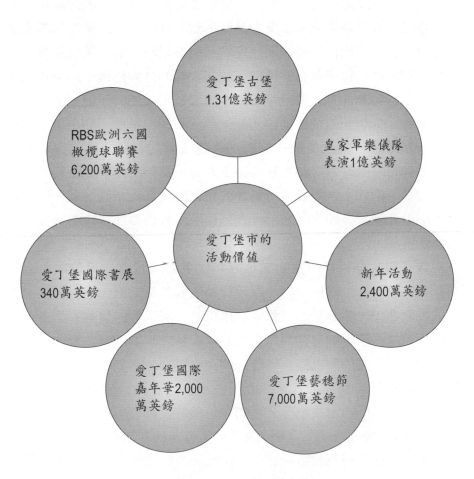

圖1.4　愛丁堡市的活動價值

活動的種類與多元化

　　雖然前面我提到事事皆活動，但我們需要某種劃分。一般人所理解的計劃性活動是什麼樣的呢？活動的差異性如此大，因此滿足廣大的類別並瞭解其訴求的基本要素是有用的。傳統上，活動的種類非常豐富，而且它的流行也是長期存在的。經得起時間的考驗且繼續走入21世紀的活動有持續存在的優勢，並在我們的社會結構中深深扎根。全世界對於活動都有一個既定的基本需求，而我們的競爭對手也同在這個舞台上爭相利用這個需求。每一個活動領域對於活動企劃人員都代表一個機會。這裡所概述的類別將在後續的章節闡述。在這個階段，我們將審視許多活動型態的需求本質。當然，在活動的類別之間也有重疊。例如，一場慶典可能會被規劃成企業行銷的形式。儘管如此，活動分屬許多廣大的類別，在這個階段我們僅簡要說明將提及的那些類別。

　　慶典對於全世界的文化史具有無比重大的意義。最早出現的慶典都是宗教上的。舉例來說，現代行銷的要角萬聖節，在基督教出現之前的歐洲，一開始是非基督徒為過世的人所舉行的儀典，而冬天時放在居所內的樹木則有點類似古代祭拜森林之神的慶典，流傳至今就是我們今天看到的耶誕節。慶典就像山一樣老。它們是為了集會和慶祝，往往包括了筵席和狂歡活動，久而久之就跟娛樂脫離不了關係了。所以說，慶典由來已久，它們在每個時代都會出現，而且橫跨所有的社會表現形式。因此，需要慶典的天性深植在所有的文化中。

　　慶典含括了行為的各個面向。例如，有競速、美食、駿馬和棉被等等的節慶。熱情洋溢的群眾成群結隊地參加古董、舞蹈、流行音樂以及科學慶典。我們發現有喜劇與懷舊、爵士與新世紀神祕主義的節慶。古老的巨石陣有慶祝春分的慶典，在開羅的金字塔有燈光節。就

所有慶典的淵源來看，它們在本質上都與流行文化、娛樂產業相關，而且也是施展才華的主要管道。因此，在某個程度上，慶典是全球娛樂產業的一個分支，人們細心規劃，以創造收入。

就如同有慶典象徵流行文化的主流一般，全世界也有許多在地的活動為這些社群扮演特殊的角色，證明我們都需要找樂子，在嚴肅的生活之外需要放假。人們可以到芬蘭的頌卡加維市（Sonkajarvi）看「揹老婆世界錦標賽」，或者到美國奧克拉荷馬州的比佛市參加擲牛冀世界錦標賽，試試自己的臂力。慶典的主辦者可以從每件事中找到點子來慶祝。

重要的娛樂活動代表全球人才的分布系統，在20世紀所發展的大眾娛樂產業及其大量產出的活動是特別消費青年文化的一個重要面向。搶手的票人人都想要，活動行銷人員必須知道如何在競爭激烈的環境中讓他們的票變得搶手。

有些公司的營業額超越大多數的國家。他們具備了社會與經濟的重要性，所以必須特別關注他們對活動的運用。無論是活動的主辦單位或是贊助商，國營和私人企業在本質上都跟各式各樣的活動型態的製作與推行有關。當考量企業活動時，我們必須區分在內部與外部行銷策略中，活動所扮演的角色。我們將闡述活動在實業界中的角色，討論它們作為全體員工整合、溝通以及動機的角色，譬如獎勵旅遊活動行銷所面臨的挑戰。此外，活動是企業外部行銷策略的一個面向，一種宣傳自己或是其品牌的方法，因此人們往往認為它們是屬於公關戰術的範圍之內。企業廣泛地應用活動，這點就已經讓我們大致明白活動的本質，因為全世界深具影響力的機構很清楚地瞭解活動的功用就是說服消費者以及激勵員工的一種方法。

就像活動的起源根植於組織與文化表現一樣，因此在社交與專業協會的演進中，可以明顯看出活動到了現代，變成了經過規劃和管理的場合。有許多相關聯的個人常常都分散在遙遠的各地，而活動最根本的意義就是將人們集中起來。將有志一同的人們或是有某種關聯的

個人聚集在一起是一件相當了不起的事。相關的組織團體因此與活動結下不解之緣，而且代表活動行銷界中一個重要的成分。

舉例來說，讓我們來看看以多媒體的形式運作，而且其品牌推廣的敏感度需要特別處理的重要宗教活動領域。因為傳播方式拙劣而造成錯誤觀感的活動是無效的。宗教集會必須以反映出宗教信仰精神的方式來行銷。因此活動的行銷不僅是關於過程與資訊流通的管道，也包含了微妙的感覺和氛圍，我們希望藉此對於活動以及活動的主旨所製造出來的情感與情緒，成為行銷傳播的重點。所有的關聯都有其存在的理由。可能在本質上是商業性的，為了透過社交互動形成供應鏈網絡，於是將各行各業的人聚集在一起。也可能在本質是社交性的，譬如那些為宣傳某個理念的人會形成正式的集會以增強和集中他們的火力。只要分散在世界各地的人們之間具有共通點，以活動為基礎的關聯性就是集合與交流的機制。

圖1.5　活動的基本關聯性 —— 集合與交流的機制

法國行動電話公司Orange特別將活動行銷的重點放在電影上，讓他們的商標不斷地出現在歐洲各地。就這樣，他們在盧森堡和瑞士舉辦了露天電影院的活動，並且在歐洲各國為他們的客戶提供買一送一的票價優惠。

美國運通可以作為一個經典的行銷活動，它跟非參與性的活動有關，並且在品牌行銷思維上展現出一個驟變。美國運通是普遍公認為今日善因行銷（cause-related marketing）[2]的鼻祖。1983年，在做了一些前導計畫之後，美國運通發起了一個短期的活動，當美國運通每產生一筆手續費，他們就捐出1美分作為整修自由女神像的費用，而每開一個新帳戶就捐出1美元。為期3個月的活動最後募得170萬美元作為自由女神像的整修費。光是第1個月，美國運通的手續費就增加了28%，而且新卡申請案件則增加了45%。

整修是有目共睹的，當然也聚集了媒體的鎂光燈。雖然消費者幾乎沒有什麼個人參與，但是在這個活動中卻有大量的情感參與。當今的企業通常會以這些角度來思考。植樹、開發中國家的嬰兒需做預防注射——這些都是邀約情感參與的活動，企業的行銷人員也瞭解，對於認同的消費者而言，這些活動代表強而有力的宣傳訊息。

（www.americanexpress.com）

有愈來愈多各式各樣的社交活動訴諸專業的活動管理，譬如家庭生活的慶祝，這在文化認同中扮演非常重要的角色；而人口老化現象則產生日益增加的機會。社交活動是一種基礎建設。因此社交活動行銷低調地瀰漫在日常生活中。沒有其他事物能比婚禮規劃師的崛起更生動地代表這個現象，這是一個統籌婚禮慶典準備工作的角色，這個行業的成長是行銷動力學的經典代表。從前，婚禮規劃師是富人的專

---

2. 善因行銷（cause-related marketing, CRM）是一個成熟期的產品行銷手法，這些手法常常發生在大型企業。善因行銷是結合公益團體與企業或是品牌共同贊助的活動，而讓企業形象或是公益團體的資金來源各取所需的一種做法。

利，因為他們舉辦的婚禮場面盛大，而且他們在這方面也背負了必須做到盡善盡美的社會要求，因此需要專業人士的介入。漸漸地，專業介入順著社會階層往下流動，成為一種可覺察的社會分級表現。一開始原本是中產階級心嚮往之的事物變成了社會需求。今日，聘請婚禮規劃師已經相當普遍。這並不表示家人不再能夠同心協力完成此事，而是社會習俗告訴我們，假如某個人被認為是某種特定型態的人，那麼他／她就會期待專業介入。當然，就像所有的消費者行為表現一樣，這件事已經變成不是有沒有雇用婚禮規劃師，而是雇用了誰，諸如此類的事。最後，除了實際統籌婚禮的事務之外，婚禮規劃師也象徵一個價格標籤，明顯地附著在活動上。社交活動藉由他們的專業管理因而成為了品牌。

由於我們生活在不斷變動的時代，而且世代之間的行為模式變化迅速，因此我們必須要跟得上與活動相關的消費者行為的改變，所以假如要維持相關性的話，行銷必須不間斷地研究消費者行為。例如，在年輕消費者之間環保議題的影響，他們關心注定要接手的世界以展望未來。假如所舉辦的活動具有「環保綠色證書」，那麼對某一特定的跨界族群而言，它就可以作為強而有力的目標鎖定機制。

人口特徵的大幅改變，特別是有活力的壽命延長，給了我們一個不斷擴大的老人領域，其本身就代表了老人文化與次文化不斷分割的樣貌。只是將一名消費者歸類為60歲以上，其意義跟將一名消費者歸類為60歲以下差別不大。不過，老化人口結合生活型態、醫藥以及社會前景的進步，發展出另一個活動產業，準備好要滿足這個有活力且要求高的人口群的需求與興趣。

我們必須正視科技力量對於活動行銷理論與實務的影響，因為傳播方式已經與過去大相逕庭。電話演變成行動多媒體傳播裝置，對於人們如何相互串連產生了最深層的影響，而且消費者行為模式就在我們眼前不斷地改變。互動傳播的迅速及其對於活動行銷執行方式的重要性也是一樣，就這方面而言，科技進步對於活動行銷人員提出了新

的挑戰，他們必須時時跟上時代的變化與趨勢的變動。互動傳播日益迅速讓我們更容易與快速進展的文化中所發生的事物脫節。

■ 活動每天都在發生

　　計劃性活動就像所有的商品和服務一樣被消費，而且在體驗經濟中，它們變得愈來愈普遍。製作一場活動，並期望它本質上是有趣的，因為它是一場活動，就如同做一隻鞋並期望它本質上是有趣的一樣，因為它是一隻鞋。我們要傳達的涵義是：消費者很有可能吹毛求疵而且要求很高，但是在他們的選擇上卻是比較無法預測的。

　　活動的市場跟所有其他的大眾市場供給一樣難以估算其價值。當活動比較不常見時，消費者比較可能因為不平凡的事物所呈現出的特殊刺激感而驚嘆。今日，活動是大眾市場的經驗商品，而且在活動之後，我們無法理所當然地認為消費者會對於已經完成的事印象深刻，或者從他們的觀點來看，對於已經經歷過的事留下印象。活動企劃人員一直都在努力地提供愈來愈多的機會來轉換和獲得回憶。它變成一種流行，到了平凡無奇的地步。經過多久時間之後，消費者會尋找其他新鮮事？我們應該將目光放遠，超越體驗經濟以預測下一波的趨勢嗎？所以說，我們應該要如何思考計劃性活動呢？沒錯，它們各不相同，有時候甚至是獨一無二的，但是我們生活的世界裡出現前所未有的選擇，以及關於這個選擇前所未有的傳播方式。

　　永遠都有其他選擇。若假設沒有其他選擇是不智的想法。只因為你籌辦一場大體看來很出色的活動並不能保證一定成功，正如同一家餐廳雇請一名經驗豐富、廚藝精湛的廚師也不見得能保證顧客一定會上門一樣。有多少懷抱希望的企業曾經碰壁呢？這就是我們該努力的地方；假如方向錯誤，他們就無法開花結果。為什麼活動要與眾不同呢？

49

讓你的活動出類拔萃的五種方法

1. 找出活動消費者覺得他們尚未獲得但想要的東西，並提供給他們。
2. 積極正面地思考你的活動如何與眾不同，並根據這些差異擬定你的傳播策略。
3. 搜尋全球的活動實務，並根據你的發現在你的市場中創新。
4. 想出新的方式來描述你的活動內容，與其他類似的活動區隔出差異性。
5. 讓你的宣傳努力達到最大效果——看起來獨一無二。

　　假如有人必須參加這場活動，他們必須決定只是出席或是全心全意地參與。某人一定要選擇你，甚至選擇你而不選擇其他，譬如不同的活動、其他形式的消費、消遣娛樂，或者不想參與。你提供的內容有何特別之處呢？你怎麼知道你正在做對的事？這是一個擁擠的市場，而你必須為了所有對的理由獲得關注。正視活動行銷的需求日益迫切。在市場上只有合適的品牌能生存。許多新的商品或服務因為競爭市場的壓力很快就敗下陣來。

　　這種思考發人深省。隨著活動市場變得愈來愈競爭，你必須搶下你的活動市占率，並且為了生存，你必須以策略贏過你的競爭對手。

■ 活動行銷的業務範圍

　　在接下來的各章裡，我們將深入瞭解如何行銷各種類型的活動。

每一種情況中，我們將從代表活動行銷業務範圍的一系列舉措中取材。我們在此先做個簡介，如此一來，我們之後就能夠兼顧它們，而不必不斷地停頓下來一一定義。我一直再三強調行銷是規劃性活動中企劃、執行以及宣傳的核心。在第3章，我們將深入探討策略性活動行銷的理論與實務；此刻，我只希望讓你熟悉貿易工具。行銷在許多方面就像下西洋棋一般。有一些容易瞭解的規則，但是卻很難下得好，而且你不可能贏過一個知道如何玩得比你好的人。

> 麗茲·畢格漢是世界知名品牌行銷公司傑克摩頓全球（JMW）的品牌行銷總監。JMW與世界許多知名品牌合作，並舉辦各式各樣的活動，包括奧林匹克運動會的開幕與閉幕典禮。畢格漢對於活動在企業品牌宣傳中所扮演的角色與優勢發表她的看法。
>
> 人們幾乎不可能對活動置之不理。你無法轉換頻道或按下「略過」鍵。這是不同於其他行銷形式的優勢。

活動的商業贊助變成活動行銷人員的核心角色，而且被認為是募款的主要部分，以提供利潤或是創造收入。活動贊助與活動行銷常常被混為一談。因此有必要將贊助定義為策略性活動行銷實務的一個小領域。活動贊助與善因活動特別相關，它已經變成一種既定的做法。企業行銷人員所尋找的品牌認同須與公益事業的正面意義相連結。我們如何募集贊助才是最好的做法？假如我們考量到活動舉辦日益風行，我們就必須面對有更多競爭者都在尋找贊助的事實，當競爭白熱化變成一個因素，活動行銷人員必須思考如何以最佳方式將他們的活動推廣給潛在贊助者，他們很有可能選擇你或是其他人。因此，問題就在於：他們為什麼要應該選擇你？考量到贊助對於計畫性活動經費的核心作用，這就變成一個非常重要的問題了。

網際網路界定了現代。在它成為主流之前就已經行之有年，這樣的事情能夠成真似乎是令人驚嘆的——這麼多的資訊如何快速傳送給每個人。它看似不可思議，然而很快地就變得完全平凡無奇，如我們所見。當然它產生了自己的問題，但是其社交互動能力，雖然是虛擬的，卻徹底改革了我們的生活方式。當航空旅行變得稀鬆平常，人們就開始將天涯若比鄰和地球村掛在嘴邊。網際網路使得距離變得無關緊要。孩童以及應該更瞭解這點的成人，可以跟世界各地的人在線上對打電腦遊戲。無論它如何被應用，電子行銷是任何活動行銷傳播項目的整合與主流面向，因此值得獲得特別的關注。

藉由各式各樣的社交網絡管道所呈現出的傳播潛力，以及一般的電子化個人傳播，與計畫性活動的成功和其他方面特別相關。就行銷傳播的發送者與接收者之間的關係而言，這類經驗使得行銷概念得以發展，也代表消費者口碑的倍數成長。

以病毒式廣告行銷為例。其重點就是如何將人們變成媒體管道。我們知道假如一件事物夠有趣的話，不論是什麼原因，社交網絡中的人就會一傳十、十傳百地傳遞下去。傳播的訊息就像病毒一樣，一人傳過一人。不只是病毒式廣告以這種方式傳遞。一如以往，言語的傳播亦同，只是現在傳得更快更遠了。因此活動行銷利用消費者為它們做傳播工作。這個系統並不是從一開始出現就徹底的不同，口碑向來在行銷傳播中就占有舉足輕重的地位。不過，社交網絡確實加速了這個過程。假如一場活動似乎是一個可行的提案，那麼就要開始傳遞正面的消息，而且日益增加的電子化傳播就是幕後功臣。

這並不是說線上行銷已經完全取代傳統的宣傳活動。網際網路已經變成一個擁擠不堪的場所，對於活動行銷人員來說，考量傳統的媒體管道以及長期存在的行銷方法是有一些優勢存在的。海報仍須製作、傳單繼續發，在各式各樣的媒體中，廣告照樣出現。不過，電子化的媒體將有志一同的人聚集在一起，而且傳統的行銷活動也在線上提供的互動傳播平台上運作。對於活動行銷而言，電子化平台已經變成了基本要件。

圖1.6　吸收經驗，製造回憶

結語

　　從消費者的觀點來看，要分辨一場活動何時成為首要的行銷策略中的一部分並不容易。當我參加前述的蘇格蘭「T in the Park」音樂季時（參見序言），這件事的本質是什麼？它當然代表啤酒廠商行銷策略的某一面向，亦即想要將該品牌與你的文化串連的特殊企圖。在這場慶典中所請來的音樂家也利用該活動與許多其他的節慶相結合；這是他們宣傳活動的一部分，也是實際收入的來源。當大眾娛樂成為活動中不可或缺的一部分時，它就是更廣泛的行銷策略中不變的部分。

　　換句話說，活動產業的存在就像廣告產業和釀酒產業一樣。我們在作為緒論的本章裡，一開始就強調計劃性活動代表將被行銷的事物

以及行銷事物的一種方法。其重點在於以不同的方式來看待活動，而不是探討不同種類的活動。以在田納西州納許維爾市所舉辦的2010年全國宗教廣播人大會暨展覽為例，這是美國宗教界大事表上的首要活動之一。一方面，這是一個被行銷的活動，因此聘請了在宗教市場中高知名度的表演者，利用名人的號召力來吸引參與者。另一方面，活動可以被視為是行銷某些廣播頻道的方法，特別是福音傳教士和他們的商品——書籍、DVD、教育課程、宗教旅遊機構——以及其他許多的產品與服務。

因此我們必須同時將活動看成是兩件不同的事。一個是被行銷的事物，另一個是行銷事物的方法。這是一個無所不在、平凡無奇的想法。零售鏈就屬於這個範疇。他們行銷配銷的商品，同時也行銷他們自己，以維持市占率和獲利。

假如你以這種二元的方式來思考你的活動，無論它是什麼樣的活動，你都要為活動主辦者和參與者創造這場活動最大的利益。你將領會一個讓人容易相信的事實。以行銷其他事物的方式來思考，那麼任何活動都將最有效地被行銷。這個「其他事物」可能是有形的元素，譬如一位頂尖的電視福音傳教士。或者這個「其他事物」可能是一個意義，例如基要派的基督教。

因此在本章最後要強調的是，你應該要將你的活動視為是在行銷有形與無形的利益。策略性活動行銷的宗旨就是評估在這兩方面最佳的活動內容。

Q&A 問題與討論

1. 你如何將適度的刺激感、創意和熱忱加入到你的活動中？
2. 為了讓你的活動成功，你必須接觸到某一群人，你會如何設法讓你的活動受到他們的關注？

3. 你能夠以最新的電子化傳播方式來行銷你的活動嗎？

4. 你瞭解活動作為品牌宣傳工具的發展過程嗎？

5. 你能夠有效地將你的活動整合成品牌的行銷組合嗎？

6. 你熟悉活動作為品牌行銷媒介的優勢嗎？

7. 你如何為你的活動參與者提供轉化的經驗？

8. 你清楚體驗經濟的本質及其對於活動行銷的意義嗎？

9. 你曾經思考過計劃性活動在各式各樣的消費者生活中所扮演的角色嗎？

10. 你是否察覺到在當代活動市場中所提供的活動類型五花八門？

11. 當活動成為許多人生活中司空見慣的事，你會如何讓你的活動變得不同？

12. 你瞭解自己所能掌握的活動行銷業務範圍嗎？

實用網站資源

1. **http://marketing.about.com**

   about.com網站非常像入門者指南，它對於行銷提供了清楚、簡單明瞭的深刻見解。假如你剛接觸該領域，可以進入該網站看看，你將能輕鬆地瞭解一些重要的觀念。

2. **http://www.pcma.org**

   專業會議管理協會（PCMA）是一個為活動經理人及會議專家設立的全球大型專業團體。他們的網站為活動經理人提供了實用及重要的資源。

3. **http://www.eventia.org.uk**

   Eventia是為活動經理人設立的英國專業團體。他們的網站裡有一個部落格，內容包含了與活動產業相關的實用文章以及最新消息。

4. **http://www.cognizantcommunication.com/filecabinet/EventManagement/em.htm**

《活動管理》（*Events Management*）這本學術期刊確實是有用的資源。

5. **http://eventsecrets.com/**

Eventsecrets提供了關於活動管理的有用資訊與靈感，尤其是在貿易展以及較小型的活動方面。

第2章

活動行銷的演進

「所有在思想與行為方面的演進剛開始看起來一定都像異端邪說和恣意妄為。」

劇作家與政治活動家　蕭伯納（*George Bernard Shaw, 1856-1950*）

當你讀完本章，你將能夠：

• 將活動行銷現象的歷史發展應用於現在與未來的活動行銷
  機會中。
• 將活動融入20世紀的消費者社會化的背景之中。
• 仿效過往世代具有歷史意義與指標性的活動行銷領袖，並
  繼往開來。
• 分析活動演進的趨勢，將焦點放在活動行銷的一般原則
  上。
• 透徹瞭解過去成功的案例與未來的機會，以提升活動行銷
  的領域。

■ 行銷的演進

　　欲瞭解行銷，最重要的就是體認到它是日常以及一般人類活動
的形式化。演化基本上就是為了要去適應普遍的環境條件，因此我們
所談論的現代行銷代表自有歷史記載以來，一種以許多形式，在各種
脈絡下所展現出的思考方式以及一連串的活動。行銷這個詞一直要到
1950年代才真正被廣泛使用，而且形式化的行銷思想的歷史也是20
世紀才出現的。當然，那並不表示在這段時間之外沒有買賣的事件發
生，也並不代表人們沒有消費以及藉由消費讓自己與眾不同。甚至，
這也不表示在行銷出現前的年代，沒有廣告和宣傳這類的事。最讓人
確定的是，這並不表示沒有人籌劃和宣傳活動。一直要到20世紀，各
種實務的形式化才形成我們所知道的行銷這個學門，然而實務本身早
在很久以前就已經建立了。因此當我們在思考行銷的演進時，我們所

要探討的是在當時以其他方式稱之的活動，但是通常是關於促進個人或組織的利益，以及在經濟與文化上多元人口消費的模式。

　　你能理解這點是很重要的；它會讓這個主題感覺壓力減小。當使用「策略性活動行銷」時，聽起來非常的厲害，好像它包含了一些難以捉摸的秘密，只有提出的人才知曉。我的用意就是要揭穿這種假象。就如同下一章所介紹的，21世紀的活動行銷是一個已經存在於你心中，而且你日常生活中會使用的技術。你將發現將行銷應用於活動管理是簡單明瞭又合理的事，而且結果可能令人振奮且具有啟發性。

　　我們將在本章一開始先進行一趟歷史之旅。明顯已確立的行銷做法不僅在今日不足為奇，而且我們的前輩先進也以類似今日的手法在運用行銷，只是並未刻意的統稱為行銷概念。

遇見先賢

　　我們想宣傳的第一件事物就是自己。在這個擁有個人化網站的時代裡，我們看起來好像兜了一圈又回到原點。人類學家告訴我們在早期的狩獵　採集社會中，男性會將他們所獵殺的動物的獸齒串成裝飾品以標榜自己是個技藝超群的獵人，而且也是在宣揚他們可以作為優秀的伴侶。譬如健壯的身體、大胸脯、勻稱的臉龐等等遺傳基因特色出現在早期與生育有關的史前文物中，而且也被認為與自我宣傳和確保繁衍後代有關。我們以商品來行銷自己的傾向顯然流傳至今。這在消費者文化中是一個有趣的觀點。我們利用被行銷的商品與活動來行銷我們自己。你參加會議來宣傳你的知識與技能。音樂節讓你宣揚你的次文化。加入專業協會中的成員等同宣示你的生涯抱負。聘雇一名婚禮企劃師相當於宣告你的社會地位。受到曼哈頓一間具有威望的美術館邀請參觀藝術展是在展現你的社會地位。參加慈善活動則是傳布你的價值觀。

　　臉書現象的到來使得上述現象達到顛峰，我們確確實實利用一種

媒體向全世界行銷我們自己，更別說部落格和推特了。以這種方式思考是敏銳的。消費者不只是行銷活動的接收者，亦即在刺激購買的浪潮接收端的那一大群人；消費者也在利用被行銷的商品與活動來行銷他們自己，就好像前述我們的祖先利用器物和裝飾品一樣。在以下的段落中，我們會做更深入的闡述，但我們先來看看遠古的一些例子，證明從古至今其實我們的世界改變並不多。

使用符號來傳達想法以及宣揚價值觀絕對是與文明的乍現同時並存的。雖然今日的廣告產業也這麼做，但這並非創新的概念。例如，當我們想到基督教的符號「十字架」時，我們發現直到西元4世紀，它才被用來當做正式的宗教符號，有趣的是，之前它曾經是象徵魚的記號。十字架被認為是比較普遍代表新興教會的宗旨，而且是不會讓人產生誤會的符號。當時人們就已理解以符號來傳達概念的力量，就如同今日一般。再來，我們可以思考北極熊如何成為全球氣候變遷的標記。符號涉及意義。我們都知道品牌充滿了與消費者相關的意義。說到底，這並不令人驚訝，因為每一件事都充滿了與我們每個人相關的意義，品牌當然也是一樣。

行銷學的基本原理之一就是價格對於觀感與需求的影響。定價政策怎麼會被認為是新的想法呢？歷史上有哪一段時期的有錢人不是享用較高價的商品和服務呢？有哪一段時期窮人只消費較低價的商品和服務呢？很難理解定價的概念作為區隔的方法怎麼會被認為是一種演進，因為它自古以來就是交易中不變的特色。一方面，有人們可以負擔得起的價格；另一方面，有人們為了得到他們想要的事物而願意付費購買所訂的價格。其本質就是自我宣傳的概念，因為人們可能會認為，為了展現在他們自己適當的形象，所以他們必須要花一筆錢。最明顯不過的就是服裝市場了。某些標籤只是因為標價所傳達的言外之意，而成為購買的主因。但是向來都是如此。

早期區隔的表現，重點在於地位的概念以及人們用來區別自己與其他人的器物、裝飾和服務。在這一方面，21世紀的消費者文化顯然

只不過是展現了遠古文化中的做法——地位的觀念可以經由人們消費得起的事物、他們所住的房子、所吃的食物、所穿的衣服獲得證明。這聽起來很像我們所稱的行銷與消費者行為。就我們所知,另一個詞就是生活。這類例子不勝枚舉。行銷人員並未藉由消費創造社會區隔。他們只是利用它。

一個人能夠擁有某些事物的能力(重點是其他人無法擁有)所表現出的社會區隔,就是當今世界的現狀,而且一直都是如此。想想高級的會員俱樂部,讓人們能夠容易接觸專屬的社交活動與項目,除了一群特殊社交圈的人之外,其他人無法進入。這類的活動組織到處都是。它們的目的是塑造地位、宣揚區隔性以及強調獨有。再拉回到我們的主題,它們存在是為了讓個人將自己行銷給特定的目標族群。由社會地位所造成的區隔性在計畫性活動中顯而易見,就如同它出現在每一個產品、服務和各行各業中一樣。在體驗經濟裡,某些經驗本來就比其他經驗更屬於地位導向。當然,雖然我們可以藉由某個人所開的車來證明其社會地位,但是在今日信貸便利的社會中影響就有限了。不過,參加一個專屬的活動無法如此輕易地被階級冒牌貨矇混過關,因此它是社會階級比較有威信的象徵。

羅馬人曾為我們做過什麼事?

商業宣傳活動似乎更古老。岩畫和壁畫代表人類行動與想法最早期的表現之一,而且也是我們逐漸形成的人性中最富有情感的表現。這是考古學家所發現最早期的廣告例子中所使用的方法。再舉龐貝古城廢墟的知名廣告為例,該城市在西元79年維蘇威火山爆發時毀滅,而且被覆蓋在火山灰之下,後人發現當時的官方妓院為了宣傳和指引顧客前來,在石板路上和建築物上刻有男性陰莖。這些商業經營的識別標誌符合所有現代品牌性格合適性的觀念,不過很難想像它能在大多數的現代商業分支中找到一個角色定位。此外,顧客也會在建築物

圖2.1　大眾娛樂的誕生地——古羅馬圓形競技場

　　的牆上以塗鴉方式寫下他們的顧客滿意度，形式與功能就跟當今的線上旅遊服務商Trip Advisor相仿。當我們思考在21世紀科技對於傳播的影響時，它代表一種既定做法的加強與延伸，而不是引進新的作法。

　　在當時，也有馬戲團和格鬥比賽海報廣告的證據，就與今日熱門活動的做法相同，無論是張貼海報的場所、平面或廣播媒體或是網路。再者，提供顯然會大受歡迎的娛樂活動是自然的趨勢，因此給人們想要的事物作為吸引顧客的方法也不是什麼新觀念。假如我們不看科技的創新進展的話，這些活動的行銷手法本質上跟今日大同小異。不管以我們現代人的情感來看，這些血腥的活動有多令人反感，但它們確實因為提供了刺激感而座無虛席。

　　宣傳政治上的積極行動也是一個長久存在的傳統，利用活動作為與公民連結的方法也是。在二次大戰前的德國，國家社會主義黨也利用大型活動宣傳其惡名昭彰的政治理想而迅速擴張。在思考活動史的同時，我們不能不面對有些最極端的例子背後黑暗的動機。

在羅馬世界中的政治家利用海報讓他們的戰役傳播得更遠。眾所周知，凱薩大帝（Julius Caesar）在出城時，於羅馬各地豎立常設的布告欄張貼他在高盧的戰役，以維持他的聲望。屋大維（Octavian Caesar，即奧古斯都）在計畫併吞埃及時，則是利用驚人的大規模海報戰術來污衊安東尼（Antony）與埃及豔后克麗奧佩脫拉（Cleopatra）。這個戰術威力強大，它影響了我們對於埃及最後一位皇后的觀感直到今日。顯然這就是宣傳活動，然而從這些例子中也可以明顯看出，類似的宣傳工具在數千年前就已經出現。有計畫的宣傳活動的想法不可或缺，因此由來已久。人們還能夠用哪些方法來與所有的人交流呢？雖然它不被認為是行銷，然而事實上它就是。這類活動在所有的文化中實行了好幾個世紀，到了20世紀大眾行銷的時代，宣傳的實務做法早就已經確立了。

　　前面提及這些古老的方法是為了強調，假若我們認為行銷是20世紀或21世紀的現象，因此是比較現代化的產物，這是不正確的觀念。不過還是有一些比較現代化的部分。當然，它跟20世紀消費文化的發展有關，原因是此時的消費增強以及人口激增。它也反映出相對的富足繁榮，假如沒有錢花或未能享有信用，那麼消費就會維持一般水準，然而如果能取得資金，以及某個產業為消費注入無數的意義時，那麼它就會被提升為是一件神聖的事。

大衛・佐克沃（David Zolkwer）是傑克摩頓全球公司公共活動總監。從香港回歸交接儀式到曼徹斯特和墨爾本的「大英國協運動會」、雅典奧林匹克運動會以及南非的世界盃足球賽等典禮，過去10年，他將舉世聞名的典禮舉辦得有聲有色。他仔細思量這些典禮在現代世界中的地位以及它們所擁有的潛力——現在更甚以往——來與全球的觀眾分享真實的故事，在此他希望從澳洲的原住民文化中得到領悟。

澳洲原住民的故事可以回溯到6萬5千年前——地球上所有
人類族群最長久的大陸文化史。對他們而言,世間萬物都
是在澳洲土著神話裡的黃金時代被創造出來,而且都有它
們自己的故事——故事不只告訴我們它們如何形成,還有
它們是什麼,以及我們可以如何認識它們。所以在原住民
的認知裡,故事建立了理解與同理心。每樣事物都是截然
不同的,但又是更廣大的、相互連接、相互依賴的世界裡
的一部分。

行銷比宣傳活動包含更多。它真的是文化的凝聚力,並鮮明地
反映出一個社會的性格。行銷的標準定義是關於在一個變動與競爭的
環境中,機構必須以他們的資源、提供的商品或服務以及能力來滿足
他們顧客的需求,但是這個標準定義容易讓它變得模糊不清。藉由觀
察、衡量及瞭解這個世界,機構就能夠將我們及其品牌塑造成符合世
界的需求。

因此行銷逐漸發展出管理哲學,藉由行銷,顧客的需求便推動了
商業活動與方向。長久以來,行銷不再被認為只是單純的宣傳功能。
行銷發展成一種制式化的活動,談的是分析與規劃,透過操作與宣傳
而變得顯而易見。當活動是以行銷來引導時,即表示它們是以一種消
費者導向的方式被管理。這表示為了讓別人傾聽你,你必須能夠說合
適的故事。

大衛·佐克沃談品牌經驗:

在我們這個時髦、品牌充斥的21世紀的世界裡,各家品牌
為了獲得關注而不眠不休地相互爭奪和推擠。他們來敲

門，我們就讓他們進門。因為它們來跟我們分享一個故事，讓我們感受一種經驗以及相信一個夢想。但是它不能只是老掉牙的故事。這種建立品牌的方式只有當企劃案的中心思想為真實事件時才管用，而且是某件真正可以被證實的可靠事件。有故事要表述的國家也不例外──當我親眼看到黃金時代真的能夠復甦時，我終於明白這個觀點。

2000年9月15日晚間，雪梨奧運開幕典禮登場。澳洲一直在審視其過往歷史，尤其是他們對待原住民族的態度。全國上下都渴望找到和諧，並且帶著誠信、希望和讚美前進，邁入新的千禧年。在體育場中，有一名女子跑向奧運聖火台。她是原住民運動員以及當代澳洲的風雲人物凱西‧芙里曼（Cathy Freeman）──甚至她的姓氏似乎也成了品牌保證。她爬上台階、伸出手臂，以一種承載了不可思議的情感共鳴的手勢，體育場內10萬名澳洲人，全國2,000萬的民眾以及全世界數十億的人們目睹了當晚的夜空明亮如熾。澳洲的全新思想──它現在的樣子、它想成為的樣子──就此誕生！

這就是我所談論的連結。因為在如此震撼人心的時刻，奧運典禮成為一個共享的、全球品牌經驗。這當然就是奧運的理想，但是很重要的，這也是主辦國全國上下──事實上是正在觀賞開幕典禮的全世界共同的理想。2000年的澳洲是一個嶄新、自信以及和諧的品牌，它要重新將它自己介紹給自己的人民以及全世界。

在一個見利忘義和媒體當道的世界中，這些時刻仍然具有連結和團結的非凡力量。在這個絕佳的場合裡，這是人類必須體驗的瞬間，透過某一個主辦國，為了因差異而不斷被撕裂的世界所呈現的一套共同的價值觀與目標。最佳的

情況是，國家必須利用這大好機會對他們的人民說：「這
就是我們。」以及對全世界說：「這就是我們所共同享有
的。」我們所討論的是一個真實的品牌經驗，述說一個可
信、中肯的品牌故事。做正確的決定並確定前方的道路，
不只是為你自己的國家，也是為了正在觀賞的全世界。

20世紀的消費者社會化

「我買故我在。」

概念藝術家　芭芭拉‧克魯格（*Barbara Kruger, 1945-* ）

　　我們如何定義我們自己是誰？芭芭拉‧克魯格以這句最著名的俏
皮話嘲諷了笛卡爾的哲學見解，他宣稱：「我思故我在。」克魯格的
嘲諷談論的是我們的自我定義與我們花錢或是利用信貸的方式密切相
關。消費者社會化是一個嚴肅的主題，對於全世界的行銷人員而言無
比重要。在一個消費者的社會中，人們大多以他們的消費模式來定義
自己，更強化了根深蒂固的人類傾向。這已經變成我們這個時代明確
的哲理。「消費者社會化」（consumer socialization）一詞指的是我們
發展成為消費者的過程以及對我們的影響。當我們經歷轉向體驗經濟
的同時，消費者將被社會化，讓自己與特殊的活動形式產生關聯，並
受到文化、次文化以及媒體所影響。

　　「消費者社會化」一詞在1970年代中期才出現，然而它顯然關注
的是一個長期以來被觀察到的現象。它宣稱我們的消費意向就算不是
完全，主要是受到我們持續與其他人互動的影響。這不只是說人們傾
向因為有共同的行為和共同的表達方式而聚集在一起。一個人對於活
動的選擇因此會受到其他人選擇活動的影響，而這些其他人就是與這

個人有關係的人，或是渴望有關係的人。這聽起來很像日常生活，早在這個觀念形成之前，一般人就已經瞭解了。

我們社會化成為消費者的同時無可避免須擔負資本主義體系對於未來支出的需求。在這些經濟時代裡，我們很痛苦地體認到，資本主義經濟需要成長，若沒有成長就會停滯與倒退。以支出計算GDP的方法顯示出消費支出對於經濟的重要性。有鑑於此，在計畫性活動上的消費者支出不僅滿足個人尋求有意義之經驗的需求，同時也滿足了經濟的需求。就這層意義而言，活動產業象徵經濟發展的先鋒，因為它是一種代表成長的消費者支出的形式，而且是不依賴進口的消費者支出模式。

「消費者社會化」是最常被用來當做描述年輕人融入消費者經濟的用詞。年輕的消費者利用行銷來學習可增進自我表達與社會從眾行為的社會互動工具，為自己也為他們的家人，同時也找出消費的社會意義。當然，年輕人並不是因為行銷在他們社會化中的角色而對它感興趣。他們對行銷感興趣其實是基於簡單的實用性因素。他們利用行銷來找出品牌的意義，譬如哪些活動可以加入他們的生活中，以及他們在同儕之間的社會地位。當然，年輕人想要玩得開心，但是他們會希望這件事獲得他們認為重要的人的認可。去瞭解事物的意義是很自然的事，而且我們大多數人一天到晚接觸的這些事物通常就是我們購買或是別人買給我們的東西、我們擁有的經驗以及我們珍藏的回憶。因此一名年輕人會想要知道不同的活動選擇所代表的意義，如此一來，他／她將能夠做出正確的選擇——既滿足他／她的個人興趣，同時也能提供社交表達機會的活動。

「消費者社會化」是金融服務、商品、服務以及活動的提供者根據消費者行為管理，讓我們透過消費來增強自我表達。這種增強即眾所周知的行銷產業。行銷理論告訴我們，販售東西給人們最有效的方法就是找出與他們相關的資訊，並根據該資訊來銷售。另一種表現這種基本行銷精神的方法就是找出人們想要的事物，並將這些事物提供給他們，這就是做生意最有效的方式。

假如人們希望看他們最喜歡的音樂家演出作為工作努力的犒賞，那麼提供一個頒獎典禮給他們，並且讓他們得到看見自己最喜歡的音樂家獲獎的那種滿足感。假如人們想要排解無聊的生活，那麼鼓勵他們追求英雄崇拜，並努力提供一個滿足這種吹捧心理的頒獎典禮。這種風氣的觀點重點就是利用品牌作為滿足需求與慾望的媒介（有時是偽裝的）。「消費者社會化」與這種生活方式型的消費取向緊密相關，它與生活所產生的各種複雜性交織在一起。

今日市場的同質性

考量到絕大多數的消費選擇都有同質的用途，因此很重要的是，我們要瞭解我們的自我展現被用來形成區隔的程度。由於數十年的汽車外觀流線型的改良以及機械工程，大多數的房車長相都類似。它們的區隔一般不是來自有形的機器本身，而是來自於與特定的車型以及品牌相關的人的類型和／或態度。因此當我們將區隔的概念應用於消費者社會化時，我們發現和過去一樣，它是以人類基本的自我分化特質為基礎。

這點引導活動行銷人員去思考他們與其他可能類似活動的區隔點應該要以他們的顧客與潛在顧客區別事物差異的方式來尋找。筆者可能很難區別不同的流行音樂類型之間的差異，然而有許多的樂迷就會將可能有的差異性誇大成高度重要的程度。他們的社會化與我的不同，因此產生不同形式的區隔。由於我們的社會充滿了多樣性，而消費者社會化就是這種多樣性的代表。活動成為抽象價值觀的象徵。

行銷所反映出的是事物的意義、你所購買的事物，以及你可以做的事，譬如一場計畫性的活動。被行銷的產品和活動與人們如何利用時間以及接下來的行為有密切關聯。行銷人員基本上就是宣傳行為準則，他們這麼做的動機只是利潤導向。因此縱然行銷有一個倡導的議題，有鑑於在我們這個物質至上的社會中品牌意義的優勢與重要性，行銷可以被視為是執行一項社會功能。

社會理論學家理查‧布羅帝（Richard Brodie）談同儕壓力的影響：

假如人們沉浸在一個具有強烈的新模因（meme）[1]的文化中，很容易就變成卡在沉與不沉的處境中。你一則改變自己的想法，屈從同儕壓力以及接納新模因成為自己的想法，否則就是要勇敢面對周遭的人認為你很瘋狂或是不合時宜所造成的極端不自在感受。你可能會覺得兩者皆相同，沒有一點值得感到安慰。

　　比起行銷傳播的直接影響，對於被行銷的產品及行動的需求與同儕壓力更密切相關，行銷傳播比較像是提供各式各樣的潛在需求，讓同儕影響在其中發揮作用。重點是，同儕可以同時增強正面和負面的行銷訊息，因此也能決定接受度。當我們在思考在活動行銷領域中利用社交網絡系統時，顯然活動行銷實務與消費者社會化過程完全結合在一起。換言之，網路上活動行銷的方法有充分條件可以參與社會化的過程，這在網際網路中是經常發生的事。

　　被銷售的產品和行動需要持久的規律性，以及能夠在人們努力自我界定的過程中，發展出強烈的重要性。如同一些評論家所言，行銷並不負責宣揚唯物主義的說法很難讓人信以為真。從本質上來說，我們的社會就是唯物主義者，而行銷就是在這個脈絡下運作的。

　　思考消費者社會化與計劃性活動之間的相關性是很有趣的，因為它們和唯物主義之間的關聯性並不明顯。花錢透過一場活動的轉換經驗獲得回憶會被歸類為唯物主義的面向之一嗎？也許這個問題要留到後續再討論，但我好奇的是，將焦點從人造製品轉移到經驗是否意味著重點已從唯物主義轉移，或者至少在表述上出現了變化。

---

1. 模因為文化的遺傳因子，類似遺傳因子的基因，也會經由複製（模仿）、變異與選擇的過程而演化。

圖2.2　在品牌的背後，我們是誰？

鑑往知來的五種方法

1. 活動向來是一個用來讓人們擺脫一成不變生活的機會。你
   的活動會以什麼樣的方式提供給人們這個機會呢？
2. 要推廣一個大創意，最好的辦法就是辦活動。你的活動要
   呈現出什麼樣的大創意呢？
3. 活動向來就是展現社交結盟和文化表述的一種方法。你的
   活動目標選擇是否反映出這點呢？
4. 活動長期以來就是提供娛樂的一種方式。不論你的活動本
   質與目的為何，這個基本面向準備就緒了嗎？
5. 活動證明它本身是一種能溝通及影響他人的工具。你的活
   動是否充分讓贊助商瞭解了呢？

活動行銷的發展過程

在第一版的《活動行銷》中，豪伊爾舉出一些有關過去幾年裡活動行銷企劃的精彩案例，藉以說明活動籌劃者為了抓住潛在消費者的注意力，就必須舉辦能達到最大成效的活動。讓我們來看看幾個活動行銷先驅者的例子。

這些都是關於創新思考及行動導向企劃的明確案例。最重要的是，這些例子告訴我們要與眾不同，並且要認識並瞭解你的客戶，如此一來就能引人注意以及獲得成果，這也是你策劃活動行銷企劃的目的。這些活動在他們的時代既合宜又有效。從這些案例中我們所學到的總體課旨對於任何時代的任何活動也都適用，而且也提醒我們不可自滿，更切忌千篇一律。同時也告訴我們要去思忖，在這些活動行銷處理方式的案例背後，其目標意義為何。因為所有行動都是針對特定目標而設置的。

P.T. 巴南的大肆宣傳與影響

「每個人群中總有一道曙光。」

P.T. 巴南（P.T. Barnum, 1810-1891）

費尼爾斯‧泰勒‧巴南（Phineas Taylor Barnum）打造了一個舞台，他在1800年代利用令人驚奇、怪異的行徑，吸引人們注意到他的事業。他一手發展出「大肆宣傳」（ballyhoo，這個詞與吸引注意力同義）這樣一個廣告與宣傳手法。當然，這是所有的廣告與宣傳基本的目標，所以巴南做的是所有宣傳人員會做的事，只是他比較興致勃

勃。世界各地的企業仍沿用他的原則——娛樂、刺激感和冒險精神。他自己就是透過他的宣傳達到最大效應的例子。巴南創造了他自己的「明星」,當他帶著他們進城時,利用廣告、傳單和海報來宣傳他們。他公開展示他的「藝人」的概念以及透過博物館與街頭表演建立自己的名氣與獲利也是前所未見的創舉。因此,在他的時代裡,巴南是一位多媒體的行銷人員,他利用多元的管道組合來接觸他的潛在目標群眾。當我們褪去現代科技的光鮮外衣後,就會發現它其實只是加速推動已經確立的做法,並不能認為它是新的想法,而是新的技術。

　　他手中的頭號藝人包括湯姆・拇指將軍(General Tom Thumb,世上最矮的人)、珍寶(Jumbo,世上最大的大象),以及有副金嗓子的珍妮・林德(Jenny Lind,她有「瑞典夜鶯」的美譽),1850年代,

圖2.3　大手筆的P.T. 巴南

他大張旗鼓地將他們介紹給美國的觀眾。有趣的是，我們注意到他的宣傳活動在美國語彙中留下來永久的影響。除了珍寶這隻大象明星之外，他還有一隻叫做東・棠朗（Toung Taloung）的純種白象。巴南花了一大筆錢試圖說服觀眾相信東並不是假的白象，但是不太成功。直至今日，「jumbo」這個英文字代表龐大，而「white elephant」這個詞則表示某樣事物維持起來所費不貲，但是產生的經濟效益不大，不過後者並不完全歸因於巴南。

他與他的夥伴詹姆斯・貝利（James A. Bailey）帶著他的小動物園上路，並將這些野生動物與其他的馬戲表演做結合。他們深信，要成功就必須將自己的事業帶到大眾面前，而不是等待觀眾去發現他們這個「世界上最偉大的表演」。這個面向的行銷思維在現代已經變得相當複雜。一場活動應該等待被潛在顧客發現嗎？或者它應該主動出擊，接觸群眾以獲得注意力呢？特別是就電子媒體而言，我們很難評估社交網絡傳播法究竟代表被動的前者還是主動的後者。

假如有什麼事物最類似前者，那就是藉由散播活動資訊到社交網絡的矩陣中，然後活動行銷人員等著顧客來找他們。在許多方面，傳統的行銷媒體傳播法比較主動嘗試去抓住顧客的興趣。再者，數位環境變得極為擁擠，像這樣陷入線上行銷的電子浪潮中，可能代表一種被動贏取顧客的方法，巴南無疑地會認為它最不具冒險精神。

巴南和貝利在1919年和林林兄弟馬戲團（Ringling Brothers Circus）合併之後，將這種積極主動的傳播法淬煉成宣傳與行銷的藝術。他們為這個馬戲團的巡迴表演製作馬車，車身漆上華麗的色彩，就如同保證他們可端出驚人技藝與藝人般。慢慢地，他們開始將馬車裝進火車車廂，然後又自行購置運貨車廂，並再度用大膽的顏色彩繪車廂，這樣就沒有人會錯過「馬戲團即將來臨」的消息。雖然「行銷企劃」（marketing planning）一詞在當時尚未被創造出來，但是巴南與貝利已經開始在實踐這個概念了。他們知道，他們的表演所造訪的社區必須知道「娛樂即將到來，而令人興奮的事就近在咫尺！」於

是，林林兄弟、巴南與貝利的行銷技巧就此展開，並延續至今：公布
巡迴行程、預先發送新聞稿給相關的媒體來源，並發布準確的火車時
刻表，這樣大家就會帶著「各種年紀的孩子」聚集在沿途的火車站，
看著馬戲團的車廂轟隆轟隆從面前經過。

他們的市場不只是目的地城市，還包括一般大眾。他們橫掃了
沿途的每個城鎮。對於那些不能到好幾英哩外觀賞馬戲團表演的人來
說，當馬戲團行經其城鎮而讓他們同感榮耀時，他們至少也參與其中
了。這是一個傑出的行銷策略，雖然馬戲團巡迴演出在本質上是一個
區域性的產品，然而卻被設計成吸引全國的注意。然後，為了爭取更
多的曝光機會，他們的製作人安排了一場從火車站到馬戲團表演場地
的遊行；在第一個帳篷都尚未架設起來之前，他們就已經吸引群眾近
距離地觀賞動物、穿著戲服的演員和小丑。直至今日，街頭「特技」
結合遊行吸引了數百萬人的目光，其中大多數都是無法出席該活動的
人。在許多方面，林林兄弟與P.T. 巴南在1800年代所開始發展的理論在
今日更見其成效。他們絕對想不到我們今日視為理所當然的新科技，
會使得當時所實行的行銷概念（娛樂、刺激感、冒險精神），以及對
於行銷規劃的瞭解更富有成效。這個行銷策略不僅讓身在表演場地中
的人們意識到馬戲團的存在，也影響了整個鄉村地區，並營造出早期
較無憂無慮的年代那種溫暖、朦朧的感覺。而這就是P.T. 巴南與林林兄
弟一開始的初衷。

最重要的是，巴南瞭解被人們注意的重要性。他選擇利用他那個
年代的高速公路——鐵路，來達到這個目的。他的宣傳就是他們自身
的娛樂節目，這在當時是一個很先進的概念，就像今天娛樂與宣傳之
間的區隔並不明顯。巴南的大肆宣傳，就相當於我們今日為了引起注
意而大聲喧嘩一樣，它並不全然是一個巧妙的手法，當然這也不是唯
一獲得關注的方法。然而，它一直都是活動行銷的一個面向。舉例來
說，快閃族是現代大肆宣傳的表現形式；在視覺干擾的意義下，密集
的宣傳海報也是。當我們思考在我們的世界中行銷傳播的數量有多龐
大時，我確信它就是P.T. 巴南所認可的未來。

比爾‧維克的研究方法與高衝擊的策略

「我試著不違反規則，而僅只是測試它們的彈性。」

比爾‧維克（*Bill Veeck, 1914-1986*）

比爾‧維克（Bill Veeck）是公認劃時代的職棒界宣傳天才。他擁有克里夫蘭印地安人隊（Cleveland Indians）、芝加哥白襪隊（Chicago White Sox）、聖路易棕人隊（St. Louis Browns），以及兩個小聯盟球隊，他善於吸引他人注意，無人能出其右。他體認到：在1930和1940年代，一個正走出經濟蕭條與戰爭歲月的國家，需要的不只是花錢到運動場上觀賞比賽而已。這對於活動行銷人員有警示作用。就以消費者的期待與需求來換得他們的花費而言，期望值是否有向上發展的趨勢？在經濟困頓的時期，人們反而需求更多，而不是更少？

他最大的長處在於，他能判斷哪些是球迷想要且願意花錢買的東西。他經常混入棒球場的觀眾席中，對此，他的兒子麥克（Mike）解釋說：「我想人們會覺得爸爸坐在看台上的舉動很怪異。但是，這就是他做『市場研究』的方式。」舉例來說，維克知道許多芝加哥人下午和晚上都在工廠與畜牧場工作。所以，他安排幾場從早上8點半開始的球賽，他還親自為這些早起的人送上咖啡與玉米片，此舉吸引了全國的注目。現在回頭去看維克的做法，親自瞭解他的顧客並根據他不嚴謹但有效的研究方法所蒐集到的情報來調整他的事業顯然是很棒的想法，然而這在當時絕不是典型的商業思維，當時的思維偏向「產品做出來，顧客就會來。」想想這個在行銷形式化之前的生產思維。維克是一個思想進步的經營者，他似乎擁有一個真正以顧客為焦點的思維，讓他更明智和更富有。人類洞察力不斷進化的本質不禁讓人聯想到一個問題：為什麼人們想不到？那些想得到的人往往跟當時普遍的看法格格不入，而且他們的做事方式跟同時代的人大相逕庭可能看起

來很怪異，可是等到其他人理解的時候，你的創新早就失去優勢了，所以你要不斷地進行創新。

來他的球場一趟總是會發現驚喜，包括現場音樂與舞蹈表演、贈品（從龍蝦到一盒釘子，都是他以物易物換來的），以及第一座「煙火得分板」（每當主場隊伍擊出全壘打時，外野圍牆上的煙火就會點燃）。他還在芝加哥瑞格里球場（Wrigley Field）的外野牆上種植常春藤，這項裝飾使得該球場至今仍是全國公認的地標。假如，就像我們所確知的，品牌是想法的聚合體，那麼就要不斷地將該想法愈變愈大，一直加入新的元素。在獲利逐漸縮減的今日，那就是尋找刺激感的源頭。

他最著名（或者說是最惡名昭彰，全看你的觀點為何）的花招是他在擔任克里夫蘭印地安人隊的老闆時所做的事。他大張旗鼓地宣布雇用一名侏儒加入印地安人隊。艾迪‧嘉德（Eddie Gaedel）的身高為3呎7吋（約110公分），體重只有65磅（約 29.5公斤）。在某場球賽的關鍵時刻，嘉德被送上場打擊，以求獲四壞球保送，全場觀眾為之瘋狂。困惑的投手找不到他身軀短小的好球帶，於是在四壞球之後將他保送。維克宣稱，這不是一個花招，而是一個「實用的點子」，必要時，他會毫不猶豫地再用一次。美國聯盟（American League）的主席對此相當不悅，並禁止嘉德再次出賽。但是，這個獨特的行銷手法肯定達到令人難忘的標準。

50年後，這個事件依舊令各地球迷回味無窮。今日，以譏諷的手法利用一個人矮小的身材作為宣傳工具可能會讓人蹙眉搖頭，認為太不入流，因此我們感興趣的不是這個花招實際的內容，而是其意義與影響。它之所以重要是由於創意新穎。它意料之外地代表一個視覺上有趣的笑話，就像男扮女裝的演員扮成啦啦隊員一樣。它會引起人們的討論，而且這類事情，假如算得上病毒式廣告的話，會經由口耳相傳或是張貼在YouTube上。時代改變了，而且世界被到處流通的怪異和有趣的影像淹沒，因此在這個時代能夠創造一個真正的熱門話題門檻

圖2.4　吸引注意力的行為

愈來愈高。不過，這是活動行銷人員的挑戰之一：你如何能夠在一個
充滿創新的世界中發展出高衝擊的策略呢？

傑‧魯耶的消費者取向

　　如果有所謂整合式行銷與創意思考的能手，那就非傑‧魯耶（Jay
Lurye）莫屬了。他是「影響國際」（Impact International）公司的創
辦人兼總裁。「影響國際」是第一家活動製作與行銷的公司，其總部
設在芝加哥，而他許多的法則與創新的執行方式在今日的業界都很常
見。他的工作主要是承辦協會的會議，但他最偉大的貢獻在於：透過
行銷合作夥伴關係以及設計附帶活動來提高出席率。例如，魯耶特地
為配偶與青少年設計了節目，並使它們成為會議的主要部分。他瞭解

到，如果一個機構能對成員的另一半和孩子們行銷其獨特的節目以吸引他們的注意的話，那麼協會成員報名註冊的意願就會更強烈。舉例來說，魯耶想出了「名人相見歡」這個活動，並發起「神秘嘉賓」午餐會或歡迎會。協會成員的另一半會購買這些活動的門票，他們參加此活動不只希望能見到其他成員的另一半，更能與名人接觸。再來，他透過與戲劇界經紀人的關係，充分掌握了在活動當時會在當地出現的名人，然後支付這些名人一筆合理費用，要他們花1小時參與這個團體的社交活動，於是看到這些成員的另一半為了抓住與有名的女演員或歌手聊天的機會而排隊。攝影師用拍立得相機為他們拍下紀念照，並交換親筆簽名。現在，許多公司雇用有「明星臉」的人做相同的事，這招依然能增加出席率，也能引發刺激感。傑‧魯耶創造了這個概念，不過他雇用的可是真的歌手麥考伊（McCoy）！

　　有許多方式可以思考這種活動行銷策略，它們後來證實對於當代的活動行銷人員極具有啟發性。首先，而且最明確的是，魯耶為他的活動增加了價值。協會的會議是一項產品，而利用名人則可視為是這項產品的延伸。不過，這讓我們不禁聯想到一個問題：假如協會的會議是要滿足一個真正的需求，為什麼為了讓場面盛大需要點綴的活動呢？一場意想不到的活動可能跟核心產品非常切合，或許產品本身就非常好，因此活動發揮了作用。點綴活動可能會被認為是不必要的花費。可是在基本及單調的生活中，點綴當然有一定的作用。並非每一件事都一定要有趣，但是在今天這個時代裡，活動希望要成功真的必須這麼做。無論如何，魯耶所引入的點綴概念成為了活動管理與行銷的準則。

　　魯耶將目標鎖定在參與者家人的這個做法在當時是很新潮的想法，他洞察與會代表的心思，就跟現代以消費者為導向的做法不謀而合。這麼長的時間沒跟家人相處，情感可能會疏遠。將家人納入活動中是很明智的做法，這是利用家人對於購買決定的影響，以他們作為媒介來說服顧客參與。舉例來說，在廣告企劃中就很常見到這種手

法。大家都知道，行銷人員會將目標放在孩童身上，因為他們會對家庭支出的決策產生影響，因此魯耶早就利用了這種高深的行銷方法，為了觸動決策者與影響者的動機，而將家庭單位視為可鎖定的目標。

　　在他的職業生涯中有一段時期，美國機械工業承包商協會（Mechanical Contractors Association of America）是他的客戶，而他們一直努力想要獲得各州與各市分會的支持，並參加年會。魯耶的概念是將這些分會從被動角色改為主動的行銷夥伴。他要引發各分會對這個活動獨有的興趣。因此，他辦了一場歡迎會與晚宴作為會議最精彩的亮點，並對各分會下戰帖，邀請他們成為前20名成立「好客中心」（hospitality centers）的贊助者，他們可以提供當地特有的美食、值得紀念的贈品，以及穿著古服的人物來緬懷該州的歷史。主題中心只開

圖2.5　消費者取向的決策因素之一——家庭

家庭是一個目標市場單位。想想看有多少決定是出自家庭決策？

放20個名額。先搶先贏。於是各分會爭相加入。各分會的自尊心開始高漲，並立刻相互較勁。堪薩斯市分會得意地提供烤肉，並贈送堪薩斯市酋長隊（Kansas City Chiefs）的足球模型。路易西安納分會送上炸牡蠣與小龍蝦，並丟出狂歡節的金幣，同時喬裝迪克西蘭爵士樂團（Dixieland band）來娛樂觀眾。西雅圖分會用煙燻鮭魚與華盛頓州的酒來吸引人潮。其他17座主題區也為吸引目光彼此競爭。這個派對展現了此協會的深度、廣度與多樣性，既活潑又有趣。雖然這個活動是一個行銷奇蹟，而且大大的成功，但是魯耶還有一個精巧的謀略。由於食品、飲料及娛樂費用都是由各分會負擔，所以這個協會本身省下了一大筆錢。如果是辦比較制式的派對，那麼所有的花費都得由協會來負擔。

慢慢地，魯耶將創意擴展至公司機構會議與產品發表會，最後成立了一家服務公司，利用將協會活動帶入現代的頂尖創意來辦理大學與兄弟會的同學會。他的許多行銷與管理原則，至今仍舊是當代活動製作與宣傳的基礎。他引進了新的做事方法，而且他的決定是因為他知道假如精心設計一些參與活動和影響力的話，人們會怎麼想以及可能會做出何種反應。

麗茲·畢格漢談活動策略：

只有專門針對品牌、產品以及參與其中的群眾類型所設計的行銷策略才是好的。活動的利用應該（事實上是必須）反映出獨特性。雖然沒有銀彈攻勢，但是活動基本上就是讓人們參與，並利用最後獲得的理解與信念來激發行動。

喬治‧普萊斯頓‧馬歇爾的品牌建立

「今日的職業美式足球在許多方面都反映出他的性格，包含他的想像、風格、熱情、奉獻、率真、自負、力量與勇氣。30多年來，我們全都受惠於他多變的性格所塑造的足球運動。」

彼特‧羅澤爾（Pete Rozelle, 1926-1996）

有一些人能夠帶領剛起步的企業，透過創新與顧客參與來建立超成功的商品。而喬治‧普萊斯頓‧馬歇爾（George Preston Marshall）就是這樣的一位行銷專家。在1937年，他買下了一支職業美式足球隊——舊波士頓紅人隊（old Boston Redskins），然後他將經營權移轉到華盛頓特區，並將它重新命名為華盛頓紅人隊（Washington Redskins）。在當時，職業美式足球只是一項新奇的事物，而不是一項認真的運動。棒球才是全國性的消遣娛樂。足球是在一個寒冷的星期日下午所做的事，沒有任何意義，也不具任何急迫性。馬歇爾是一位表演高手，他身邊圍繞著那些擁有共同願景的人，他想要將美式足球提升為民族意識，結果再明顯不過了，今天美式足球已經成為數百億美元的產業，而超級盃也成了美國文化中最具有代表性的活動之一。想到它在數十年前竟然毫不起眼就令人感到驚訝。

馬歇爾瞭解到，若想建立球迷基本盤，他必須在球場上提供踢凌空球及傳球之外的東西。他必須提供娛樂、刺激感及冒險精神。我們又遇到了一個人，他瞭解為了讓一場活動更耀眼而必須增加其價值的重要性。這些對於活動行銷先驅的描述告訴我們在這個學門中很深沉的理念。一場活動是各部分的總和。這裡所指的並不是為活動添加花俏裝飾，或是像巴南那樣大肆宣傳，而是行銷人員為活動所注入的附加價值。這是活動的整體觀，甚至細到活動後續影響分析也算在內。馬歇爾用來行銷美式足球的方法跟他當時及日後所達成的目標、這個

方法對比賽的影響以及它如何改變球迷的態度（就他們對於美式足球比賽的期待而言）密切相關。藉由提高門檻，馬歇爾灌輸給人們一種需求，而這就成為美式足球今天在球迷心目中的地位。

他一開始問了一個問題：去年，球迷連一個能加油的球隊都沒有，我們該如何建立會深深感動球迷的「傳統」？馬歇爾找上了巴尼‧布里斯金（Barnee Breeskin），他是駐華盛頓修翰旅館（Shoreham Hotel）的交響樂團指揮，馬歇爾請他製作了一首戰歌，這是職業足球隊的創舉。布里斯金的歌曲原本被稱為〈華盛頓紅人隊進行曲〉（Washington Redskins March）。現在，這首歌變成全美各地耳熟能詳的〈為紅人隊歡呼！〉（Hail to the Redskins!）。當目標群眾由數百人增加至數千人時，它成為一個口號，而在這支球隊愈來愈受歡迎之後，人們不只在體育場上唱這首歌，他們在街道上、酒吧與小酒館中也唱。60多年之後，這首歌曲仍是這個足球經營業者的主要商品，每當紅人隊觸地得分或踢進球門得分時，群眾都會唱這首歌；這是一項持久的行銷手法。馬歇爾也領悟到，自己需要一個工具來好好利用這首新頌歌。所以，他再度與布里斯金合作，他們從布里斯金的搖擺樂團開始，進而將這個團體轉型為訓練有素的行進樂隊。於是，紅人隊行進樂隊（Redskins Marching Band）成為職業足球界的首例。在馬歇爾的行銷頭腦中，他知道這不僅僅是娛樂，它也是引人注意並提高出席率的方式。這個樂隊在這整個區域成為一項主要商品，它不僅在華盛頓特區表演，也到那些沒有足球經營權之爭的南方演出。整個維吉尼亞州、南北卡羅萊納州，甚至遠至南方的喬治亞州的顧客／球迷基本盤都大幅擴增。有時候，這個音樂娛樂比球賽本身更受人注目。這個球隊在華府的前3年，球迷的出席率增加了四倍，原因經常被歸功於此。有些人猜測，這些驚人的賽前節目與中場表演所吸引的目標群眾比來看球隊在場上比賽的人還多。我們可以從現代人的觀點瞭解到娛樂是比賽的一部分，但是這在當時卻是新的想法。

專欄作家巴伯‧康辛定（Bob Considine）這樣描述：「紅人隊

的球賽就如一齣節奏明快的諷刺時事滑稽劇，裡頭有提示、布景、音樂、節拍、戲劇場面，以及（男士們，別太吃驚）芭蕾。令人驚訝的是，節目單上居然還容得下一場足球賽！」馬歇爾把他的球隊當做是週日下午的全方位娛樂在行銷（而非只是一場足球賽）。他所吸引的是一家大小，而非只有球迷。在舊葛林菲斯體育場（Griffith Stadium）的一場足球賽變成一項「活動」。足球只是這場慶典的一部分。一場足球賽跟一場活動之間有什麼差別呢？我想答案就在於參與者的情感。要怎麼做才能提供滿意度，真正進入觀眾的內心。「真的很棒」跟「還不錯」是有差別的。藉由加入特別的要素來加強你的活動，就更能引起正面的情緒反應。

　　然而，展現出馬歇爾在製造噱頭或宣傳產品方面才華的另一個例子就是，每年耶誕節前，他會安排耶誕老人現身在球賽之中。在耶誕假期期間，耶誕老人在球賽中現身不是什麼新鮮事。每到此時，全國各地都會這麼做。但是，在華盛頓特區，耶誕老人現身的「方式」激發了觀眾的想像力。每年，報紙和廣播都會預測馬歇爾的新招數。人們會提早買票，就為了確保自己能幸運地親眼目睹耶誕老人的降臨。在馬歇爾的創意領導下，耶誕老人以各種想像得到的方式現身。數年來，他在響徹雲霄的喇叭聲中搭雪橇、揹降落傘、騎馬，或從體育場頂端拴住的一條金屬線上垂降下來。在最近幾年，耶誕老人曾經乘著直昇機降落在足球場中，他甚至還曾藉助魔術幻象「突然出現」。這仍是該球隊的傳統及耶誕節娛樂中的一項主題。

　　正如所有生意一般，在數年前借馬歇爾之力所創造出來的職業足球產業中，好幾屆超級盃（Super Bowl）或其他活動的成功肯定有助於門票的銷售。但是，任何一個企業的基礎在於建立「品牌認同」（brand recognition）以及不管時機好壞都會來的忠實支持者。喬治‧普萊斯頓‧馬歇爾體悟到足球的勝敗是一時的，但娛樂及刺激感永遠能夠吸引顧客。他瞭解美式足球並不是品牌，而是品牌的一部分。

活動行銷先鋒為我們上的五堂課

1. 除非你準備好卯足全力讓活動受到矚目，否則它們不會受到關注。
2. 活動必須是平凡單調生活的調劑。
3. 找出人們真正的想法，以及他們想要的感覺，並將它們轉換成一個可傳遞、可紀念的經驗。
4. 在你的活動核心外圍增加附帶的特色；發動攻勢，戰勝人們無動於衷的感覺。
5. 創造、提供新奇的事物，避免千篇一律，並塑造有正向意義的差異化。

活動行銷演進的趨勢

　　未來將會如何看待今日活動產業的狀況？我們看到了實務上自然的演進，最後成為眾所皆知的行銷。回顧從前，我們瞭解到行銷一直都跟人們如何過生活、他們選擇以何種方式來表達他們的個體性以及社會地位息息相關。20世紀的行銷概念代表的無非是生活型態的產業化，這種生活型態是長期建立而且與資本主義體系對於永續成長的要求緊密相連。我們看到活動一直與我們同在，服務形形色色的主人。

　　活動是自行產生，目的是服務社群，並且在一個剛形成的集體群居地灌輸一種認同感。它們因為宗教的演進而產生，滿足我們對於自身在宇宙中的地位的好奇心，並且為宗教正統性與當權派的既得利益提供服務。活動也為政治人物提供服務，安撫大眾，將個人凝聚成團結的行動，可能為了好事，也可能是壞事。活動也為了專業的利益而

服務，從同濟會（Masonic societies）到活動管理的會議皆是。活動也為藝術提供服務，它發展成在21世紀主導我們的文化經驗的娛樂巨獸。活動為體育服務，透過政治競爭的操作，將單純的運動休閒提升為國際性的競爭與團結一致的表現。活動為產業服務，以產生資本，而且為經濟服務，以提供成長。再者，活動也以社交集會的形式為人類服務，並且無論順境和逆境中，都滿足我們的需求，去感覺到我們是宇宙間的一分子。

 ## 結語

活動行銷的演進軌跡相當簡單明瞭。增加價值，並繼續增加價值。找出人們期待什麼，以及他們將會預期什麼。你要明白人們如何溝通，以及他們將會如何溝通。我帶著一個特別的目的在撰寫這本書。活動行銷並不是深奧的秘密，必須跟隨大師學習；它只不過是找出人們想要什麼，並且以最令人興奮和想像得到可能的方式給予他們，這樣他們的情感就會投入，而且他們會覺得與自身相關並參與其中。下一章將會採用一個比較制式化的方式來討論活動行銷，介紹一個策略性的架構，在這個架構中做決策，並且概述各式各樣的企劃如何構成這一領域的工具。

Q&A 問題與討論

1. 行銷方法在這個世界上被採行多久了？以何種方式被採用？
2. 人們如何利用他們的消費選擇來行銷自己和他們的家人？
3. 行銷是長期存在的貿易傳統以及日常生活的反映，它如何變成我們瞭解當代活動的核心？
4. 對於經濟發展而言，透過活動行銷的經濟社會化具有哪些重要性？

5. 數千年來，哪些行銷方法被政治人物採用？

6. 人們在多大程度上以他們的消費選擇來界定自己？這與花費在計劃性活動中有何關聯性？

7. 你從維克、馬歇爾、巴南以及其他人身上學到了什麼？這些知識要如何應用在行銷一場會議、展覽或其他活動中呢？

實用網站資源

1. **http://bvo.com/topics/marketing-trends-and-evolution/programmes/philip-kotler-on-the-evolution-of-marketing**
   網站裡有近代行銷史上知名的美國行銷學者菲力普‧寇特勒（Philip Kotler）的訪談紀錄。

2. **http://adage.com/article?article_id=142967**
   這是在《廣告時代》（*Advertising Age*）雜誌裡的一篇文章，探討在上一個世紀的廣告環境中，行銷方式的演進。

3. **http://www.ptbarnum.org**
   此為紀念P.T. 巴南的網站，他被譽為「廣告界的莎士比亞」，網站內描述了他一些具有啟發性、被稱為「騙術」的行銷噱頭。

4. **http://www.barnum-museum.org**
   設立於康乃狄克州橋港（Bridgeport）的巴南博物館的網址，其特色為一座線上虛擬博物館，你可以進去探索P.T. 巴南富麗堂皇的世界。

第3章

活動行銷理論與實務

「行銷的目的是要充分認識和瞭解顧客,俾使產品或服務能適合顧客,並且將自己推銷出去。」

社會生態學家　彼得・杜拉克(Peter F. Drucker, 1909-2005)

當你讀完本章，你將能夠：

- 定義與應用活動行銷的介入方案與策略，使行銷投資報酬率達到最高。
- 在21世紀活動行銷原理的脈絡下，應用與整合一般行銷概念。
- 將傳統行銷模型與現代活動行銷綜合性與決定性的新模式相結合。
- 在活動行銷策略中，評估與有效執行研究、鎖定目標以及定位。
- 利用SWOT（優勢、劣勢、機會與威脅）分析，以可行性、耐久性以及永續性的觀點評估與說明活動行銷的機會與潛力。

策略的必要性

　　本章是要帶領讀者認識構成活動行銷的項目，在所有值得做的努力中，我們將從策略開始。假如策略被認為對於那些相關人士、參與者或出席者很重要，那麼在進行任何計劃性活動之前就要先擬定。另一種說法是，在目前的情況下，你事前就要知道你正在做的事是最好的選擇。或許你對這點再熟悉不過，但是你把它稱為「全盤考量」，而不是策略，因為後者聽起來比較正式而且有距離感。你這麼思考也沒錯，因為行銷的本質就是達到目的與目標的策略途徑，無疑地必須將事情從頭到尾思考一遍。有策略性的想法是很自然的，而且感覺就好像我們在生活中需要方向一般，事實上我們的活動也是如此。

　　別擔心你不知道該往何處去，因為條條大路通羅馬。古老的諺語都習慣接受嘗試與考驗。一個活動的行銷策略為活動設定了方向、有一個特定的目的地，並且要找出替代的路線以順應不斷變動的環境條件。這意味著你需要清楚的目標，並且瞭解有各種不同的方式去實現這些目標。

　　策略就生存而言是不可或缺的。假如一名活動行銷人員因為太過自滿或疏忽而並未盡心盡力去謀劃策略會產生什麼後果？我們也可以將這句話改寫為：假如一名活動行銷人員未深思熟慮的話會如何？那麼這個活動要不是不知道該往如何進展，就是往錯誤的方向前進。讓我們假定情況屬於後者，並設想思慮不周的策略所造成的影響。

　　這個活動團隊跟其他的團隊一樣努力，而且將會把精力都投注在活動的預定目標上。他們相信研究將進一步證明他們的戰術，他們應用於活動中的行銷組合也適合活動的預定目標。不過，總而言之，他們的努力白費了，因為事實上他們變得更容易走錯路，而且等到發現原來這是一條死巷，或者他們被迎面而來的一大群活動踩扁時，一切都太遲了。重點在於假如策略計劃不周，那麼在其引導之下所完成的一切都不會開花結果，所以走對路很重要。如果活動工作人員發現不是因為他們的錯但結果卻徒勞無功，那是多麼令人沮喪的一件事啊！

　　就本質上來說，策略是簡單且可理解的事。欲達成你的策略性目標，選擇不可勝數。因此一個策略縱使只是簡單的一句話，然而在執行面上，其本質通常是複雜的。例如，美國國家航空暨太空總署（NASA）曾經有個將人類送上月球的策略。這是多麼偉大的活動啊！當然，就因為策略說起來容易，因此當付諸實行時無疑地複雜得難以想像。

　　2003年，愛丁堡海洋祭（Edinburgh Festival of the Sea）無法吸引夠多的遊客前來，因此當地政府被迫拿出一大筆資

金來援助主辦單位。其實活動看似有許多吸引人的特色：挪威人的村莊以及維京人的長船（中古時期北歐一種單帆多槳的船）、高桅橫帆船、軍用救援艦以及古代的單層甲板木製帆船、慶祝該地區的航海史的海上大遊行、全英國最大的沙雕製作、一場大型的航海藝術展覽，以及每日活動的最高潮——「聲光盛宴」。遊客也有機會體驗模擬潛水艇主控室和直升機的機械裝置，並且與全世界首屈一指的鯨魚、鯊魚和海豚專家面對面接觸。現場還有海鮮料理示範以及為這次活動特別釀造的海洋祭啤酒。雖然當年爆發伊拉克戰爭，但是英國皇家海軍還是派出了第42型驅逐艦、海獵鷹戰機、直升機、巡邏艇、登陸艇，並安排皇家海軍突擊隊每天在海港舞台操演。活動的資助人皇家長公主帶領一群社會名流蒞臨盛會，駕駛單人帆船環遊世界的女航海家艾倫‧麥克阿瑟（Ellen MacArthur）亦在受邀之列。從各方面來看，每個工作人員都很努力地打造出讓航海迷感到興奮的全天活動。只是遊客人數不夠多。沒有足夠的目標群眾認為航海娛樂的創意夠吸引人，而值得花時間和金錢來參與這場活動。策略從一開始就是錯誤的。它應該要按照需求的比例縮減規模，或者應該透過更大量的行銷資源來激發更多的需求。

(www.festivalofthesea.net)

你面對的是誰或什麼事？

就像許多商業常見用語一樣，策略原本是一個軍事用語，講的是利用資源的配置，以自己偏好的戰鬥時間、地點及條件施加於敵人身上。按照字面解釋，這表示計劃性活動的管理就是某種戰場。只要競

爭存在，這種說法就沒錯，競爭性的活動可以被視為彼此相互對立，尤其是在較大型的活動中，你必須組織一支員工大軍以獲得最佳的戰略優勢。無論是否考量到競爭，敵人完全是另一回事，但你一心想要勝過你的競爭者，而且你當然希望他們的顧客比你少，因此雙方關係的基礎絕對不是友好的。

不過，這個觀點相當準確地解釋了策略性活動行銷的意涵。這意味著活動以其吸引顧客和贊助商的能力來規劃與行銷一個對其他活動不利的活動。雖然這種好鬥的做法對於品牌經理人而言司空見慣，但是或許不是活動經理人慣用的手法。

大家都知道活動的市場愈來愈競爭。因此，活動行銷策略的形成是從分析誰是你的競爭者開始。這包括有形和無形的層面，以及直接、間接和無形的競爭對象。

對你的活動造成直接競爭的就是其他和你的活動多少有些類似的活動。一場鄉村音樂節與其他鄉村音樂節較勁。一名活動行銷人員必須研究對其活動構成直接競爭的要素，才能夠瞭解直接競爭的活動應該如何貫徹於行銷企劃中。他們得到哪些更吸引他們的事物？千萬記住，凡事豫則立。

對每個活動行銷人員而言，評估直接競爭是必須要做的事，此外也必須決定要如何給我們的活動最佳的相對競爭位置。就比較的觀念而言，一場活動獨特的賣點之所以重要是因為可以讓一場活動與另一場本質上相仿的活動有所區別，而且這些差異要能夠有效地被利用。

間接競爭比較難定義。它可能是指另一個跟你的活動些許不同的活動。相較於之前的例子，一場鄉村音樂節可能面臨的是一場更大型的音樂活動，其中也包含了鄉村音樂的元素在內。它也可能與在地的農村嘉年華會競爭，其中也包含了鄉村音樂的元素在內。簡而言之，假如人們想要出門享受包含鄉村音樂的活動，他們不見得一定要參加一個只專精於鄉村音樂的活動。

間接競爭的活動也必須納入考量。萬一高桅橫帆船巡遊活動剛

在2010年，光是紐約市就舉辦了大約150場的美食和美酒嘉年華會。例如，紐約市蘋果節就是一個在果園街上舉辦的免費、有趣的街頭嘉年華會。另外，你也可以盡情享受世界大啤酒節〔又稱為「釀托邦」（Brewtopia；譯註：Brewtopia為烏托邦（Utopia）的變形字）〕，這是全世界最大型的啤酒活動之一，同時也是紐約市歷史最悠久的啤酒節。假如這不合你的口味，那麼國際泡菜節如何？單單一個城市形形色色的美食節就可以作為活動市場擁擠的範例。雖然有一些愛好者可能會喜歡參加種類如此豐富的活動，然而無疑地有許多人會挑選活動參加，有些活動會因為無法吸引足夠的參加者和顧客支持而一敗塗地。

（www.foodreference.com/html/new-york-festivals.html）

好在那個週末停靠在港口該怎麼辦？鄉村音樂迷如果沒買到某一本歌集可能不會感到難過和懊悔，並選擇參加航行至鎮上的航海活動。畢竟，現在是體驗經濟的時代，人們都渴望新的經驗。因此活動行銷人員必須要察覺表面上看似不相關的活動，最後可能變成具有競爭性。

間接競爭也可能是指你的目標市場投注大筆的非活動支出在其他地方。例如，當蘋果公司在2010年推出iPad時，有些活動支出可能會被刪除。

無形的競爭是指冷淡、懶散以及習以為常的行為。萬一你的競爭是一些無論如何都無法被說服去參加另一場活動的人怎麼辦？畢竟參加活動需要一些體力，或許還要一些計畫和安排。這是一種複雜的競爭。就算有一架飛碟降落在他們家的後院，有些人還是寧願待在家中從電視上看這架飛碟。活動行銷人員可以選擇將迴避活動的行為視為合理的競爭對手，並以有目標、明智和有遠見的溝通與之相抗衡。活

動行銷人員必須設法理解迴避活動行為的心理，並且利用這層知識來擴展其顧客群。實際上應該怎麼做必須視不同的目標族群迴避體驗經濟所持的理由而定。

為利益關係人擬定的策略

策略性活動行銷與活動行銷人員所採取的整體政策有關，不只是針對其消費者市場，還有其利益關係人。範圍從贊助商、供應商、表演者和娛樂公司到銀行、股東、立法者以及政府皆是。一場相當大型的活動需要關於上述所有利益關係人的政策，好讓所有人為活動團結合作。

消費者市場代表出席率，若少了它，一場活動就不能被看成是一場活動。贊助商提供資金和物資，以及鎖定目標的能力。供應商或許最終要負責基礎建設的品質。為了獲得所需要的表演者，向娛樂公司行銷你的活動有可能讓你的事業成功，也可能毀於一旦。銀行無疑是透過提供資金來支持活動，而活動行銷人員必須能夠製作必要的準確資料以確保獲得必需的資金。股東會想要細究活動以確保它代表一個切實可行的事業。立法者將影響一場活動的規模與執行，而且對於是否包含成功的必要因素能夠產生重要的作用，譬如在最主流的流行音樂節中會發現較寬鬆的毒品管制政策。政府組織在提供建築許可與執照方面扮演重要的角色。上述所有的利益關係人都需要以適當的方式來處理，透過情報蒐集來獲得。

將以上所有的因素列入考量，活動行銷人員須負責對於活動的概念、規劃、籌備以及宣傳進行全面探討，關注所有可能以種種方式影響活動結果的個人和團體。為呼應一開始對策略所下的定義，活動行銷人員將嘗試引起他們所偏好的這些利益關係人的反應。想想下面的例子，這是由地球之友（Friends of the Earth）所籌劃的全球活動計畫，他們的目標是影響全世界的決策者正視氣候變遷的議題。

地球之友行動日10:10:10

　　這是宣稱對於氣候變遷採取積極行動規模最盛大的日子，活動包括日本相撲選手騎單車訓練到克羅埃西亞和俄國的一萬所學校植樹。從荷蘭全國性的電視募款減碳節目到馬爾地夫的總統在自家屋頂裝設太陽能面板，全球超過140個國家都在計畫著活動。全世界成千上萬的人採取簡單的步驟來減少他們的排污量，並發送一個強而有力的訊息給全世界的領袖，讓他們知道世界各地的人們都準備好要來解決氣候變遷的問題。一個超大型的活動發散成許許多多全國性和地區性的行動，這項策略的目的是要讓媒體將焦點放在具有影響力的政治人物身上，由他們來激發改變。

（www.foei.org）

內部活動行銷

　　活動是由團隊所打造，有時候是必須管理的大型團隊，而且將負責實際打造這場活動。當事情出了錯，商品將低於預期，活動也可能在重要領域失敗。因此，不容忽視的是，在策略形成的過程中，最具有發言權的人所具備的的價值觀與態度對於策略性思考與行為的將產生重大的影響。在大多數的情況下，理性行為的束縛將嚴重阻礙活動的舉辦。從以下的例子你將能瞭解，情況確實變得相當危急。決策者的影響力可能會對於策略管理產生深遠的效應。

　　因此在活動行銷中慣常處理事情的方法是超乎想像的強大力量。這種態度可能很棘手，但是活動行銷人員必須負責處理多變的情況。萬一慣常處理事情的方法不夠好了怎麼辦？活動行銷人員必須要能夠

影響處理事情的方式。

　　理想情況下，活動行銷人員應該是活動管理的核心，利用市場情報和產業的參照標準來引導活動朝向一個偏重以市場為導向的觀點進行發展與實踐。當活動行銷人員遠離策略性思考並降格為純宣傳職務時，問題就會產生。確保最適度的需求是活動行銷人員的責任，要做到這一點就必須參與活動企劃的決策。策略無疑是活動管理階層的責任，但是不應該是他們的秘密，因為他們無法獨自執行他們的策略。當那些必須執行策略的人不只是瞭解它，而且相信它，並且能夠清楚在執行過程中適時的切入，那麼策略就能最有效地被執行。這歸根究柢就是活動團隊裡的有效溝通問題。

　　有效率的活動行銷人員因此應該負責活動團隊裡的內部溝通，傳播完整的資訊，並且讓團隊裡的每個人感覺參與其中，如此大家才能同心協力將活動辦起來。這個內部行銷團隊精神的培育將會因為你的團隊貢獻良多而產生效益，並且接下來舉辦一場成功的活動。尤其就像在以下的例子中所見到的，活動失敗不只會對活動籌劃人員造成負面效應，也會讓活動主辦單位蒙羞。

　　　　每4年舉行一次的運動賽事「大英國協運動會」（Commonwealth Games）讓來自71個國家和地區約7,000名的運動員和官員齊聚一堂。印度獲得2010年的主辦權，最後總共投注了100億美元在這場活動中，該國希望這場運動會能夠展現其正在崛起的經濟成長力，並且在未來獲得奧林匹克運動會的主辦權。然而由於工程延宕、貪汙控訴、安全顧慮以及強烈的季風氣候，使得運動會的準備工作進度落後，再加上選手村的宿舍未完工且汙穢不堪而招致抱怨連連，這些消息使得主辦單位蒙羞。季風氣候亦導致新德里爆發了登革熱。

　　2010年印度大英國協運動會比賽的前幾天狀況百出，跟這場運動賽事的準備階段所遭遇到的困難同樣麻煩。在華麗的寶萊塢式開幕表演之後，第二天的比賽，在19,000個座位的MDC曲棍球場中只坐了不到100名的觀眾。在5,000個座位的網球場中所舉行的第一場錦標賽只來了不到20人。只有58名觀眾觀看籃網球的開幕賽。在4,000個座位的賽車場中，只有500名觀眾觀看單車手繞行跑道。當時印度在另一個地方正主辦一場為期5天與澳洲對決的板球賽，有可能因此使得許多當地民眾守在電視機前觀賞他們的國民運動。

　　這場運動會最便宜的票價為50盧比（約1美元），對許多新德里的窮人而言都嫌太貴。超過8億的印度人1天只花不到2美元過活。活動主辦單位最後意識到他們必須發送免費門票給孩童和窮人來填滿體育場。在開幕典禮上，這場運動會的主辦人就被喝了倒采，因為許多印度人指責他將活動辦得雜亂無章。他也在一場記者會上大大讚揚開幕典禮鋪張華麗的娛樂表演時發言失當。在描述這場表演時，當時出席的有英國王儲查爾斯王子和他的妻子卡蜜拉，結果他提到黛安娜王妃曾經造訪當地。黛安娜是查爾斯的前妻，於1997年的一場車禍中喪生，她可稱得上是她那個時代最有名的女人。

　　對於一場備受矚目的全球活動而言，這是一連串的災難。一個被賦予權力的活動行銷人員能夠傳達某些基本的觀點並且為一個正崛起的世界經濟力量保全顏面。關鍵問題就是「策略為何？」顯然這是印度可以在世界舞台上大放光芒的機會。這點應該是指引所有參與規劃與籌備活動的人員的一盞明燈。活動籌備應該被視為是行銷傳播的一項課題，如何盡可能地向正在觀看的全世界投射出正面的形象。結果相反地，不成比例的注意力皆投注在一般公認重要的開幕典

禮上，然而由於活動行銷組合其他面向的缺失而稀釋了其效應。雖然這場運動會製作經費高昂，然而在一個即使工業擴張卻擁有大量貧窮人民的國家中，主辦單位卻不明智地企圖從門票銷售中彌補收益。人民無法出席盛會既造成尷尬的氛圍，也讓人注意到當地民眾無力支付門票的窘境，這是印度主辦這場運動會的策略所不願面對的真相。當然，這應該早就被預料到，而且應該竭盡所能地以公共汽車運載滿滿的觀眾免費出席這場運動盛事。但相反地，主辦單位選擇不太具有正面效應的宣傳。假如行銷策略原本就是活動企劃與製作的原動力，那麼重點應該放在傳遞整場活動各方面的卓越表現上。然而照情況看來，數十億美元的投資以及國家的公關意圖與實際情況相去甚遠。印度顏面盡失。

（www.cwgdelhi2010.org）

五大基本策略條件

1. 你的活動行銷計畫傾向達成你的活動既定目標嗎？
2. 策略性活動行銷是活動企劃與製作的原動力嗎？
3. 你規劃的行銷介入方案能夠處理直接、間接和無形的競爭嗎？
4. 你的行銷介入方案目標鎖定在所有的利益關係人身上嗎？
5. 你的活動行銷賦予活動工作人員權力去達成既定的活動目標嗎？

策略性選擇

　　一場活動的運作所處的環境是不斷變動的狀態。變動就是唯一不變的事。策略性決策的核心就是這個過程，毫無疑問的，策略就是關於一場活動的運作如何與活動運行所處的環境相謀合。當應用於計劃性活動的行銷中時，分配均衡的資源是策略性思考的主要因素——你必須跟哪些事物周旋，以及如何善加利用它？

　　活動經理人透過適當的行動方案來決定執行策略最佳的方法，這個過程可以被稱為策略制訂。這就是說，一旦策略獲得大家的共識，那麼就會存在許多可能的方法去執行它。我們要做哪些事，以及該如何做呢？策略意指選擇如何以最佳方式配置你的資源。

　　不論是活動行銷人員所做的資源決策，或是行銷人員將活動視為行銷資源，都非常重要。以圖3.1為例，我們可以看到在科技行銷人員中，活動是最常被使用的行銷媒介，因此現代的行銷人員將活動視為主流的行銷工具，以達到策略性的目標。這個在行銷資源分配上持續的改變反映在不斷增加的活動行銷專業性上，亦即他們在行銷活動的同時，本身也在行銷其他事物。

　　行銷是一種心態，這意味著它是一門商業哲學，它應該存在於所有活動團隊成員的心中，無論他們扮演何種角色。這門哲學宣稱一個活動事業的存在、生存以及成長有賴於它能否給顧客所想要的，或者至少是他們所預期的。這不只適用於我們所談論的活動功利主義的本質，也適用於它被理解的方式。它如何被看待就像它是什麼一樣重要。你必須知道你的顧客想要做什麼，以及他們想要獲得何種感受。

　　然而，商業行銷並非不惜一切代價去滿足顧客，它是在獲利的前提下滿足顧客，或者即使活動並非以營利為目的，也要在有共識的收益水準下支付成本以及達到收支平衡。那將是一個目標，在某些情況下這是一個理想，在某些情況下則是不可避免的事。在顧客對滿意度

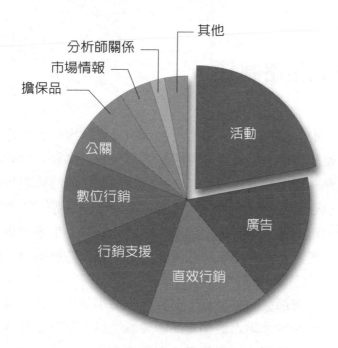

圖3.1　活動行銷在行銷支援上所占的比重

2008年，在科技行銷人員中，活動占了行銷預算最大的比例（22%），接下來是廣告（17%）、直效行銷（16%）、行銷支援與銷售工具（14%）、數位行銷（12%）、公關（5%）、擔保品（5%）、市場情報（4%）、分析師關係（2%）以及其他（3%）。

的需求以及活動經理對獲益的需求之間可能有一些矛盾是可以輕易想見的。顧客對附加價值的需求，行銷人員並不感興趣，他們感興趣的是需求可以被利用或操控以提供利潤或支付成本的程度。因此，行銷的策略性角色就是去尋找以及達到這兩種需求之間難以捉摸的平衡。

　　將這些脈絡匯集之後可知，所謂策略性活動行銷就是瞭解到有許多方法能夠滿足顧客需求，因此活動行銷人員必須先分析哪一條路線對於該滿意度最具成效，無論從籌備單位和顧客的觀點而言皆是。我們將繼續使用策略性架構，它容易應用於任何活動場景中，而且將可降低風險並且讓活動產生最大的利益。

■ 活動策略制訂

在本節中，你將發現一個流程，目的是要做出關於策略制訂的明智選擇，如此一來，無論從任何活動類型來看，你對於活動所做的相關決定就會有最大的機會獲得成功。只要依循在此陳述的步驟，你將能夠制訂規避風險的行銷策略。這並不是說你的活動不能奢華、有創意和勇於創新，這些可能是代表最低風險的特質。規避風險並非表示不敢冒險，尤其是當規避風險意味著另一個更大的風險時。評估最有前瞻性的方法是很微妙的事。

每一個事業都會面臨挑戰，而且每一個事業能因應挑戰的資源都有限。每一位活動企劃人員都有問題要解決以及都有預算要管理。策略的制訂是關於如何集結資源和管理預算來因應這些挑戰與問題。不過，在我們繼續討論之前，瞭解挑戰和問題在此脈絡下所代表的意義是很重要的。理論上，策略性活動行銷一開始就要區分不見得對你有利的環境以及你認為有問題的環境特性。對某些人而言，每一樣事物都是問題。他們真正的意思是他們所遭遇的人生原本就對他們不利。我們之中誰能說這個世界費盡心機要為我們做到事事稱心如意呢？換言之，在一個環境中每一件事都不如我們的意是常態，這就是我們所生活的世界。抱著相反的期待是不合理的。在我們的生活中，雖然我們不可能認為每一樣事物都有問題，然而我們會明智地警覺到可能的傷害。這就是活動行銷人員的觀點。世界並不會費盡心機使你的活動辦得盡善盡美。那並不是一個問題。但是活動的環境有某些面向將意味著可能的傷害。

策略的制訂將透過下列準則來發展。利用以下的步驟作為指引來為你的活動領航，這是一個降低風險的過程，它可以讓你的活動更有機會朝正確的方向發展。

分析活動的問題

　　一開始我們先從問題可能產生的效應來區分問題。哪些是利害攸關？由於對手的活動會使得出席率受到威脅嗎？由於出席率受到威脅，因此贊助也會受到威脅嗎？由於贊助受到威脅，因此廣告和宣傳也受到威脅嗎？哪一件事對你是最要緊的？活動有哪些漏洞？這些不良影響中，哪一項對你的事業最關鍵？活動行銷人員應該依照急迫程度將活動的問題排出優先順序，並反問自己行銷費用應該要分配在哪些領域中。最急迫的問題將對你的策略性決策影響最大。問題通常交互相關，因此必須做透徹的分析。

　　要做到這點，一個有效的方法就是製作一張問題解析圖。活動問題可能看似雜亂無章，而且毫無關聯，就如圖3.2所示。在一張問題解析圖中，活動問題分析考量的是活動所面臨的問題交互相關，如圖3.3所示。你是否曾經見過在撞球檯上一名玩家能夠一桿連進多球的特技鏡頭。研究活動問題的交互相關性也類似於此。你在尋找的主要挑戰本身具有急迫性，而且它們也是其他問題的原因。這個問題定義的過程對於你的活動達到最大的正面結果絕對是不可或缺的，因為它會就最大需求點來設定行銷費用及活動。

　　在圖3.3中所顯示的規則表示活動問題交互關聯性的分析。若缺少這種分析，活動行銷人員只是面對一連串看似無關的問題，因而毫無章法地投注資源。欲有效找出核心問題和目標資源，這張圖會讓你變得更有效率。

　　這是一個篩選的過程，目的是一一審視可能影響你的活動的每一樣事物，找出那些有可能對你的活動造成負面影響的問題，最後將重點放在那些將會傷害活動的問題上，除非它們的影響被減弱。藉由一個分析和排除的過程，你將能夠決定何時何地該應用你的行銷資源。再者，就情報部署的優點而言，很重要的是，活動行銷人員必須瞭解

太過稀薄地散播行銷資源往往是個錯誤，因為影響力將會被稀釋或者全軍覆沒。

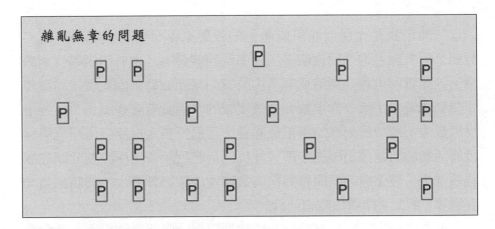

圖3.2 分析前的活動問題

在最初評估時，你的活動所面臨的問題或許看似雜亂無章，而且毫無關聯、毫無條理可言。在分析之前，並不清楚要如何以清楚的策略來著手處理它們。他們的關係必須以繪圖解析。

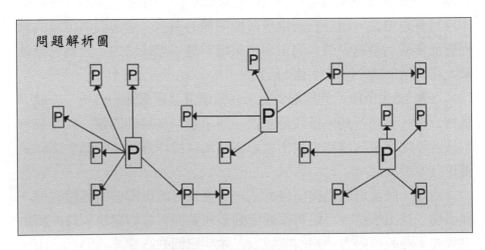

圖3.3 分析後的活動問題

將你的活動所面臨的問題加以繪圖解析有兩個好處。首先，你將能夠瞭解你的問題如何交互相關。第二，你將能夠找出導致其他問題產生的關鍵問題。

人們容易傾向將每個問題分別處理，這樣會讓你覺得自己很勤奮努力。然而，當你的預算過度分散時，最後可能會證明這是沒有效率的做法。比較好的方針是審慎決定花費的主要領域並保留足夠的資源讓它在其中產生作用。唯有準確判斷你的問題所面臨的主要挑戰所具有的本質，你才能夠最有效率地部署你的資源。

針對活動問題領域擬定替代性解決方案

策略性活動行銷的固有特質就是替代方案的比重。現在既然你已經找出在必要性和設計方面一定會左右你的預算分配的挑戰，那麼瞭解到除了問題相互關聯外，希望獲得正面的活動成果所面臨的問題可以用許多方式來解決是很重要的。這是你在執行活動之前，發揮創意的機會。現在就來擬定許多可能的行動方案吧！

舉例來說，假如一場慶典正遭遇到預售票銷售情況不佳的窘境，那麼與競爭性壓力和消費者動機有關的各種反應均要考量。

與相關成本有關聯的問題會涉及到活動參與嗎？定價結構是否針對消費者期待和競爭性的比較予以正確計算呢？你是否藉由交易便利性以及多樣的付費方式讓可能的參與者擁有各種機會去購買門票呢？

問題是活動內容造成的嗎？計畫中的慶典足以吸引潛在的參與者嗎？或者因為你不跟著削價出售，所以讓人們望而卻步嗎？設施有達到參照標準嗎？假如活動包含了娛樂賣點，或者某個領域的傑出人士，他們有足夠的吸引力讓活動獲得成功嗎？

問題與這場慶典是否容易參與有關嗎？根據你的服務地區，你是否將活動設置在地理位置以及社會地位適當的場地呢？潛在的參與者在交通安排上方便嗎？在某些地點或是在某些人口族群中，門票銷售的概況明顯不佳嗎？

問題與你的活動宣傳有關嗎？有沒有足夠的潛在參與者知道這場活動？你是否將訊息傳達給該活動適當的人口族群呢？與你的活動息

息相關的贊助商或者活動目標使人們興趣缺缺嗎？你所利用的媒體和你的宣傳中是否包含有創意的內容呢？是否以正確的訊息傳達給對的人？你的線上行銷作業是否適當地籌劃，以達到充分利用社交網絡及快速傳播的目的呢？

難就難在活動行銷人員必須評估他們眼前的選項，選擇該怎麼做。假如活動行銷人員做了錯誤的選擇，那麼這場活動就無法從分配到某個特殊項目的費用中獲益。假如他們做了正確的決定，那麼他們的行銷費用則提供一個加速器，提升門票銷售，而且行銷效應將會達到最大化。活動行銷是關於做出明智的決定，並瞭解到唯有擬定許多可能的行銷方法才能找出最佳的組合方式。

評估活動問題領域的替代性解決方案

活動行銷人員應該如何在替代性的行動方案中做選擇？遺憾的是，有些人可能不是以這種方式來運作，而且會從一個輕率或是無知的觀點來選擇，或者讓舊習慣主導他們的行動。深思熟慮和博學多聞肯定會是推動行銷計畫較佳的機會。

在有限度的負面觀點基礎上做選擇是合理的。這是什麼意思呢？每一個替代性的行銷介入方案都曾經被選擇，因為它對於所面臨的挑戰，可能是實用的解決方案。如果不是，它們在一開始就不會被認為是可能的解決方法。

策略性活動行銷的過程需要的是你以其預期成果的角度去分析優點和缺點。假如沒有優點，那麼就從你的清單中將它剔除，而且不再考慮。

當你的分析生產出一套替代方案，而且每一個似乎都能夠正面地影響行銷問題時，那麼活動行銷專家將會瞭解到評估替代性的策略以預測當它們被付諸實行時的成果是很重要的。在實施之前，預期行動的負面結果總比它們活生生出現時讓你措手不及和對你不利要來得

好。找出負面關聯性最少的行動方針，你就能夠著重在行銷介入方案的正面特性上。

　　請記住，你可能會將策略想成是全盤考量。全盤考量比較像是你以某種方式行動或是執行一個特別的策略時，嘗試弄清楚將發生的事。評估可能的行銷介入方案是將你隨時都很自然地會做的事予以形式化。這個問題很簡單，假如我這樣做會怎麼樣，而我那樣做又會如何？給你自己選擇是很重要的，因為它會讓你和其他人知道你所做的決定。

預測替代性行銷介入方案的結果

　　成果預測代表更深一層的風險評估。主要的考量是因為某些問題而擬定的行銷介入方案處理這些問題的範圍。你可以藉由假設性的實施來驗證活動行銷被預測的正面結果，以及不斷質疑你對正面結果的期待是否切合實際。此外，你必須思考因為採取某個特殊的行動方案，有哪些問題將會產生。

　　你可能採取的行動方案會有哪些負面的結果呢？這個問題的答案是負面結果無法避免。策略性活動行銷是為了解決問題，但是在解決的過程中，你無疑也製造出其他的問題。想想看你必須做哪些事來處理它們。預測競爭對手可能會對你的行銷介入方案如何做出回應。跟一個行動方案有關的最佳／最差的可能清單有哪些？

　　聽起來像複雜的分析，但是假如你把它簡化為一般用語就容易懂了。你正在評價可能的行銷介入方案正面與負面的成果，並尋找會達到最高分的那些項目，將所有的優點和缺點都列入考量。列出最佳與最差情況清單的方法可增強評估潛在績效的方法。

　　正面結果從一開始就被預期，然而負面的結果必須要藉由仔細剖析預期會發生的事才能弄清楚。由此看來，最具有吸引力的行銷活動並不只是那些被視為對於減少行銷問題有用的計畫，還有透過分析，

可製作較少問題的那些計畫。這就是選擇有限度負面因素的意思。這是一種降低風險的策略。

不過，我要再次重申，強調這種方法並不會剝奪了你的活動的創意與刺激感是很重要的。這並不表示透過風險降低系統就會或多或少濾除掉最有趣或創新的想法。絕非如此。它的目的只是把風險排除。在目前活動如此競爭的時代裡，可以讓活動與眾不同的新奇和新穎，創意與刺激感才是主流。

當然，這並不是說活動行銷就是碰運氣看看能不能造成影響，在這個你爭我奪的時代裡，這是極其莽撞的做法，而是假如你正在計劃一個出奇制勝的想法，你要考慮出奇制勝的替代性方案以判斷哪一個方案最可能實現成功的活動。這麼說好了，經過深思熟慮和採取策略性的方法將確保獲得影響力。

　　每年春天在英國的格洛斯特（Gloucester），有成千上萬的人聚集在此觀賞數十名男女沿著大約180公尺長，幾乎垂直的斜坡追逐一個7到8磅重圓餅狀的雙重格洛斯特起司。紀錄顯示過去2世紀以來，這個活動每年都舉辦，不過有更多人認為這個比賽的起源更深層。這個競賽的目標是要看誰最快抓到那塊起司，冒著四肢受傷的危險做這件事。你會以為考量到這個比賽所含括的風險──骨折和頭部創傷──那麼第一名的獎項一定很棒，但是奇怪的是，所有的優勝者所得到的是他們所追到的那塊起司。這根本就是靠著參賽者可能受傷的風險而興盛的活動，而且活動企劃人員根本就將這種風險解讀為人們把該活動視為某種解憂劑，因為他們有時是在壓力下做這件事。危險活動的行銷人員試圖要降到最低的風險是活動失敗，或是達不到其潛力。就像這個滾起司活動所顯示的，有時候需要囊括另一種變化的風險。

（www.cheese-rolling.co.uk/the_event.htm）

整理資訊

　　整理資訊以擬訂策略的傳統行銷工具就是SWOT分析，如**圖3.4**所示，SWOT代表優勢（strengths）、劣勢（weaknesses）、機會（opportunities）與威脅（threats）。這是一個簡單的機制。當你在分析活動的能力、競爭對手和消費者行為，以及更廣泛的行銷環境時，將你蒐集到的資料加以分門別類是很有用的。

優勢與劣勢

　　就個人而言，基本上我們每個人都會認為對自己瞭若指掌。我的

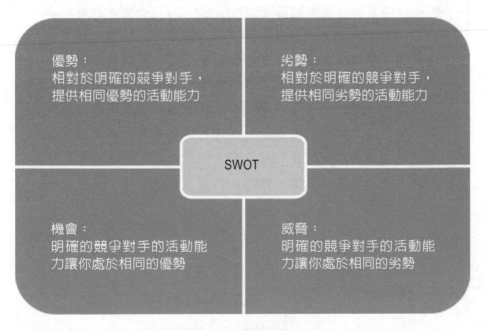

圖3.4　SWOT分析

優勢是什麼，我可以如何利用它們？我的劣勢是什麼，我應該要怎麼應付它們呢？這是我們的人生劇，我們每天都要關心的事。但是我們可能會落入自我欺騙，並且形成對我們的優勢和劣勢扭曲的觀點。我們必須以冷酷和審慎的眼光來評估。一名活動行銷人員對於自己在評估所謂的活動優勢時必須不留情面。這些是傳統認為的優勢嗎？它們有經過仔細的審查嗎？活動的劣勢有哪些？它們是被誤解的優勢的結果嗎？分門別類仍然會受到質疑而且有待解釋。質疑你的假定是很重要的，而且在這件事情上做再多努力也不為過。你將能夠檢視你的活動的組成要素，並判斷它們是否代表要被建立和利用的優勢，或者是要被改善並最後轉化為優勢的劣勢？

在這個層面上觀察入微，並瞭解到優勢與劣勢並非相互排斥是很重要的。

在英國的格拉斯頓伯里（Glastonbury）最重要的流行音樂節，是在英格蘭一個幅員遼闊的地區舉行，這個地區長期以來就跟儀式、典禮和節慶密切相關。這點可以被視為是一個優勢。但是在擠滿成千上萬名節慶參加者的場地若來場大雨的話，現場就會變得泥濘一片。這當然看起來是個劣勢。然而媒體似乎樂於捕捉年輕人在泥巴裡寸步難行的畫面，並且將這個格拉斯頓伯里的特性奉為傳統，甚至當地上乾巴巴時還會表現出失望之情。傳統的力量是很強大的。在格拉斯頓伯里的泥濘中變成泥巴塊成為一種榮譽的標章，一個必經的洗禮。這個活動的地點究竟是優勢還是劣勢？嗯，兩者皆是，只是該活動利用了公共關係強調正面和消除負面，而這就是最終的結果。

（www.glastonburyfestivals.co.uk）

因此，你要清楚你的活動固有的優勢與劣勢，並檢視它們之間的交互作用。千萬記住，有創意地思考一個劣勢是否能透過積極正面的行動轉化為優勢，並且慎防你習慣認為的優勢出現漏洞。

機會與威脅

如同前述，這個世界不會處處為你的活動設想，而且我們也審視了確認問題的過程，這點對於推動活動行銷策略很重要。最好在一開始確認問題之前就先整理所有可能影響你的活動運作的相關資訊，無論是可利用的機會還是被抵制的威脅。

在此我們必須思考平衡的概念。光是活動本身的存在就代表對一個機會的回應，當然它對於活動經理人具有吸引力，讓他們看見如何積極正面地充分利用機會，實際上的確如此。無論你何時發現一個會讓你的活動有趣、吸引人的機會，都要把握。再者，無論你可能在什麼地方找得到機會，你都應該去尋找。而且這種積極的取向似乎是直觀的，而且與積極的行動相輔相成，所以雖然不希望澆熄這份熱情，但是值得注意的是，要抓住每個機會是很耗費精力的事，而且可能讓活動感覺包羅萬象，但是卻漏洞百出。

策略性活動行銷常說機會應該以威脅為目標。假如你能找到一位具有啟發性的演講者為一場協會的活動做專題演講，那麼它很可能是個機會，但是這個投資與活動的威脅有什麼關係呢？你能獲得任何資訊指出邀請到這位演講者將提高出席率嗎？為什麼潛在的參與者會缺席？是因為這位專題演講者嗎？威脅就是從這裡來的嗎？或者是來自其他地方呢？在這個例子中，你必須知道花較多錢請一個高知名度的演講者不會有任何壞處，然而或許資源可以配置在其他地方。但是分配到哪裡去呢？這個問題唯一合理的答案就是去瞭解你的威脅，並尋找將減少或緩和威脅的機會。

假如經過全盤考量的話，你就會發現SWOT法非常有用。在此，

我們又要再次回頭全盤考量。倘若透過線上資源我們能夠獲得大量的資料，那麼整理這些資料以便分析即為當務之急。這個簡單的方法是直觀且為人所熟知的。哪些有用，哪些沒用？我擅長哪些事，哪些需要改進？我應該做哪些事，又應該避免做哪些事？哪些事對我是好的，哪些不是？這些我們每天都會發問的基本問題即為SWOT分析的基礎。

> 麗茲‧畢格漢談體驗經濟：
>
> 「體驗經濟」（experience economy）只是一個說法，人們會花錢買他們喜愛的經驗，而行銷人員可以利用這點當做他們的優勢。讓許多行銷人員對這個模式感到困惑的部分是，數年前由潘恩與吉爾莫最早提出的「為了真正利用體驗經濟，你必須成為迪士尼」的想法。當然，那是不可能的。因此我們改成討論體驗品牌，因為這些品牌將在21世紀引領風潮。體驗式品牌特別強調與其商品和服務有關的經驗，就像他們強調商品和服務本身一樣。

實行活動行銷策略的五大步驟

1. 你是否已從急迫性的角度將影響你的活動成敗的議題排列出先後順序？
2. 你是否已考量替代性行銷介入方案？
3. 你是否已評估替代性行銷介入方案的正面與負面因素呢？
4. 你是否已將你所選擇的策略對應於影響你的活動成敗的議題上呢？
5. 你是否已預測過你的行銷介入方案的結果呢？

活動行銷的5W

第一版的作者豪伊爾曾說，有5個W（Why, Who, When, Where, What）將有助於判斷一個活動的可能性、可行性與持續性。這五W就是活動行銷人員應該詢問自己的問題：為何？何人？何時？何地？何物？這些是評估任何一種事物的通用法則，因此非常實用。它們從來就不是人為建構的，而是根據合理的調查所提出的基本問題。

為何

「為何」意指為什麼人們想要來參加我們的活動？這是非常重要的問題。當你在研究活動的宣傳資料時，最明顯的疏忽往往是這類鼓勵參加的重要因素。你可能會看活動的名稱、機構的企業識別、日期以及地點。那應該是標準程序。一則只是說「邀請您前來」或是「希望見到您」的訊息對於那些被平面和電子廣告宣傳淹沒的人來說是被動和不具有強制力的。活動行銷人員必須說服人們，你的活動有不同於傳統的好處，並將這些好處灌輸到他們最重要的個人與專業興趣中。事實上所有的宣傳資料開場的訊息都應該要針對「為何」的問題的答案加以說明。為什麼人們應該花時間和金錢來參加你的活動？為了回答這個問題，活動的行銷與管理團隊必須決定活動本身最主要的理由。當定義完成後，那些理由必須以具有說服力的詞彙來陳述。

為什麼人們應該想要出席你的活動而不是另一個活動呢？或者完全做另一件事呢？無可避免地，假如人們覺得他們付出精神和金錢資源去參加活動能夠獲益良多，那麼他們就會想要去做。你對於「為何」的問題有答案嗎？請記住，你是在行銷一場活動，它的出現是要有利於活動籌辦者的財務或社交要求。假如活動的「為何」理由是一

個機構可以利用它來賺錢、或是提升其品牌形象以達到自己的利益，那麼這個理由即便會出現在所有的行銷工作最終目標的那群人心中，但是卻不會出現在活動所預設的潛在參與者心中。

夏日狂歡節是在威斯康辛州密爾瓦基市一年一度舉辦的音樂節。這個慶典持續11天，並設置了11座舞台，由超過700個樂團登台演出。夏日狂歡節每年吸引了80萬到100萬人次，它標榜「全世界最大的音樂節」，這是由金氏世界紀錄認證的頭銜。對於活動體驗而言，它可能其實並不代表什麼，然而在出席者和表演者的心中，它提供了一個冠冕堂皇的理由。

(www.summerfest.com)

何人

「何人」意指我們可以吸引誰來參加我們的活動？我們是向哪些人行銷我們的活動？舉例來說，一場全國性的大會可能對象是所有的會員、過去以及潛在的參展者、過去以及潛在的贊助者，以及相關的組織團體。一個訓練課程可能主要的對象是其專業學科與興趣恰好符合該教育訓練限定的那群人。目標行銷就會避開那些教育需求與課程目的不相符的人。商品介紹可能會鎖定某家公司的業務專員、加盟店，以及商業刊物、電子媒體代表與消費者報導。小心翼翼分析你所要吸引的族群對於鎖定行銷目標是很重要的。

目標市場是無形的事物，往往迥然不同的人也擁有共同特性。他們的存在並不是像一個緊密結合的團體，甚至可能不會注意到他們被歸於一個目標類別中。活動行銷的「何人」不太關心社會成員的特徵，但活動行銷人員卻是非常深刻瞭解他們。目標市場真的只存在行

銷人員的心中，因此在那裡才能發現界定目標市場的能力。雖然你可以觀察到存在於跟你的活動種類有關的這些人之間共同的因素，但是你應該會好奇並想知道尚未被界定的目標團體是如何形成的。

　　誰會對你的活動感興趣？有你所熟知的目標市場、你知道你不瞭解的目標市場，以及你不知道你不瞭解的目標市場。請持續觀察。

何時

　　「何時」意指我們應該在什麼時候舉辦活動？時機是很重要的。有遠見的管理團隊應該要讓行銷功能成為企劃過程中基本的一環，以將活動時機的價值達到最大。規劃活動時機的策略對於行銷過程中所面臨的挑戰是不可或缺的。時機也應該要根據所服務的市場之時程、模式和需求謹慎衡量。假如和參與者的時程安排撞期，那麼自然會出現出席的阻礙。行銷人員必須考量哪些因素呢？這些是實際的考量，有助於活動行銷計畫日常的運作，而且如果疏忽的話，可能會造成嚴重的後果。

2010年教宗造訪英國時，恰巧遇上猶太曆上最神聖的慶典。9月17日本篤十六世在西敏寺的歷史性演說訂在跟猶太教的贖罪日同一天，在這個莊嚴肅穆的時刻，教徒要實行25小時的禁食與禱告。有一些異議和要求出現，希望教宗的演說提前以避免猶太教的重要人物，如首席拉比（英國猶太人的教會領袖）無法出席。在這種情況下要安排適當時機以取悅每個人或許是很困難的，但是如果能夠獲得媒體關注的重要人士發現他們自己居於劣勢，那麼有關活動的傳播就會受到負面的影響。

（www.vatican.va）

一天中的時間

舉例來說，歡迎會通常都會被安排在工作日結束時，讓賓客在吃晚餐前或是回家前有時間完成工作和聚會。不過，有愈來愈多的歡迎會安排在2、3點到傍晚時，讓賓客能選擇（而且有藉口）早一點離開工作崗位，在活動中花費1至2小時的時間，然後可以從容地離開去做他們晚上計劃好的事。

一週中的日子

你應該考量為活動謹慎挑選的活動，並將市場中的人口分布考慮進去。吸引執行長和其他為高權重者的商業活動若安排在周間舉行可能會比在周末舉行對目標群眾更具有吸引力，因為他們可能在工作日會比較能排出時間參加活動，而且比較不願意放棄珍貴的私人週末時間去參加一個非強制性的商業相關活動。另一方面，假如你正在行銷一場街頭市集或是嘉年華會，目標對象鎖定為家庭，那麼一般會傾向在週末舉行。這也要視一年中的時節來調整，在週間，孩童可能要上學（或是上暑期課程，這已經愈來愈普遍），父母親可能要工作。因此，週末比較可能是家庭活動最佳的行銷選擇。再次重申，你要深思熟慮、謹慎考量你的目標群眾的人口特徵與時程。

一年中的時間（季節性）

當面對特定產業或是專業族群時，目標市場在一年中的某個時間最空閒可能並不明顯，但卻很關鍵。舉例來說，在餐旅業中，大多數的大會都安排在仲冬和晚冬時節。為什麼呢？因為可能的參與者在工作中最吃重的時間是當他們在工作場所以及在其交通運輸系統中服務其他族群時。春季、夏季，尤其是秋季是交通運輸公司、旅館和度假勝地最忙碌的時期，他們要負責好天氣時的大會、度假者以及商業會議。因為他們的生意和其他的商業往來在冬季月份通常比較少量，可

能的參與者比較能夠騰出時間來參加你的活動。謹慎分析產業的模式是安排時程時不可或缺的，這對於行銷將會造成莫大的影響。

當地、種族和宗教節日

當你在一個你並不完全熟悉的地點行銷一場活動時，你要考慮因為當地的節日所引起的可能衝突（或機會）。國定假日，譬如7月4日美國國慶日、耶誕節和退伍軍人節，意味著活動行銷人員在活動期間有許多機會去宣傳慶祝該節日。

無論何時，在你平時的場地之外行銷一場活動時，你都要聯繫會議局或是商會，以判斷當地的節日或是特殊活動，譬如遊行或運動賽事，及其對於該城市日常步調和商業活動造成的影響。你可能會發現到慶祝活動可以成為你的活動意料之外的優點；或者，在某些情況下，是累贅。

何地

「何地」意指我們應該在哪裡舉辦活動。地點可能是在推動一場活動時關鍵的優點。一場在市區體育館所舉辦的餐會活動可能會成為強調的重點，因為大眾交通運輸便利或是有代客停車的服務。宣傳在一間聲名顯赫的鄉村俱樂部所舉辦的高爾夫遠足可特別強調在這個球場中打球是「一生難得的機會」，再加上活動附帶募款的目的，也增加了參加的優勢。

有一家公司選在芝加哥的海軍碼頭舉行會議，而不是在飯店或會議中心，因為某位活動企劃人員將該活動定位為「在密西根湖上」歡度一場活動的獨特機會，參加者在離岸880米遠的地方眺望芝加哥壯觀的天際線。換言之，活動的地點可能是主導銷售的一個關鍵因素。在這些優點中，你必須要尋找可以宣傳的優點，在都會區，就是大眾運輸、代客停車、便利性以及移動的效率；在郊區則是享受一望無際的

景色及田園風光的機會；在購物商場，可享受活動集中、停車方便以及附帶購物和娛樂設施；在度假勝地，游泳池、高爾夫、高檔購物、沙灘以及美食的氛圍；在機場旅館，本身就具有效率優勢，因為地點飛進飛出的設計，人們可以用最少的移動和通勤時間辦完事。

行銷主管尋找地點的獨特性、掌握這些優勢以及利用它們來吸引那些不是被迫來參加活動的賓客是他們責無旁貸的任務。

何物

「何物」意指我們在販售什麼？每個活動本身都有其獨特性，或者至少行銷專員應該如此呈現。它讓我們有機會去發現一個新概念，研究某個產業或行業的未來，或者是觀察一個創新的產品和想法。無論你找出的內容為何，每一個活動都應該要呈現出新鮮感和興奮感。

對於行銷人員而言，應該要闡明活動的目的，以說明參與者將獲得哪些好處。教育和訓練課程的參與者將學習如何面對明天的議題。娛樂活動的參與者將會被閉幕酒會上的魔術迷住。你在規劃任何活動的宣傳時，皆須考量活動的目的。你的第一個問題應該是「為什麼我們要舉辦這場活動？」這不只是一個看似簡單的問題，它也具有關鍵的重要性。無論主旨為何，行銷組合都必須與這些符合目標群眾期望的利益有關。

活動行銷的6P

我們將把豪伊爾所提出的5W與正統行銷思維中行之有年的P整合在一起。就像圖3.5所顯示的，我們將利用這6P達到我們的目的。在此，我們將研究商品（product）、價格（price）、地點（place）、宣傳（promotion）、過程（process）以及人（people）。

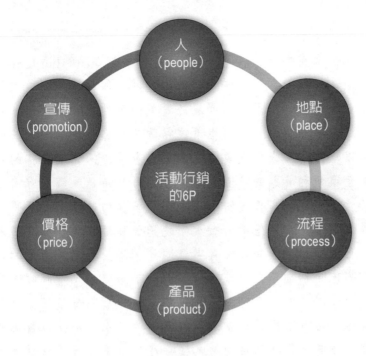

圖3.5　活動行銷的6P架構

　　利用助記法來幫助記憶資訊似乎處處可見，因為這招能夠讓你牢記在心。活動行銷的6P理所當然地認為一個事業體以顧客為重點和以研究為導向，並且建立在此前提之上，它所使用的整套工具基本上反映出一名行銷人員將實質操控有限數量的廣大領域以創造最正面的印象以及達成最有利的結果。

　　正如同助記法在整理思緒上很有用，它們必須被看做是相關意念的結合，而不是活動專屬的特定類別。行銷思維是流動的。就以價格高昂且難以到手的歌劇門票為例。它的確是一個價格，因此它剛好落在那個類別。價格高昂也是這場活動固有的一部分。花大錢當然可以成為一個轉化的經驗。它也是一種宣傳形式，因為它深刻地說明這場活動勝過千言萬語。在價格上呈現了通路的面向，因為高價位買到了頂級的位置。你看到這之間的關聯性了，所以當我們在探討活動行銷的6P時，要記住它們不是相互排斥的。

在南英格蘭所舉行的格萊德邦歌劇節（Glyndebourne Opera Festival）始於1934年，並提供一個獨特的經驗：打著黑領結野餐。這是一個沉浸於貴族幻想的機會，一個基本上超越活動的概念。由於格萊德邦歌劇節聲名遠播，因此向來能以低出場費吸引優質的歌劇演唱者演出。獨樹一格的鄉村屋舍環境和美麗的花園更是活動的另一特色。假如有人夢想著貴族生活的高貴優雅，更別說數不盡的榮華富貴，那麼這是他們沉浸在夢想中的機會。晚禮服和黑領結是社交禮節上不可或缺的，假如參與者來自國外，而且不想要租車的話，有一班特別列車從倫敦的維多利亞車站發車，上頭載滿時髦的男女以及他們的野餐籃。這個產品是歌劇還是社交精英主義呢？後者形成了行銷活動的基礎：基本上那就是販售的內容，歌劇只是達到目的的一種手段。這是審視活動最常用的方法，因為它們提供了社交集會的機會，而且提供了跟我們生活中每日的日常作息不同的差異感。

(www.glyndebourne.com)

產品

「產品」意指你所提供的是什麼。其重點在於延伸產品的概念，也就是你的活動具體與抽象層面的混合物。你的活動實際上是什麼？你要超越固有思維，並以產品對人們的意義來思考你的產品。

標準的行銷哲學就是在消費者心中有許多想法的一個品牌。當我們在思考經驗的本質時，這是多麼貼切啊！當然，活動產品可以被視為廉價出售的物品，但是對消費者而言，活動產品相當於是想法和感覺的內在經驗。活動的意義就是所提供的內容的延伸，而這也就是消費者所買進的東西。

　　眾所周知，在活動管理正統的觀念中，我們都是在經驗與轉換的事業中。你將提供的是哪一種經驗，而誰又會從什麼轉換成什麼？你的活動是同時間有很多事情在進行，而活動行銷人員可以調度所有的事情，以達到與參與者的需求和盼望一致。音樂節的參與者可能會想要看特別的表演，但是他們也會希望能夠使用廁所以及得到一種共鳴，他們可能會說。活動產品的氛圍就跟其基礎設施一樣重要。家中列印的線上門票是產品的一部分。一場活動的網站是產品的一部分。一名活動行銷人員真的必須瞭解活動是由哪些部分構成，它們就相當於一張拼圖的所有拼圖塊。

　　身為一名活動行銷人員，將活動的每個成分視為一種形式的經驗是一個很有用的方法，而且你有責任掌控它，讓它儘可能成為正面轉化的經驗。

價格

　　價格意指你要跟你的參與者收取多少費用，以及這樣的收費估計要花多少成本。定價水準有個最簡單但必要的層面與涵蓋成本息息相關。當他們在策劃定價結構時，所有的管理與執行活動因此與活動行銷人員具有直接的重要性，因為涵蓋成本可以建構一個競爭性的屏障。因此在一個活動行銷人員想要使用的價格結構與可能給予涵蓋成本的限制之間將有所落差。

　　因此，為了要能夠影響活動的管理，活動行銷人員有責任去分析籌辦一場活動的相關成本。假如籌辦一場活動的成本太少，可能就會資金不足，並缺乏必要的構成要素。但假如一場活動的資金過多，那麼舉辦活動要花的錢或許沒問題，但是定價卻會高於市場預期，然而目前參與慶典的價格似乎並無彈性可言。

　　活動業主獲利的要求對於價格水準會造成更多的影響。這個因素影響定價的範圍因活動而異。一名活動業主可能會從銀行借來一大筆

思考一下這個部落格的可能造成的影響。「有沒有人認為慶典的價格開始接近荒謬了？10年前的價格是現在的一半——我不認為通貨膨脹有升高到這種地步。在你知道實際票價將近200英磅的同時，有沒有人注意到他們收取的那些小小的附加費用，像是停車費、提早入場費等等，而且石油或旅遊成本並非呈現相同的倍數成長。」

因為價格膨脹被認為貪財而讓顧客退避三舍是很危險的做法。我們不能對於當今參加慶典的風潮太過自鳴得意。消費者活在一個選擇多樣的世界中，無論是從替代性活動和非活動支出來看皆如此。萬一慶典不值得花錢的想法像病毒一樣在網路社群中擴散怎麼辦？此刻當然是慶典參加者準備好要付高價去參加他們所選擇的慶典，事實上高價在某種程度上是經驗的一部分，但是在這件事情上若由具有影響力的部落客聯手反擊，可能會讓人們在態度上產生不利的改變。

(www.efestivals.co.uk/forums)

錢作為事業資金，並且考慮到成本和利息支出而被迫要訂出毫無競爭力的價格，只為了達到收支平衡。一場活動可能家族式的，獲利要求較低，因此要求的獲利水準空間較大，收取的費用也是。一場活動可能部分或全部是由投資者提供資金，他們的投資報酬要求限制了有創意的定價策略。一場活動可能是由股份有限公司所籌辦，並且對於持續的獲利生長有基本要求，因此對於定價水準會有升高的壓力。

市場力量也會起作用，限制了活動行銷人員設定價格水準的能力。市場本身對於市場內價格的制定有莫大的影響力，因為不同的活動類型都有已確立的價格範圍，顧客就會有所期待。你的活動定價選項受到市場的限制多大程度呢？

如果你打算在一個較廣大的市場中辦活動，你要如何定位你的活

動呢？你會利用價格作為影響需求的手段嗎（亦即價格定位）？活動行銷人員須反思其活動在某一範疇中的定位，以及該定位對於索費定價所造成的影響。假如價格定位與整體的產品定位不一致，那麼消費者很可能對於這樣的不一致做出負面的回應。

在許多市場中皆已建立了變動定價，像是空中交通以及飯店訂房。由於網際網路當道，其可作為旅遊業的資訊與交易平台，因此這似乎變得愈來愈盛行。就如同你將會注意到，某人必須付多少錢給飯店有明顯的差異，端視使用的網站所產生的房費而定。不同的價格會吸引不同的消費者，所以一名活動行銷人員可以考慮在其活動行銷中利用線上目標定向的機制結合價格級別，採取一個變動的定價結構。

地點

就大多數的活動而言，地點因素在本質上與「產品」的概念密切相關。活動的場地就跟包裝超市品牌的觀念一樣。豪伊爾的「何地」因素詳細說明了關於場地對於活動績效的影響。有一些因素是我們要進一步考量的。我們應該要尋找可能迫使一場活動在一個不適宜的場地舉行的原因，因為當這種事情發生時，我確定不會有人為了達到負面的結果反其道而行吧。

也會有迫於壓力而使得活動必須在不對的地方舉辦。成本的問題一直都存在。在一個適合的地方辦活動或許是個理想，活動行銷人員十分中意的場地但就是負擔不起。有時候明顯的成本考量將使得活動行銷人員與現實妥協。同樣的，還有能否取得的問題。一個專為舉辦活動所準備的場地，並證明其管理與運作相當純熟和專業，很可能因為其好名聲而預約滿檔。假如時間有限，你可能會找一個可使用的場地，而不管它是否完美。現實世界的確很難事事都完美。

只要有許多特質對於一個活動地點有正面加分效果就夠了。數年前，我去參加在澳洲舉辦的一場學術會議，活動地點相當與眾不同，

是一棟座落在山頂的飯店。一路往上爬的巴士令人驚心動魄，當我們抵達目的地時，我們真的就是在世界之巔。參與者莫不感到震撼。另一個類似的場合則是在位於荷蘭的一間現代化飯店，它藏身在一間同樣毫不起眼的購物商場中，飯店內部陰暗、沉悶，陰雨綿綿的天氣更有如雪上加霜，所以我們要再次強調，環境對於參與者的參與程度會有顯著的影響。一場活動的地點會左右我們的心情，假如你的活動目標在於激發特殊的情緒或是期望的行為，那麼地點可能是一個不容忽視的影響因素。

　　活動籌辦人員通常會想要提供最有利的環境。不然的話會怎樣呢？即便在這個地點所進行的活動是很棒的，但是透過地點的影響卻會改變觀感。

　　　　所有可能發生的事都有一個網站，這是時下的常態。當考慮到某個場地時，你將有機會請某人為你做這件事，提供這類的服務。「找一個適合你的會議、大會或活動的場地是一個耗時的工作，尤其是當你不熟悉這個地點時。「最佳活動場地」（Best Event Venues）機構在此協助您，讓這個過程盡可能簡單。我們有多年的經驗，可以提供您一個簡單的方法尋找場地、飯店，以及當地專業的供應商。從這個網頁，您可以尋找最佳場地，或者您可以來電洽詢，我們的團隊會有專人與您討論您的選擇與需要的協助。」它可能只是為了宣傳專門舉辦活動的場地，但是你可能會覺得這樣的服務其實很有用。不過，你要小心你不是遇到一個只是強力促銷飯店，但是卻將自己包裝成看似一個活動專家的網站。

　　　　　　　　　　　　　　（www.besteventvenues.com）

圖3.6 活動行銷宣傳組合

宣傳

宣傳意指提出一項活動以吸引潛在顧客注意力的一連串行動，如圖3.6所示，這麼做將能引起注意。在一個理想的世界中，活動行銷人員應該要影響其所負責的活動所有的面向，而且應該要在活動管理中扮演一個策略性的角色。照理說，活動行銷人員最適合規劃一場最符合市場要求的活動。不過，活動行銷人員往往會將重點放在宣傳活動上。

現今，宣傳很自然地包含投入電子行銷中。不過在此我們把它當做是一個媒介，這個主題將在第5章專門處理。你也應該理解所謂的口碑行銷，意味著透過線上互動傳播的電子化口耳相傳就如同人們實際上親自相互交談一般。

　　行銷傳播組合強調一場活動的所有面向即代表關於那場活動的傳播。這是行銷定義中所謂流動性的一個例子，因為每一件事物，小至活動工作人員的打扮，都可以被描述成是一個傳播的重點。活動行銷人員就是在這樣的背景下，將資源分配到已規劃好的宣傳上。

　　由於電子時代的來臨，廣告也已經產生很大程度的改變。雖然媒體曾經是販售時間與空間給廣告商的一個產業，當然它現在仍是，然而它開始轉變成另一項事物。別忘了，媒體只是供某樣事物通過的媒介。假如某樣事物是關於一場活動的資訊，那麼傳統的媒體仍然是一個強大且可能賦予地位的傳播方式。假如一名活動行銷人員利用線上傳播，那麼他／她就是為了創造出席率，而使用一個特殊的媒體來接觸可能的參與者。

　　網路行銷提供了廣告以及執行公共關係的機會。傳統上，公關指的是利用媒體，與從媒體上買廣告空間相反。那麼，考慮以網際網路作為一個打廣告及傳遞公關訊息的方法是很有用的，因為它象徵你所購買的媒體服務的結合，譬如臉書上的付費廣告，以及臉書使用者所製造的病毒式行銷的機會。

　　適合的媒體所提供的廣告空間與時間會帶給你的活動哪些好處呢？有人打趣的說，你想做生意但卻不打廣告，就像在一個黑漆漆的房間裡對一個女孩眨眼一般。你知道你正在做的事，可是卻沒有其他人知道。換言之，廣告將闡明你的活動，並且讓人們瞭解你正在做的事。

　　廣告對於鼓吹想法和意義以及發送資訊和娛樂方面是很有用的。活動的潛在顧客對於活動將為他們做什麼感興趣，無論是個人或社交方面，而且正在尋找一個經驗。由於有這麼多的媒體可以選擇，以及使用創意、創新和說服力，廣告長期以來就是一個強而有力的工具——運用得當的話，確實如此。我們都看過沉悶廣告的例子。這就好像你只是說話溝通，卻未謹慎選擇要說什麼以達到最大的效果一樣。它不只是獲得關注以及最終獲得顧客的廣告行為，它更是對於重

要的預期目標群眾所產生的效應。你要如何能夠分辨廣告何時將對你產生作用呢？第一步就是要知道你希望廣告為你達成什麼目標。也就是說，廣告在行銷任何特定活動時都扮演了一個特定的角色。它並不是大海撈針，而是一種有目標的策略性傳播。

活動的顧客並非被動地從希望銷售其活動的活動行銷人員那裡接收訊息的人。在這個熟悉廣告操作的世界中，顧客會決定他們將注意到哪些廣告。廣告會吸引注意力，然後轉化成興趣、欲望和行動的想法，現在被顧客引導廣告而非廣告引導顧客的想法所取代。充其量，為你的活動做廣告是要告訴顧客他們可能會想要參與的某些事，但是並非廣告本身讓他們做出決定。顧客更可能將花費的決定建立在廣告之外的訊息上，尤其是同儕影響，無論是親身接觸或是在網路上。要記住，廣告提供給我們一份潛在需求的清單，其他的因素（亦即對我們周遭世界的觀察發現）會限縮在特定的需求上。

史提夫・溫特（Steve Winter）探討活動／公關界面：

活動真的變成一個在公共關係領域中主要的策略性因素。例如，當你在籌辦一場盛大的開幕活動時，在種種考量因素中，其中一部分是盛大的開幕特殊活動，然而另一部分就是由宣傳活動所需要的公共關係因素所構成。媒體活動以及宣傳活動往往需要執行支援公共關係訊息發送的行動與計畫，而且有人必須製作這些活動。一場記者會——雖然它基本的形式是以公關為導向——但它也是一場特殊活動。有人必須確保硬體設施無誤，安排餐飲供應、擬定計畫、處理視聽設備、邀請媒體並籌劃整體的運作。因此基本上，公共關係的領域其實需要實務工作者成為專業的活動經理人。

消費者很少會在看了一則廣告後直接採取行動的。因此，對廣告商而言，他們的訊息中有某個事物讓目標群眾念念不忘是很重要的。廣告商放什麼內容在廣告裡並不是重點，重要的是消費者從廣告中接收到什麼訊息。當然，熱門的活動只需要廣告門票何時預定開賣，以提醒死忠的參與者。另一方面，尚未參與某一場活動的顧客所需要的就不只如此。

當在宣傳一場活動時，要考量鞏固現有客戶和贏取新客戶。廣告是為了哪一個目的？其中一個或另一個，還是兩者皆有？這些都是影響廣告目標的因素。我們會在接下來的段落中處理這層考量。

活動廣告的覺察度意指它抓住顧客注意力的程度。在琳瑯滿目的媒體中，即使這點可能都很難達成。隨著愈來愈多活動出現，也有愈來愈多活動打廣告。活動行銷人員不應該畏怯不前，堅持他們的廣告一定要包含他們有信心的面向才能設法抓住注意力。他們必須瞭解他們的顧客群，並且調查潛在客戶的特性，而且他們是最有機會瞭解哪些意義將獲得顧客注意的人選。將這些意義轉換成文案或意象，這是一個有創意的廣告執行者的工作，然而在一開始創造意義時由活動行銷人員灌輸進去是很重要的。

廣告的目的是提供關於一場活動的資訊給消費者。潛在顧客或許不願接收這則訊息，因為我們篩選掉我們覺得並不需要的資訊。現有的顧客比較可能吸收包含在活動廣告中的訊息，因為他們已經參與了。廣告訊息有兩種解讀要考量。

有關於事實的真資訊係指活動在何時及何地舉行、它的宗旨為何、參加的好處是什麼、主要特色，以及連結到活動網站找尋費用與預約資料。許多被看見的活動廣告似乎將重心放在這個特別的資訊解讀上。

另一方面，偽資訊則與形象有關。它同樣重要，因為消費者對於活動將賦予他們的形象感興趣，並且隨後對廣告所創造的形象感興趣。假如出席一場聲望卓著的協會大會能增添某種莊重感，那麼廣告

的意象就應該藉由圖像、排版以及影像反映出這一點。假如出席一場慶典被視為是比較反主流文化的，那麼廣告設計中應提供必要的合適線索。這就是所謂的偽資訊，因為它並非描述活動，而是活動的經驗。因此這個詞能夠被理解，但是卻會讓人誤以為活動的經驗對參與者而言才是最真實的。他們所追尋的是經驗，而且也是他們將帶回家的。所以，為什麼活動廣告忽略了訊息中這個最重要的面向呢？它反映出消費者的思維模式，並且將吸引注意力和創造覺察度。

　　縝密構思的廣告將有助於消費者對一場活動發展出正向的感覺。你會參加一場你抱持中立或負面態度的活動嗎？對於廣告的正面情緒反應通常與廣告成功影響銷售有所關連。

具有豐富產業經驗的資深實務工作者芭芭拉・波莫倫絲簡述了她對於活動行銷的想法：

在一個行銷計畫中，特殊活動在打造品牌意識、製造興奮感以及發展策略聯盟方面至關重要。舉例來說，在一場即將來臨的環保產業展覽活動中，我們與政府、產業、媒體以及企業代表密切合作，共同開會討論一場為期3天的計畫，探討品牌意識、誠信以及如何吸引媒體關注。在這個案例中，活動是為客戶驅動媒體關係和行銷目標的機制。活動對於品牌和事業皆具有莫大的吸引力。非營利機構通常終年募款，然而一年一度的募款活動卻能為該機構掙得財務基礎。一場妥善規劃與執行的活動能夠將各種形式的行銷整合成一個專案計畫。活動掌握了行銷計畫的核心與精神，而且它的多層次方法也能夠接觸到許多支持該品牌的群眾。

（www.pomeranceassociates.com）

在活動市場愈來愈競爭的本質中，廣告往往被策略性地用來抵禦競爭性的威脅。當然，活動的整體管理要負責整體包裝的吸引力，但是廣告是在最前線引起消費者喜好。在這些情況下，潛在的參與者對活動發展出正面的感覺是不夠的；他們一定是偏愛它勝過你的競爭對手的活動。而且喜歡算不了什麼。喜歡某件事物的想法，但是卻不希望有所參與也是有可能的。偏好隱含了區隔。活動經理人必須瞭解他們的競爭對手，注意他們最吸引人的特色，並清楚是什麼因素在他們的顧客群中引起正面感受。假如這些情報可以併入活動資訊內容中，那麼將使得你的廣告更具競爭力，無論是真資訊和偽資訊皆然。哪些資訊能夠說服一名活動顧客對你的活動發展出偏好呢？

現在人們已不再依賴傳統媒體來散播關於你的活動的好消息，因為線上社群本身就能傳播。當然，也有線上廣告，它本身很快地就變成一個傳統的媒體產業。另一方面，將正面的活動資訊散播到社交網絡環境中就類似於一種形式的公共關係。

儘管如此，傳統的媒體管道和出版品代表一個影響力強大的方法，讓全世界都知道你的活動的好消息。再者，有鑑於大量的資訊在數位矩陣中流通，結果諷刺的是，傳統媒體管道的某樣東西更確定和維持不變。它維持一種穩重和權威，在網路上，這種特質幾乎順勢被稀釋掉了。

當利用記者和媒體時，必須理解編輯政策。媒體播送管道有其優先考量和觀點，而且它們對於符合這些面向的故事感興趣。成功的公關需要活動行銷人員瞭解每一位記者的特殊興趣。在這樣的背景中，媒體公關可以先去瞭解特定的記者對哪些事感興趣、他們支持和反對的事件、可以讓他們寫一篇故事的事件，而那將會對這些事件造成有很大的影響。顯然，以流通性和目標群眾的觀點而言，觀眾／聽眾／讀者愈多，故事蔓延的範圍就愈廣。

媒體公關需要做目標群眾／讀者的概況分析。公關考量目標群眾概況的方式與行銷考量目標市場的方式一模一樣。我們嘗試要接觸誰？媒體播送管道接觸他們的範圍有多大？

　　公關故事無可避免須透過新聞稿發送給媒體。這是你獲得一些注意力的機會。一份新聞稿的有趣程度有多高？這就要看編撰、書寫風格以及內容而定。除了這些考量之外，要記得無論如何活動都是有趣的。比較一下園藝節和牙膏品牌可得到的公關機會。活動在本質上就與媒體公關相投合，與市場上大多數的品牌不同的是，他們本身就是有趣的。人們使用大多數的品牌商品，是因為他們需要，然而他們參加活動是因為他們想要，而他們想要是因為你知道答案是什麼。

　　無論是什麼故事、哪些目標群眾，以及哪些媒體播送管道，你的新聞稿有趣嗎？活動行銷人員的技巧在於讓新聞稿看起來有趣，以及設法將它編造得有趣。一份新聞稿的新聞價值為何？什麼因素會讓某件事變得有新聞價值？是媒體的傳統嗎？是可以預料得到的嗎？很明顯嗎？它將不會是這位新聞記者桌上唯一的一張新聞稿，所以你要確定你的新聞稿引人注目，而且正好就是這名記者想要的故事，以這種方式編撰以呈現出最具新聞價值的要素。在本書第一版中，豪伊爾指出，一場宣傳活動可能包含各式各樣的行銷工具，也可能只有一個，端視資源能力以及個別活動型態的需求而定。再者，豪伊爾強調，裡面有許多宣傳工具可選擇。活動行銷的宣傳技術包括廣告、公共關係、交叉行銷（合作行銷）、街頭行銷、噱頭，以及公益服務「善因行銷」活動等等。舉例來說，你可能發現一場全國性的協會大會或是企業會議的宣傳活動包含手冊、為分會會長和連鎖加盟主對在家目標群眾預先準備好的講稿、直接郵遞廣告、贈品和假期行程，以及電話行銷等等。

　　一個地方性募款活動的宣傳可能僅限於打私人電話給潛在的捐款人以及社區領袖，以贏取他們對於活動的支持。我們已經討論了過P. T. 巴南所籌辦的馬戲團遊行，此舉肯定讓大眾更加注意到馬戲團進城的事。但是宣傳的行動不只是遊行本身，還包含了海報、新聞稿、廣告、媒體報導邀約、新聞資料袋，以及前導公關人員，以引起人們對整個事業的注意。

　　有些大型的活動已經融入到相關人士的工作生涯中，因此活動的宣傳也擴散到參與者的工作職責中。例如，賓士時尚週（紐約時尚週）相當倚重名人的參與，及其宣傳排入社交活動行事曆上的時間點。其活動行銷策略就是確保它維持其社會地位。因此就吸引顧客而言，這場活動就是廣告上宣傳的那樣。目前主要的設計師都非常樂意參與，這就是活動籌辦者努力要維持的現況。因此能請到名人蒞臨變成要承擔的主要任務之一；假如知名人士缺席，那麼活動的聲望就會減少。如果紐約時尚週只吸引比例不高的名人出席，那麼場面就會有點難看。名人是一個被宣傳的商品，通常會依據其吸引力排名，從A咖一路排到無名小卒。不用說，紐約時尚週需要A咖為整場活動增添光彩。再者，A咖不會樂意與D咖分享眾人的目光，因為他們會覺得有損身分。因此可憐的活動經理人就必須要安排處理這般以自我為中心的自戀情結。

　　就像許多體育活動般，這是一個知名活動，不需要太過依賴傳統形式的行銷。由於比較是屬於產業活動，所以在門票銷售方面並不需要吸引許多一般大眾的成員。不過，它的確要依賴媒體報導，名人背書（例如第一排座位），名人宴會和附帶活動，以及電視搭售以確保有更多的目標族群注意到這場活動的重要性，即便他們不可能參與其中。

（www.mbfashionweek.com）

　　在宣傳活動中，有許多工具可以考慮使用，其中包括信件、傳單、小冊子、夾報、廣告、海報、演講、明信片、街頭演示、在舉辦場地播送廣播電視的廣告、公益服務公告、電子郵件、電子商務、活動場館中的立牌、巴士和地鐵的廣告牌，以及新聞資料袋。各種形式

美國國家美式足球聯盟超級盃可能是在美國舉辦的最大型年度活動。根據國家美式足球聯盟的說法，這個活動是透過週邊活動來行銷它自己。一場活動被用來當做另一場活動的行銷工具說明了活動行銷的整體性特質。超級盃派對在美國各地以及以外的地區舉行。例如，2010年超級盃的倫敦派對就努力吸引了大約1,000名的參加者，然而邁阿密沙灘的活動則是造成超級盃大熱門的功臣。再者，超級盃的中場表演是利用一場活動去獲得宣傳表演者的一種方法。在2010年，「何許人」（the Who）合唱團便利用了這個場合來宣傳他們最暢銷的新專輯。由百事可樂贊助的超級盃演唱會「The Super Bowl Fan Jam」無異是舉辦一場音樂節來宣傳表演，當然還有百事可樂公司，但最終還是超級盃。多層次的活動複合性說明了活動融入更大的行銷世界中。很有趣的是，我們注意到一場活動本身能夠被視為一個宣傳媒介。我們的定義可以主導我們如何去思考某件事。譬如，一場活動沒有理由不能被籌劃成完全作為一個媒介。就像所有的宣傳媒介一般，它必須提供娛樂或教化作用，就像電視頻道或雜誌一般，但是它的基本目標是要透過它接觸消費者的能力來製造收益。換言之，娛樂只是達到目的的一種手段。因此，超級盃的現象主要用意是提供運動還是提供行銷機會呢？

（www.superbowl.com）

的宣傳應該要根據你如何界定你的市場或活動來挑選。此外，宣傳活動所能運用的預算金額將有助於你做決定。因為各式各樣的宣傳工具可能正誘惑著行銷主管，在這些工具中，判斷哪一個最具成本效益，而且能產生最大的投資報酬率是很重要的。

豪伊爾提醒我們，如果宣傳預算使用太過分散，將造成全面稀釋的效應，而且為活動決定宣傳的標的物，並且只投資在最可能達成這些目標的宣傳類型中是活動行銷人員的責任。

流程

流程係指預訂和利用一場活動的機制。由於大多數的活動將會有一個網站供預訂，不用說，網站的品質就顯示了活動的素質。必定是如此嗎？對於活動而言，網站就相當於是超市品牌的包裝一樣。除了價格之外，它也是顧客用來推斷產品品質的指標。假如網站讓人耳目一新，那麼那就是瀏覽者對於活動的印象。假如網站沉悶單調，人們會怎麼想？或許除了廣告之外，活動網站是你表達活動要素與價值的機會，而且你可以把它做得盡量有創意和令人興味盎然。

不過，不只在美感上要賞心悅目，它也必須正常運作，以及提供一個順暢的資訊和預訂流程。在今日，每個人和他們的狗都有自己的網站，假如你以有限的預算行銷一場小型活動，可行性很高，如果你想要包含付費和預訂措施，你可以使用Paypal，所以有很多小規模可以做的事。對於中型和大型的活動而言，網站是顧客第一個接觸的點，所以在資料處理和付費技術方面的投資是必要的。線上顧客已經促使服務提供者將門檻提得相當高，而且線上社群期待某種程度的處理能力。坦白說，假如你的網站流程不完善，那些遇到阻礙的使用者對於活動也不會有好印象，甚至可能因此失去興趣。

活動本身的作業流程可能不在活動行銷人員的職責之中。營運管理階層可能將它視為是他們的主管範圍，並且可能未將其視為會干擾行銷的事。以盡可能圓滑的技巧，讓他們消除這種看法是活動行銷人員的責任。一場活動運作順利的程度對於回流參與者是非常重要的，而且糟糕的經驗（包含協調不力以及作業草率）將妨礙行銷傳播去說服已受影響的參與者以及他們在網路上的人際網絡，將這場活動放進

他們的清單中。將作業流程從行銷的職責範圍中區隔開來並不是明智的做法。實踐是最好的檢驗。最強而有力的行銷傳播來自於已經親身經歷活動的那些人，他們才能為行銷訊息增加或減損可信度。因此作業流程與一名活動行銷人員創造銷售量的能力直接相關。

人

　　人是指直接接觸參與者的所有活動工作人員。除了我們遇到的人之外，很難想到其他會深刻影響我們經驗觀感的事情。由於行銷是關於招募和維繫消費者，考量到成立新事業的成本，所以盡可能的維持同樣多的顧客是理所當然的。即使是一次性的活動，假如標準對於活動籌劃者很重要的話，那麼與活動工作人員的積極接觸就是一個必要的先決條件。重複舉行的活動需要設法維持顧客忠誠度，或者例如一項活動事業需要靠其表現讓生意再次上門，那麼安排對的人事將製造最佳印象。這聽起來像是有關於人事安排，但最終它是一個行銷問題，假如素質不佳的工作人員口出惡言，那麼我們都知道，在這個數位時代裡，它就會像野火般蔓延開來。

　　最優良的工作人員訓練有素，瞭解他們正在做的工作在顧客的眼中具有什麼樣的重要性。在一個管理良好的活動中，這點應該會跟管理階層認為重要的事相互呼應。活動行銷人員應該要關心這方面的人事管理，因為假如管理實務跟提供給參與者最佳經驗相牴觸的話，它就會削弱行銷的成果。

　　人們會注意到別人，也最可能受到別人的幫助和阻礙，而且按照他們所遇到的人來評價一場活動。由此看來，談到人的因素有一件事相當重要，但是也有一點棘手。你的活動參與者充分證明了你的活動，對於你所提供的事物也成為最強而有力且影響深遠的傳播者，所以要確保你的行銷和宣傳吸引了你希望到場的那群人。當然，對於有特殊特點或訴求，不以大眾為導向的活動而言，活動經理人應該要考慮參與者本身對其活動的影響，因為基本上他們就會自成一個活動。

結語

　　策略性活動行銷係指努力做正確的決定並分配資源到最需要它們的地方，以最可能的方式在你的參與者心中創造最正面的印象。再者，它也是指做這些事要優於競爭對象。我已經強調過，它是關於將事情做全盤考量，以及關於衡量替代性行動方針的過程。

　　每一個活動都不相同。哪些事對活動最有利會因個別情況而異。那就是為什麼本書所概述的方法同意這樣的認知，並且提供了一個可以應用於任何活動場景的架構，如此一來，只有個別行銷人員知道的活動專屬訊息，便能夠有效地被處理，並且做出對活動有利的良好決策。重要的是，我避談你該想些什麼，反倒是提供一個概念結構，讓你在這個結構中思考，以你自己的專用術語，利用你自己的語言並且做好準備充分利用你的經驗與知識。

Q&A 問題與討論

1. 你會如何事先發展你的活動行銷策略，以確保你已經清楚地界定活動目標？
2. 你會如何界定你的活動中直接、間接和無形的競爭對象？你會如何集中力道跟他們迎戰？
3. 你將使用哪些方法與所有的活動利益關係人有效溝通？
4. 你會如何在你的活動團隊中執行你的內部行銷溝通？
5. 你如何持續分析你的市場變化並決定如何回應？
6. 你如何分析活動問題並集中注意力在那些對你的弱點最不利的問題上？
7. 你會如何擬定一份活動問題解析圖？

8. 你準備好要如何思考替代性的活動行銷行動以及根據它們的優缺點一一衡量呢？

9. 你會如何預測你的活動行銷介入方案的結果呢？

10. 你會如何為你的活動行銷計畫建立SWOT分析呢？

11. 你會如何應用活動行銷的6P呢？

12. 活動產品符合消費者期望嗎？

13. 你正利用價格為你帶來最大的利益嗎？

14. 地點因素的哪些方面對你的活動有利呢？

15. 你的活動宣傳是否傳達正確的訊息給正確的目標群眾呢？

16. 活動預訂的流程順暢嗎？執行的流程思慮夠周密嗎？

17. 你是否用對人呢？你是否做到人盡其才？

實用網站資源

1. **http://www.eventmanagerblog.com**

   2007年由朱利斯・索拉里斯（Julius Solaris）設立，Event Manager Blog提供關於活動與活動行銷相當實用、親身實踐的資訊和啟發。它對於社交媒體的使用有一個創新的看法，是很有用的每日閱讀網。

2. **http://www.adverblog.com**

   Adverblog有一個非常另類的廣告手法。包含活動廣告在內。你可以上這個網站去獲取該主題的資訊以及富有挑戰性的活動行銷戰略的靈感。

3. **http://www.ducttapemarketing.com/blog**

   Duct Tape Marketing是一個非常實用的部落格，版主是行銷專家約翰・簡奇（John Jantsch）。它特別著眼於小預算的行銷活動，這對於許多活動而言，可能是個問題。

4. **http://www.bonjourevents.com**

    Bonjour Events特別關注在地和小型的活動、社交活動以及慶祝會。除了活動的訣竅之外，它將促使你帶領你的社交活動更上一層樓。

5. **http://joelewi.wordpress.com**

    Lewi集團的創始人喬‧李維（Joe Lewi）分析在活動行銷中的挑戰，而且可能有助於你在下一場活動中進一步成長。

第4章

贊助與善因活動行銷

「我必須選擇贊助的對象，而且我希望對於贊助的領域有所瞭解。」

億萬富翁慈善家　高登‧蓋提（*Gordon Getty, 1934-*）

當你讀完本章,你將能夠:

- 理解在活動行銷中商業贊助的策略性質及其對於活動屬性
  和贊助商整體創造營收的策略。
- 在活動行銷組合中,謹慎運用策略來整合商業贊助,並瞭
  解其重要和關鍵的角色。
- 建立有效的慣例做法來管理贊助行動以增進留用率。
- 排除商業贊助商的反對意見。
- 衡量與評估商業贊助的好處與特色。
- 透過計劃性活動將商業組織與善因連結,使雙方受惠。

■ 瞭解活動贊助商的觀點

　　近年來,在贊助方面的費用一直有顯著的成長,因而反映出在日益競爭的市場中長期存在的差異化需求。贊助係指贊助商投資一場活動以便接觸活動的利益。活動將投射出品牌本身的形象,而這個形象也就是贊助商企圖利用的。假如活動行銷人員在一個充滿競爭的市場中成功吸引贊助商,那麼為了能夠向潛在的贊助商推銷這個形象,他們必須要注意他們的活動所具備的形象要素。此外,活動行銷人員必須注意,對於一個贊助機構而言,一場活動可以具備多種用途。這是在以下談論活動實際狀況的部分,我們將討論的贊助面向。

　　目標在於增進市場地位的機構希望加入他們所贊助的活動以提升形象與商譽。因此活動行銷人員必須準備資料和報告闡明與活動相關的意義與內涵,以便讓潛在的贊助商考慮是否要投注資金在該活動上。與其說是讓潛在贊助商有興趣的內容,倒不如說這些內容在消費

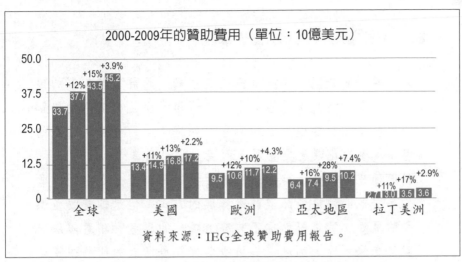

資料來源：IEG全球贊助費用報告。

圖4.1　贊助費用在21世紀初穩健成長

者心中代表什麼意義。以一個中型的體育賽事為例，譬如全國性的青少年足球比賽。這場活動是有益健康，而且跟運動、家庭、責任以及美好生活有關。想想看這對父母親而言代表什麼意義。這對他們而言摻雜了多種情感，裡頭包含了父母的關心、期盼、甚至是他們的夢想，或許還帶有一絲失望和後悔。那就是這場足球賽事所代表的意義。在這場活動中，我們提供給贊助商的就是這些情感的成分，假如是在這個基礎上推銷，他們將發現機構與品牌之間的相符之處，並希望利用這些關聯性與情感。

　　藉由瞭解與這些關聯性和情感相關的購買模式，活動行銷人員準備好要瞄準最適合的贊助商，並以一種比競爭對手更生動具體的方式來理解他們的思維。因此活動行銷人員要以符合贊助商需求的方式負責對贊助商進行活動的行銷，這個概念在所有的行銷思維中普遍可見。

麗茲‧畢格漢談活動行銷的優點：

> 人們常說廣告與公關具有保證能接觸一大群目標族群的優
> 點，但是這種說法已經愈來愈不適用。而且即使活動接觸
> 一群較小的目標族群，他們也有保證參與的優點。在我的
> 書中，參與比曝光更重要。而且成本少很多！
> 就某種程度而言，雖然消費者習慣的品牌概念是利用活動
> 作為向他們傳播資訊與鼓勵參與的方式，但是卻有收益減
> 少的風險。可是假如你不夠努力讓你的思考和創意解決方
> 案具有原創性，那麼這個風險將存在於所有的媒體中。這
> 就是我們在事業中投入大量資源打造最強的創意策略團隊
> 的原因之一。

強調共同利益

　　活動企劃人員可能代表的是一個不同的機構文化，而不是贊助的機構，因此更有必要找出活動對每一方所共同理解的意義；只要將重點放在活動對於參與者的意義，這點很容易就能達到。因此消費者的經驗就是將這些性質可能歧異的機構基於共同利益聚攏在一起的公約數。活動行銷人員必須要非常清楚兩個品牌能夠有密切關聯，並且強調相符性。當然，這種瞭解是透過取得以及分析市場和消費者研究情報來達成。思索全世界最重要的碳酸飲料和體育界之間的關聯性是很有趣的。

　　機構與品牌業者將贊助視為另一個宣傳品牌的機會，另一種增加品牌價值的方法，而且它也變成讓贊助商的行銷影響達到最大效果的策略方法。在許多例子中，機構將贊助視為他們致力於在消費者心中定位自己或是他們的品牌，以及獲得競爭優勢的重要行動。

　　可口可樂贊助重要的足球賽事，例如世界盃和歐洲冠軍盃。該品牌持續投資在運動中，尤其是足球，有最高端的，也有最基層的。撇開美國不談，足球是一個主要的全球現象。該品牌比較不是將自己看成是贊助商，而是合作夥伴。這是一個有力的觀點，因為合作夥伴通常有共同利益，並且在威信上旗鼓相當。

　　由於全球經濟緊縮，因此造成行銷預算也承受很大的壓力，運動團體很擔憂企業重新思考他們對體育活動的投資，然而可口可樂公司依舊堅定不移，堅持其基本原則並支持主要的運動，例如奧運和足球。這是他們品牌形象不可或缺的部分，而且他們致力於持續的體育贊助。可口可樂公司同意延長他們在奧林匹克委員會全球合作夥伴計畫（TOP）中的會員資格至2020年，TOP計畫中包含大型的企業，這也是奧委會最有利可圖的計畫。

　　可口可樂繼續投資在地方層級的運動上，試圖降低肥胖的問題，而這也是碳酸飲料產業遭受非議之處。世界衛生組織（WHO）將全球4億人歸類為肥胖人口，而且其中有2,000萬人不滿5歲。這種情況增加了糖尿病與心臟問題的風險。依照可口可樂公司的說法，他們藉由參與大型活動和基層體育活動促進兒童與青少年參加更多體能活動。這點完全說得通，因為沒有理由認為飲用這種飲料必定會伴隨不愛活動的生活型態；然而這個品牌與速食相關，而碳酸氣泡飲料通常會招來負面的評價。

　　可口可樂已經把跟足球的關聯性當作是一個品牌策略，而且它在這方面參與大大小小的活動，因此跟某件複雜的事產生關聯。雖然足球是一個可以比賽的活動，而且事實上全球有數百萬人在玩，但它也是一個透過電視廣播交易賺錢的

一個產業，而且看電視是一個久坐的活動。不過，由於這些複雜性，可口可樂公司設法讓足球一些比較朝氣蓬勃的面向影響它，因此維持該品牌所享有的高度社會接受度。

（www.coca-cola.com）

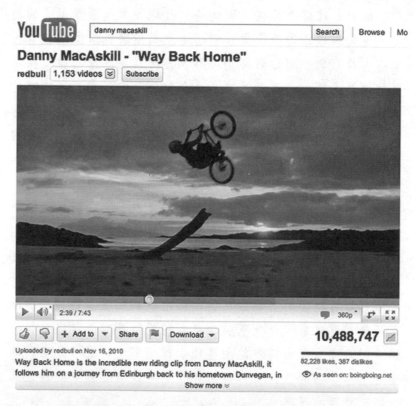

圖4.2　紅牛公司提供的網路贊助活動

紅牛公司（Red Bull）請網路傳奇人物小輪車手丹尼・麥卡斯基爾（Danny MacAskill）拍攝了一支影片，請他在蘇格蘭的風景區前表演令人讚嘆的特技。像這樣的影片拍攝成本可能需花費數萬美元，但是在短短兩個月內，這部影片已經達到600萬觀賞人次。紅牛公司並未在影片中打上品牌作為廣告，不過，影片中還是可以從小地方看到紅牛的身影（例如頭盔上的貼紙）。

　　不過，機構贊助經證明是報酬遞減法則的最好例證。有某一段時間，機構可以利用贊助讓自己看起來不同，但某一段時間許多機構和品牌業者並未投資於贊助行動中，在這些情況下，才真正有機會透過贊助使自己與眾不同。

　　隨著時間的演進，顯然有愈來愈多的贊助行動，因此要透過贊助脫穎而出的機會也減少了。近年來，贊助已經成為相當普遍的行銷活動，而且看起來每個人都是某件事物的官方贊助商。所以問題變成：假如每個人都在做這件事，我們能夠承擔不做的風險嗎？那些廣泛贊助的品牌顯然認為假如這件事值得做，就值得將它做好。接下來的例子說明了由一家國際級的豪華車品牌所從事的贊助組合。

　　賓士汽車表示它有意將贊助的重點轉移到高爾夫球、足球以及馬術活動上，並且增加它在生活品味與流行時尚的參與。紐約時裝週是首度為期一週有組織的時裝活動，目的是讓大家把目光從1940年代法國和歐洲設計師身上轉移開來。賓士汽車從2009年開始就是主要的贊助商。當人們想到這個品牌的本質時——與身分地位有關聯的高級德國汽車工程——贊助紐約時裝週目的是為該品牌增添卓越與魅力。投入足球則與它的祖國精神相符，他們有個值得驕傲的足球傳統，而馬術活動則與富裕的人口相關。顯然，活動贊助是這個重要品牌向潛在顧客和現有客戶傳達其價值不可或缺的方式，大致上是在一個更廣大的傳統行銷傳播架構中。有趣的是，我們注意到擅於行銷的品牌能夠將贊助整合到他們的行銷組合中，而使得贊助計畫大受歡迎。

（www.mercedes-benz.co.uk）

吸引活動贊助的五個方法

1. 釐清潛在贊助商在他們的贊助投資中需要什麼。
2. 瞭解在潛在贊助商的行銷組合中贊助所扮演的角色。
3. 為不同的贊助需求設計各式各樣的贊助組合套件。
4. 思考當你的活動應用於潛在贊助商時，對於各種類型的消費者所代表的意義，或是可能代表的意義。
5. 分析潛在贊助商的商業或商譽需求，並且據此向他們行銷你的活動。

■ 活動贊助的實際情況

　　活動贊助為一個品牌名稱或是識別標誌提供了在某個地點曝光的機會，以便讓預期的目標群眾看見。這可能只發生在某個地點或者可能包含媒體機會，譬如運動明星在衣物裝備中穿戴贊助商的識別標誌。僅僅展示品牌識別標誌或許看似不那麼工於心計，但是別忘了，品牌名稱或是識別標誌是傳遞許多名牌價值的符號，光是它的出現就被一些世界重要品牌認為值得。在活動招牌、建築物、設備、節目單、制服和／或宣傳資料上展示品牌名稱或是識別標誌是標準的做法。品牌業者的目標市場就在活動中，或者他們在廣播電視媒體中透過線上分享觀賞活動，而活動贊助就是接觸這類目標群眾的一種方式。不過，活動行銷人員也可以適時地向活動贊助商強調許多實質的利益。評估對你的潛在贊助商最具吸引力的方法就是努力瞭解他們的需求。

　　一場活動可被視為是製造商店客流量的一種方法，一個活動贊

助商能夠利用一連串的事件當做機會來為顧客與零售商提供特別的交易。因此活動的贊助具有促銷的層面，這當然是在一個更廣大的行銷計畫中運作。在以下的例子中，有個重要的贊助活動吸引了大批珠寶通路網的會員。我們並不完全清楚為什麼一家國有化的英國新聞機構選擇贊助這場活動；或許他們是利用該活動作為一個娛樂場地。

　　活動贊助提供給機構一個款待客戶、供應商與通路商的場所。這個通路行銷的層面對於企圖讓自己增加多一點聲望的機構可能非常具有吸引力。想想體育賽事獲得贊助的程度，如此一來機構就可以利用它們當做娛樂活動。舉例來說，在賽馬會的其中一天利用贊助商的管道到最好的餐廳用餐、住一間私人景觀套房，這般舒適又高雅的環境將會製造好印象。因此，贊助一場活動可以提供給贊助商一個用來進一步達到本身目的的功能。

　　贊助商通常會利用活動作為鼓勵商品／服務試用的方式，無論是在活動中提供樣品或是發送優惠券。他們將發現活動參與者代表目標消費者中受控制的目標群眾，贊助商可以跟他們互動，執行專門的研究，並積極推銷。活動贊助對於客戶而言是一個很吸引人的機會，可試探市場溫度，調查概念與發展的可行性，並且公開推銷商品。

> 　　世界知名的巴塞爾鐘錶珠寶展（Basel World）由瑞士國際航空、BBC世界新聞以及聯邦快遞共同贊助。每年春天，大約有2,000家來自鐘錶、珠寶以及寶石業，連同相關產業的公司，在瑞士的巴賽爾（Basel）展示他們最新的發展與創作。世界最知名的品牌只在巴塞爾鐘錶珠寶展展中展示他們的收藏品。大約有10萬名從事專業零售與批發貿易的訪客從世界各地遠道而來，目的在於發現流行趨勢以及觀賞鐘錶與珠寶業最新的創作。
>
> （www.baselworld.com）

有些公司將公關價值（亦即活動和／或贊助的新聞價值）作為他們為何贊助一場活動的理由。他們期待看到他們的公司、品牌或是商品在活動的媒體報導中被提及。這可能是廣泛出現，只是讓大家看見，也可能與活動的某個層面有特殊相關性，譬如吸引媒體注意的環保議題，這些報導將會恰如其分地反映在贊助商身上。

行動網絡業者O2跨出大膽的一步，買下了倫敦O2體育館的冠名權贊助。這個體育館的前身是千禧巨蛋（Millennium Dome），自從2007年更名以來，O2已經將它改造成歐洲最棒的活動與娛樂場地。這真的是一個令人驚嘆的活動會場，裡面的室內空間是美國喬治亞巨蛋（Georgia Dome）的兩倍大，擁有這座體育館等於讓O2擁有場地以及在此舉行的活動，對這家電信公司而言，這在英國是很大規模的行銷訴求。

在O2場館門票開放購買之前的48小時內，O2客戶可以優先預購，而且在該場地會有更好的體驗。O2保證另闢O2客戶專屬的空間，包括藍屋吧台以及O2沙發區，利用新的行動科技「條碼」就能獲准進入。一旦進入後，O2客戶可以透過簡訊決定壁紙的設計以及點歌來變化他們在這些地區的體驗。O2也成立一支「O2天使」，這群受過訓練的人員負責迎接和帶領賓客，為這個品牌增添了溫暖的面孔。其他較小的花招包括改變體育場內O2藍區的燈光、地毯以及座位。

參加O2活動的好處很明顯，而且近在眼前，同時場地的高知名度以及其對媒體的吸引力也保證贊助將影響全英國的O2客戶。

（www.o2.co.uk）

　　活動可能會讓媒體相當感興趣，假如活動提供難得的機會讓媒體報導好消息與快樂的人們，那麼贊助商就會對後續的公關機會產生莫大的興趣。有趣的活動本身就會吸引媒體專業人員，他們對於獲得有趣的故事以及歡度美好時光很感興趣。以下的例子讓贊助商既能夠直接向顧客傳達訊息，又能利用其贊助所獲得的公關機會。

　　也可以舉辦一場活動作為顧客競賽或競爭的主題。這類的贊助主要是掩蔽資料蒐集，是顧客招募計畫的一個面向。同樣地，活動贊助或許能夠讓贊助商在活動出席者所代表的特定市場部位進行行銷研究。由於許多活動都具有高度的目標性，因此在獲得活動贊助方面，這是一個有用的銷售點。

　　多年來，西門子（Siemens）從博覽會的贊助中獲益良多。它已經贊助了16屆的世界博覽會，並且與世博會的忠實支持者建立起聯繫，並且在他們心中留下好形象。2010年5月1日，上海世博會揭開序幕。預估大約會有7千萬人匯集在中國這個大城市中。這是世博會史上第一次的環保世界會展。身為全球博覽會的夥伴，西門子提供技術，用在會展場地超過40個工程上。此外，西門子提供基礎設施，使得這場活動令所有的遊客難忘，包含在上海快捷的大眾運輸、乾淨的空氣、較乾淨的水質以及超現代的健康照護。「我們的環保技術將使得這座城市的基礎建設持續升級。因此，這對於世博會的遊客、主辦城市上海以及西門子而言是三贏的局面。」西門子東北亞地區執行長暨中國西門子公司總裁兼執行長理查‧郝斯曼（Richard Hausmann）說道。考慮到中國對於像西門子這樣的企業所具有的市場潛能，大量投資於2010上海世博會在活動行銷中是個精明的做法。

（https://www.siemens.com/press/en/events/.../2010）

　　有些公司利用與活動相關的運動員或是明星作為企業的門面。這也讓贊助商從參與的大人物所代表的形象和意義中獲益。有些公司計畫利用一場活動來說明和／或展示他們的商品／服務。一方面，這表示該活動是一個宣傳現有產品的傳播媒介，另一方面，它也可以被認為是為了商品開發與服務延伸以研究反饋意見的機會。就相關意義而言，一場活動也可以用來做現場銷售，或是獲得潛在客戶名單，這是贊助商可以利用的機會，這點有助於活動贊助可同時進行形象和銷售管理的看法。

　　活動贊助可以代表加惠員工的策略（亦即鼓舞士氣的方法、生產獎勵或是一項娛樂工具）。人們喜歡社交集會是無庸置疑的，有什麼比贊助一場員工所喜愛的活動，並讓他們親身參與以建立一支堅實的團隊或者獎勵積極的員工更好的方式呢？公司希望他們的員工沈浸在歡樂與興奮的氛圍中到何種程度因公司而異，因為保守的機構可能會將它視為莫須有的無聊舉動，因此小心翼翼鎖定目標是必要的，如此才能讓一場活動所提供的內容與不同的機構願意提供給員工的內容相符合。因為許多機構並不願意讓他們的員工因為沒有特定議程而變得散漫，有些潛在客戶可能會堅持活動必須與公司有正式的連結，因此設法營造加強訓練的觀感將成為一項誘因。

　　一個機構可能會想要以贊助活動作為加強與社區關係的方式。這是採用公共關係中的商譽管理概念，而且往往會對於特定社區的負面觀感做出回應。例如，一家超市雜貨商進城營業，結果影響現有的當地貿易商的生意，甚至導致關門大吉，這時可能就要贊助一場當地的活動來澆熄怒火。

　　活動贊助可以被想成是行銷到其他事業的方法。一家電子產品製造商可以在一個吸引人的地點贊助一場科技活動，以便行銷到零售業中。同樣地，由於活動贊助，贊助商能夠接觸到其他公司裡的高層主管，不管是為了機構的何種目的，有的甚至會將一場活動視為能夠加強人員招募的一項舉措。

　　上述許多目標都屬於四大行銷／行銷傳播工具的範圍：銷售（例如，客戶娛樂、發送樣品與優惠券、示範與展示、現場銷售、郵寄名單、企業對企業的接觸）、宣傳（例如，聯合促銷、商品用法、競賽）、廣告（例如，企業認同、目標行銷、意識、形象、運動員與名人代言）以及公共關係。為達到這些目標而贊助的經費最有可能來自於公司的行銷或是行銷傳播預算。其他目標（例如，員工獎勵、社區關係、接觸其他高層主管、提高徵才吸引力、增加消費者參與）都是商譽的表現。為達到這些目標而贊助的經費可能來自於公司的人力資源、社區關係或是慈善捐助預算。不過，這些全都屬於活動行銷人員的職權範圍，他們的角色就是設法強調有多少方法可以證明活動贊助對於贊助商是有利的，而將活動價值發揮到最大。為了這個目的，經驗老道的活動行銷人員會根據潛在合作夥伴的需求，利用贊助組合作為鎖定客戶的方法，如同以下範例所示。

　　根據西南之南嘉年華（SXSW）公布的資料，美樂啤酒（Miller）是SXSW嘉年華會的六大知名贊助商之一。既然被稱為「超級贊助商」，那麼在活動之前和活動期間所有的宣傳中它都會出現在最顯眼的位置。SXSW的超級贊助能發揮最大的效應以及達到最高的能見度　　在SXSW的音樂、電影和互動活動之前、之間以及之後提供無違和感的宣傳曝光、讓你的品牌與SXSW結盟成為最首要的宣傳合作夥伴，以及維持長久的印象。超級贊助讓量身訂製的贊助商要素和計畫融入到根據每個贊助商的目標所設計的贊助激化作用中。贊助套裝組合被量身打造成符合客戶專屬的行銷目標。

　　因此，我們認識到像這樣的活動，為一個像美樂淡啤酒這樣的品牌提供了一個精心規劃的行銷機會。與娛樂的關聯性本身對該品牌是合理的，而且活動參與者跟志同道合的人

打成一片，如此一來，品牌的特性就能夠滲透開來。贊助套裝組合的想法說明了活動行銷人員意識到調整他們的活動特性以符合活動贊助商特有的需求是必要的。這可以說是以配合贊助商期望的方式來設計與描述活動的一種行銷。

（www.sxsw.com）

在傳播脈絡下的贊助

　　贊助的出現往往是為了增強廣告效果，而且經常被包含在廣告內容中。例如，假如某個手錶品牌是奧運的官方贊助商的話，那麼它的廣告總是會提到其贊助的行動。在這種情況下，贊助可以被視為整合式行銷傳播的一個面向。當一個贊助機構無法將贊助整合到更廣泛的傳播組合中時，贊助的好處就會減少。活動行銷人員在這方面應該要有良好的基本功，而且應該主動宣傳廣告、公關、銷售點以及其他宣傳計畫的使用，使得贊助的好處達到最大。因此對潛在贊助商而言，一名活動行銷人員最好能扮演贊助顧問的角色，有信心證明這項投資確實有利於贊助機構。這項專業將成為與其他活動主辦者的差異點，而且將因此讓這名活動行銷人員的活動贊助變得更吸引人，而且是更精明的商業提案。因此贊助應該被當做是一個整合式套裝組合來銷售，而且活動行銷人員應該被視為是將活動利益發揮到最大的專家。

　　投入贊助是為了讓一家機構的行銷表現增添份量與重要性。不過，在贊助普遍的現代，問題在於贊助的內容是什麼，而不是一家機構是否有贊助。有些贊助看起來是自然又合理的合作關係。以下的例子可以看到一家航空公司理所當然地去強調現代的空中運輸與熱氣球嘉年華的夥伴關係，而且除了明顯的航空運輸連結外，這個品牌多了平穩與安靜，這些是喧鬧的機場與報到櫃台所缺乏的。

圖4.3　2012倫敦奧運重要贊助商列表

有趣的是，我們會發現這些公司與運動並無實質相關。值得注意的是，像麥當勞和可口可樂這樣的品牌，雖然因為他們的商品營養價值而使得他們的商譽遭人質疑，但仍是活動的重要贊助商。

　　接著，你必須問自己，我們活動有什麼東西是會吸引贊助商的？記得要徹底分析你的活動對於參與者有哪些意義。你所包含要讓贊助商感興趣的內容本質上要與引起消費者感興趣的內容和感興趣的理由有所關聯。

　　就贊助而言，這是一個買方的市場，假如你為你的活動尋求贊助，那麼你應該要瞭解你只是潛在贊助商眾多選擇中的其中一個。為什麼他們應該要選擇你呢？

　　　阿布奎基國際熱氣球嘉年華（Albuquerque International Balloon Fiesta）由美國大陸航空（Continental Airlines）贊助。企業贊助在熱氣球嘉年華的發展過程中向來扮演一個錯綜複雜的角色，而且讓該活動成為全世界最大型的熱氣球嘉年華。在贊助熱氣球嘉年華的過程中，企業贊助商在宣傳他們的品牌認同時，增強了本身的企業形象。有什麼比讓自己的品牌名稱與許多熱氣球直上雲霄的畫面產生連結更美妙的呢？對於一家航空公司而言，這其中的關聯性人人都明瞭。

　　　　　　　　　　　　　　　（www.ballonfiesta.com）

151

建立品牌的基本原理就是讓一個品牌成為消費者心中的構念，而贊助為這個構念加入了實質意義。贊助讓一個品牌更常出現在日常生活中，但諷刺的是，它也因此比其他品牌更特別。因此贊助的品牌會帶有一種地位象徵。

我們來思考一下贊助大型體育賽事的品牌，譬如世界盃足球賽。為了與這類全球性的事件產生關聯，就要先讓一個品牌脫穎而出，並且將屬於這場體育賽事本身的所有意義注入到這個品牌中。在無足輕重和重量級的品牌之間是有差別的。你能夠提供哪些意義給一個贊助商呢？

全球性的品牌會以相當大的程度參與大型國際活動的贊助，因為他們有義務特別強調與增強品牌的國際地位。這是一種維持品牌聲望的行銷模式，可以反映出它在國際商業舞台上的地位。然而，這類贊助很容易受到伏擊式行銷人員的襲擊，他們會試圖讓自己的品牌與重大活動產生聯繫，然而他們並非官方贊助商。

贊助商與活動之間的協同作用

我們必須審慎思考在贊助機構或品牌與被贊助的活動之間行合趨同的想法，尤其當我們在考量重大的國際活動時。明確強調這點是很重要的。舉例來說，2012年倫敦奧運的主要贊助商代表類別為：無酒精飲料、零食以及速食業；航空公司與汽車製造商；石油公司以及金融機構。當然，有一些知名的運動服飾品牌也名列其中，然而，活動與贊助商之間行合趨同的想法必須要在以下的脈絡下獲得充分理解：贊助商希望獲得的是活動所代表的媒體報導和活動的消費者。在電視機前觀賞奧運的人包括消費無酒精飲料、零食以及速食的人們。他們會為了商務和休閒飛行，可能會有一部車，也可能會使用塑膠而付了石油的錢。當主要的品牌遇見大量的目標群眾時，這樣大型的贊助便成為一個廣大的大眾行銷機會。

圖4.4　Orange公司的宣傳活動噱頭

法國電信業者Orange公司在全歐洲幾個國家贊助每週一次的「二人同行一人免費」的電影日活動。此外，他們也致力於從事公關噱頭。為了宣傳他們新推出的Orange週三iPhone App日，Orange公司請領座小姐分送爆米花樣品，裡頭附上一張下載App的說明小傳單。這些在過去所謂的香煙小姐在1950年代很流行，她們的工作是負責在戲院販售香煙和糖果。

顯然大型的活動能夠吸引重要的贊助商競標，出價最高的得標者就能獲得這個地位。當這些情況皆考慮進去時，確實會引起了贊助商是否行合趨同的有趣問題。共同點似乎就是成為關鍵多數，而活動與贊助商全都是重要的演出者。

> 蘇格蘭活動局（Event Scotland）是負責宣傳蘇格蘭成為活動目的地的國家機構，該機構的總執行官保羅‧布希（Paul Bush）談到贊助費用的問題：
>
> 國際體育賽事在市場上蓬勃發展，因此有些管理機構索取過高的費用。

像奧運這樣的體育賽事會因為正面的品牌關聯性，吸引可觀的贊助經費，以及一大群全世界的目標群眾。這些活動在協商和競標過程中具有相當大的影響力。大品牌通常意味著有大型的國際通路以及行銷表現。大品牌必定被認為比他們的競爭對手更有實力。讓自己與一個像奧運這樣的大事件產生關聯，會讓自己似乎比沒有關聯的品牌看起來更大一些。

> 在香港的中國新年遊行是由國泰航空（Cathay Pacific Airways）所贊助，一場結合燈光與煙火，壯觀的國泰國際中國年夜間遊行讓活動達到最高潮。2010年是國泰航空連續第12年冠名贊助這場遊行，證明該企業對這項活動著實貢獻良多。當諸如此類的大型機構明顯察覺到這樣的關聯性深具價值時，贊助作為品牌推進器的特性便不言而喻。
>
> （www.cathaypacific.com）

當然，贊助並不只是應用於全球活動和跨國品牌上，這個概念全體適用。一場由當地飯店贊助的地方性花卉展與一家連鎖飯店業者因為贊助一場大型的電視轉播文化活動而獲益的情況極為類似。這家飯店獲得與正面事件相關的宣傳，而且與未贊助花卉展的飯店就產生了差異。這兩個例子之間的差別就只是規模大小的問題。

確認潛在贊助商

在你開始確認適合你的活動與行銷策略的潛在贊助商之前，千萬記住贊助既不是捐贈也不是慈善事業。雖然你可以同時兼顧贊助與慈善捐助，但是為了支撐你的預算收益面，這會是兩種非常不同的機構。即便慈善禮物的發送是出於利他的用意，然而贊助商也會尋求投資報酬。這個報酬並不完全與立竿見影的金錢報酬相關聯，尤其是當投入的是大品牌和機構時，它同時也跟因為此關聯性而獲得的形象因素有關。當你在推銷贊助機會時，應瞭解在潛在贊助商心中投資報酬的想法，因為一個不合宜的訴求將無法符合他們對於參與該活動的期望。區分贊助商心中所預期的報酬類型是很重要的，因為它將有助於確認潛在贊助商。報酬類型可能是即時的金錢報酬，或者可能是提升形象，或接觸新市場或是獲得媒體報導。換言之，贊助商所尋求的投資報酬不盡相同，而且活動行銷人員在尋找贊助機會的目標時，應該要留意所提供的利益範圍。

另一個在確認潛在贊助商時必須區分的是活動類型。當你開始根據各企業政策中贊助與不贊助的活動類型而從清單上刪除潛在贊助商時，這點特別重要。不過，機構可能會對於某些活動類型所代表的意義擁有先入為主的想法，而活動行銷人員就要找機會以特定的方式針對特定的贊助商報告他／她的活動。這種有創意的銷售法將擴大獲得贊助的可能性。在尋找贊助時，活動行銷人員也應該要有失望的心理準備。尤其是當瞄準大公司時，要記住他們一年可能會收到幾百份或

155

甚至是幾千份的贊助企劃書。有限的預算使得設法配合你的贊助商更顯重要。

　　一旦你決定贊助商的類型，或者更可能的是，贊助商的組合，你就能夠開始研究對於贊助有興趣的機構，它們是否與目標群眾以及你所製作的活動類型相關。當你開始與同事討論潛在贊助商時，你一定會發覺贊助商到處都是；你不僅只該鎖定大型的跨國企業，中小型的事業體也是你的選項。別因為你認為那些贊助商的公司太小而將他們從你的清單中刪除。要視活動的規模和範圍而定，有時候獲得較小型的贊助商支持會比獲得一、兩家大型贊助商的支持更符合成本效益。當你在尋求贊助時，必須記住預算編列的首要經驗法則就是凡事都要付出代價。包括贊助在內。

　　再次重申，贊助並非捐贈。這是一樁商業交易，你同意宣傳贊助商的機構或品牌以示你的活動對他們所具有的價值。不僅僅執行這樣的協議有個價格，它也會影響你的預算支出，而且也會需要相關的成本。當你在考量潛在贊助商時，預算問題變成要檢視的前幾個項目之一。執行這項協議的收支比值得你努力去爭取這份贊助嗎？你尋求贊助是為了進一步達成你的活動財務目標，因此當你在考量選擇時，在你心中必須將它放在第一位。

　　當你在與一個機構商談以開發潛在贊助商時，下一步就是要問：「誰是你的朋友？」以及「他們的興趣為何？」想要發展與潛在贊助商之間的關係，最好的情況就是已經認識與這個贊助商相關的人士。機構甚至可能並不明瞭這之間的可能性。某位在這個機構裡的人認識在XYZ企業裡的某人是常有的事。這對於獲得第一個贊助案可能會有很大的幫助。

　　當你在確認潛在贊助商時，多做研究準沒錯。若未適當瞭解這些公司的價值觀、核心觀念以及行銷策略，你企圖要爭取贊助的話就注定會失敗。假如在員工當中沒有研究人員，那麼就聘請一位，即使是兼職亦可。如果研究人員發現某家公司的執行長或是總裁有偏好的休閒、嗜好或是理念，就能發展出許多的贊助關係。

　　萬事達卡（MasterCard）是職業高爾夫球巡迴賽（PGA Tour）和冠軍賽（Champions）的官方付費系統與贊助商。多年的合約使得萬事達卡成為PGA Tour的商店、錦標賽選手俱樂部（TPCs）以及其他地點偏好使用的付費方法。高球好手湯姆‧華森（Tom Watson）和娜塔莉‧古爾比斯（Natalie Gulbis）是他們的全球代言人。由萬事達卡贊助的錦標賽包括由萬事達卡所承辦的長青公開冠軍賽（Senior Open Championship）、阿諾帕瑪邀請賽（Arnold Palmer Invitational）、萬事達卡冠軍賽（MasterCard Championship）以及萬事達卡經典賽（MasterCard Classic）。有鑑於全球風靡高爾夫球，這表示贊助的舉動確實受到大眾的矚目。不過，他們並未將贊助的安排侷限於高爾夫球。萬事達卡也贊助歐洲冠軍聯盟足球錦標賽（European Champions League Soccer Tourament）、美國職棒大聯盟（MLB）、全英音樂獎（BRIT Awards）、林肯中心爵士樂社（Jazz at Lincoln Center）、萬事達卡香港奢華週（MasterCard Luxury Week Hong Kong），以及澳洲時裝週（Australian Fashion Week）等等。該品牌利用活動贊助作為它行銷傳播的主要部分。

（www.mastercard.com）

　　你的研究也應該包括評估你的潛在贊助商資格所需的資料。如果有的話，他們過去贊助過哪些活動？他們現在正贊助哪些活動？你的研究也應該判斷該公司的行銷策略，包括公司的目的與目標，以及他們可能達成你的活動目的與目標的方式。

　　在你的研究階段確認贊助你的活動的機構並沒有任何對活動機構不利的隱藏企圖是很重要的。最後，你的研究應該要驗證潛在贊助商

的經濟實力。行銷人員必須確認贊助商有財務能力來支持這項商業行動。

下一步就是為每個贊助商擬定你的攻略。由於潛在贊助商有他們各自的需求、希望以及要求，當你要與他們接洽時，你必須擬好個別化的訴求。活動行銷人員常常會發現最忠誠的贊助商就近在眼前。會員、參展商、批發商以及通路商都是已經做過承諾的，而且他們與活動機構在財務上有休戚與共的關係。

假如你預估某個潛在贊助商希望而且預期它所投資在你的活動上的金錢將得到可量化的回報，那麼你要讓活動製作人知道這則訊息，以便未來加強你吸引贊助商的能力。為贊助商評估投資報酬率（ROI）有三個廣泛的方法：

1. 估量消費者對於贊助商的商品或服務知曉的程度或是改變的態度。
2. 估算贊助商的商品或服務銷售量的增加。
3. 比較贊助商導向的媒體報導與等同效果的廣告成本。

在前二個方法中，贊助商必須遵守某些要求。為了估量消費者的知曉程度或是改變的態度，贊助商必須要有一個贊助前的知曉程度或是消費者對於贊助企業及其商品或服務的態度。贊助商也必須維持其商品或服務現有的行銷水準，如此才不會影響ROI的結果。最後，贊助商必須決定它希望估算哪一個目標——譬如銷售量的增加、品牌知名度的增加，以及消費者態度的改變——而且應該一次只追蹤一項變數。

同樣重要的是，你也要瞭解贊助商參與你的活動不可能是與其他行銷變數隔離下單獨進行的行動，因此你與贊助商之間任何的交易都應該在完全通曉他們總體行銷方式的情況下進行，這樣贊助的效應才能被獨立檢視。

效應評估

　　贊助商必須要有活動前的品牌推廣程度，才能與活動期間和之後的品牌知名度相比較。這類評估通常適用於長期贊助某活動的贊助商身上，而且進行的時間會歷經數次的活動循環。贊助商必須訂定預期品牌知名度或對該品牌的態度改變增加的數量或百分比之目標。在評估銷售量方面，贊助商可能會鎖定在許多的選項上，最明顯的就是它對消費者的商品或服務的銷售量增加。贊助商可能而且也會想要追蹤其配銷管道的增加、在銷售點的展示中獲得較好的位置、在利基市場或生活型態的市場中獲得新的客戶名單，或者對現有的用戶增加銷售數量。

　　贊助商可以用來測量銷售量增加的一些方法如下：將活動前、中、後特定時間的銷售額與之前幾年相比較，將活動舉行的地理區域與全國類似市場的平均表現相比較、分析購買證明的促銷方案（拿購

　　布帕健康壽險（Bupa Health Insurance）是英國一家提供民間健康服務的機構，它是北方大路跑（Great North Run）的贊助商，這是一個開放給民眾參與的迷你馬拉松型態的活動，媒體爭相報導。布帕是大路跑系列活動的冠名合作廠商，活動在英國各地舉行，從5公里到21公里的路程不等。看到一家民間健康服務機構贊助屬於預防性治療的活動是很有趣的，因為這會讓人感覺到他們對於疾病的預防與治療感興趣。雖然顯然預防疾病實際上並不符合布帕的利益，然而與一個促進健康的活動產生關聯卻給人有愛心的形象。

（www.greatrun.org）

買證明可享門票打折，或是以門票／優惠券獲得購物折扣），以及追蹤活動之前及期間通路商的增加數量。藉由追蹤活動在廣播及電視節目中曝光的時間數以及在平面媒體中專欄的篇幅，贊助商也可以評估相較於這樣的曝光如果花錢購買要付出的代價。贊助商也可能對於媒體曝光的型態感興趣（例如全國性新聞vs.地方性六點鐘新聞、全國性刊物vs.地方性週報）。

切實可行的贊助商激勵行動

除了投資報酬之外，活動贊助商也在尋求其他的激勵因素，以便增加他們在活動中的曝光率，並且有助於他們整體的行銷策略。一些非常有效的激勵因素包括媒體購買、交互宣傳、招待活動，以及產品樣本和消費者研究。媒體購買讓贊助商能夠買廣告來宣傳他們與活動的關係，而且所有的促銷方案都與活動有所關聯。

對贊助商更大的誘因就是主辦單位買了大量的廣告時間，再以折扣價賣給贊助商。交互宣傳的機會讓贊助商可以同心協力對利基市場或生活型態市場從事行銷。舉例來說，一家運動用品公司與一家運動飲料公司彼此相互宣傳；消費者憑運動用品公司的購買證明就能拿到一瓶免費運動飲料的優惠券。

有創意的行銷人員在做研究以增加他們的贊助潛能時，將尋找這些機會。招待機會對於潛在贊助商而言可能是最大的誘因。提供娛樂給客戶或是幕僚的機會讓贊助商有可能在現有市場中提高市場占有率、建立新關係，或是答謝員工與通路商。這些類型的活動內容五花八門，例如提供私人的招待帳篷、雞尾酒宴、貴賓席、免費停車證或是專屬的代客停車。

贊助商獨享的任何服務以及會讓贊助商及其賓客更喜愛這場活動的方案都是附加的誘因。一家企業可以利用你的活動來發送試用品，無論是現有商品或是首次亮相的新商品，都是一個有附加價值的誘

圖4.5　Mega Bloks的贊助激勵活動

贊助這場遊行肯定讓積木公司Mega Bloks更接近他們的目標群眾。

因。再加上消費者研究，它讓企業得以直接接觸消費者。透過現場市調所收集的資料，也有助於建立一個新的消費者資料庫。

　　你可以提供給一名潛在贊助商的誘因愈多，能夠談成交易的機會就愈大。就像所有的商業協議一樣，每一方都在尋求最佳的可能利益。透過設計誘因，你就能夠為贊助商所獲得的事物提供附加價值。

物資贊助

　　活動贊助有時會被忽略的領域就是非金錢的贊助商，或者叫做物資贊助商。這相當於是各式各樣的實物交換，這類型的贊助對於新

創或是小型事業體特別有吸引力，並且適用於中小型的活動。假如不可能爭取到足夠的資金贊助，那麼活動便提供了展現服務與才能的機會，這種做法對於活動與贊助商均有利。

讓我們來思考一個例子，有兩個非營利機構的客戶在去年的年度募款餐會上省下了餐桌中央擺飾的費用。他們找上的花卉商和設計師剛好支持他們公益事業，但這兩家廠商認為他們負擔不起贊助的經費。藉由物資贊助（又稱以物易物），他們能夠負擔以商品或服務交換贊助機會。這種協議使得較小型的活動得以進行。在這兩種情況下，廠商得以進軍難以打入的市場中，並以非常少的花費增加了他們的市占率，而且同時間，主辦單位也省下了好幾千美元的餐桌中央擺飾的費用。一家新創事業可能沒有資金投入在贊助上，但是卻能夠供應其商品。

將現金流投入在其他項目中的現有小型事業體也是同樣的情況。雖然活動世界的這個面向為尋求新市場的企業行銷人員提供了特別強大的目標市場機會，但是當你的客戶是公益性質的非營利機構時，這種類型的贊助尤其有效。

芭芭拉‧波梅倫斯談活動魅力：

活動對於品牌和公益事業而言就像一塊吸鐵。非營利事業傳統上整年都在募款，但是一年一次的募款活動卻為主辦單位掙得經濟的基礎。一場活動若經過適當規劃和執行的話，就能夠將各種形式的行銷整合到一個計畫中。活動準確描繪出行銷計畫的核心與精神，而且它的多層次方法能夠接觸到許多該品牌的群眾。

善因活動行銷

思考善因活動的方式有兩種。在第一種情況中，活動籌備者選擇一個公益事業與他們的活動結合。因此公益事業是被用來支持一場活動。當消費者發現有個公益事業需要協助，他們可能比較願意正面回應一場善因活動。能夠更廣泛被宣傳的公益事業因此更可能被認為代表一個真正的需求，而且被特定的市場區塊視為創造出寶貴和重要的協助。

其次，可能有某些熱門的公益事業深植在時代精神中，它們將會產生更強大的消費者拉力，人們在這種氛圍下會決心要藉由參加活動提供協助給他們心目中重要的公益事業，或許因為這樣的參與而變得更加主動積極。此外，專業的贊助機構會選擇某些公益事業來贊助，以作為其整體行銷傳播策略的一部分。就受到活動支持的公益事業而言，你要思考如何符合其需求。

當然，還有許多公益活動不會以這樣的方式來規劃。這是當選擇以活動來促進公益事業的宣傳時，為了要有助於在媒體上以及在集體意識中更生動地來提升公益事業才會這麼做。與先前的活動類型相反的是，在此情況下，公益活動行銷人員是思考選擇正確的活動類型，以活動來吸引與他或她的公益事業最有關聯的人口族群。有些善因活動缺乏廣大的消費群支持以及可能無法引起大量群眾的支持，因為許多消費者並不十分重視公益事業，因此並未將它視為值得參與的活動。在這些各式各樣的情況中，為了灌輸和維持對公益事業的歸屬感，除了其他的行動之外，也需要熱心之士的關係行銷和資料庫管理。如果品牌是個概念，那麼將一個公益事業與一個品牌連結，就能以吸引人的方式來擴展這個概念。

問題是究竟是一場活動被用來行銷一個公益事業，還是一個公益

事業被用來行銷一場活動。無論是哪一種情況，均與瞄準目標的行銷原則相同：協助試圖讓自己與某類型消費者相關聯的機構鎖定目標。對於活動行銷人員而言，留意這類機會是很重要的。它可能包含鎖定新的市場區塊和新的消費者。因此善因活動對於機構和品牌行銷人員而言是有用的，因為他們得以擴大消費群。

> 魁北克冬季嘉年華（Québec Winter Carnival）是由加拿大政府的魁北克樂透彩部門（Loto-Québec）所贊助。活動為期2週半，魁北克以冬季風格來慶祝，活動範圍從狗拉雪橇比賽、雪橇漂流到雪雕和戶外舞會都有。雖然可能沒有穿著暴露亮片裝的長腿辣妹助陣，但是這場嘉年華慶典提供了雪浴和寒帶SPA。魁北克樂透彩部門支持和宣傳各式各樣的熱門活動，有助於全魁北克各區的社區精神。這場嘉年華提供給民眾超過100場的慶祝活動。這些活動是根據它們的觀光潛力以及為當地社區創造社會經濟利益的能力而雀屏中選，就像樂透彩被設計的目的一樣，因此這是一個基於商業機會和崇高目標而引起共鳴的活動贊助計畫。

真心誠意的慈善家與精打細算的慈善家

在贊助與善因行銷之間的關係常常被描述成是企業的贈與，是讓一個機構與它的消費群認為是與崇高理想的事產生連結的機會。產生直接和可觀的投資報酬並不是一個機構決定要參與公益事業贊助的一個因素，然而可能是他們動機背後的因素。它可能被該機構描述成是社會責任，或者就像回饋一樣，但是他們的動機或許最終還是為了商業利益，而且是他們公共關係政策的一個面向。因此善因活動行銷人

員必須喜歡故弄虛玄和玩遊戲，因為潛在贊助商的誠意一定會保留到協商時。

　　這聽起來很諷刺嗎？你可能會認為許多機構都具有社會責任。舉例來說，讓我們看看這幾年來微軟公司捐出大筆善款從事社會福利的例子。比爾・蓋茲一定被公認是有史以來最偉大的慈善家。微軟公司一直以來都被反壟斷的法規窮追猛打，所以如此大規模的慈善事業可能會被認為是精明的行銷策略，以減輕可能造成的損害。當然，它也可能反映出真心的憐憫之情。基本上，無論動機為何，看起來兩者皆是。

　　機構可能會同意贊助善因活動，作為比傳統行銷方法更划算的另一種手段，或者他們可能真的具有真誠的社會責任意識。這點不應該完全被抹滅。企業社會績效的概念比股東導向獲利最大化的概念更廣泛，而且意味著一名贊助商將自己視為社會的一份子，並希望被認為參與社會的自我完善行動中。因此人們普遍認為設計善因贊助的目的並非對於態度和行為有直接影響，說到底還是銷售量。不過，在這句話裡關鍵詞是「直接」。舉例來說，多數大眾媒體廣告的目的並非要對銷售量產生直接影響，而且無疑地，這是一個商業活動。當你在與贊助機構溝通，將他們的調性定位為公益慈善時，體會這箇中奧妙是很重要的一件事，而且他們也會期待這樣的態度會獲得活動行銷人員的回應。當然，這種態度適用於真正的慈善事業參與其中的情況。活動行銷人員無從得知，所以他們必須表現的彷若如此。

　　公益活動的贊助會讓機構與品牌在消費者心目中變得有所不同，而且期待一部分的消費者支持與慈善或是公益相關的品牌並非不切實際；有一部分的消費者有可能因為機構和品牌與特定議題相關而對他們產生正面的觀感。這是一個高度針對性的現象。在世界上有許多重要的公益事業，以及許多重疊的目標族群，他們對這些公益事業有著真切的感受。善因目標市場是活動界可以用來獲得贊助的一個領域，參與的機構可產生共同利益，公益事業本身就更不用說了。

關於善因行銷應牢記的五件事

1. 贊助商想要表現出社會責任感，並試圖藉由活動或多或少達到這個目標。確認你的活動能夠為你的贊助商提供媒體曝光的機會，讓他們呈現好形象。

2. 隨時注意有潛力的公益事業來為你的活動增添價值，而且要讓自己成為處理媒體問題的專家。

3. 你必須要分析以營利為主的贊助商，以確認公益事業已經在他們的規劃之中。

4. 當你試圖要爭取贊助時，為個別的組織量身打造公益事業；適當地設定你預期的目標。

5. 切勿對於善因行銷技巧表現出嘲諷或是傲慢的態度；永遠要表現出完全的真誠。

 ## 結語

　　許多活動均須仰賴贊助以達收支平衡。利用贊助作為一個企業活動精心策劃鎖定目標的方法是大策略方向中的一部分，然而在許多情況下，招募一名贊助商比較是獲得一些經費以支持活動的問題。無論是哪一種情況，這裡所列出的原則均適用。對於較大型的活動而言，這是必要條件；對於較小型的活動而言，採取一個焦點式的方法將有助於提高投資。你的活動必須被視為代表一名潛在贊助商的機會。當這個機會明顯被看到時，原本可能不太願意花錢贊助的企業比較可能表現出想幫助社區的渴望，或者憐憫之情。因此，總歸一句話，你的活動應該要代表利用贊助作為一個投資機會。

　　顯然活動是多層次的現象，他們可以被拆解成各個組成部分，每一個部分都可以被描述成是對贊助商的潛在利益，以他們整體以及傳播的效應來看，是可以被強調的一組利益。近年來，企業贊助目標已經改變了。運動贊助過去經常被視為是為公司爭取曝光的方式，就像香煙製造商和釀酒廠，因為他們不能或者他們選擇不在電視上登廣告。運動贊助（特別是高爾夫球和網球錦標賽）是讓執行長與他們最喜愛的運動員同台的熱門方式。一個共同的看法就是將活動贊助視為取代增加電視廣告成本的另一種選擇。隨著贊助成本增加，公司對於活動行銷也更加富有經驗，於是焦點也開始轉變成將活動贊助視為行銷組合中不可或缺的面向。

Q&A 問題與討論

1. 你會如何向潛在贊助商行銷你的活動？
2. 你的活動如何提供品牌推廣的潛力給潛在贊助商？品牌推廣的潛力是你的活動行銷中的一個面向嗎？
3. 在你的活動中可以提供給你的贊助商和他們的親朋好友哪些娛樂活動？這種娛樂適合你的活動嗎？
4. 你將如何把你的活動當做公關機會向潛在贊助商行銷呢？你會根據不同贊助商而改變宣傳計畫嗎？
5. 對於利用活動作為市場研究機會的贊助商，你會如何滿足他們的需求？
6. 假如你的贊助商的員工將要投入活動中，你要如何讓他們參與？擔任何種職務？
7. 你的活動可以如何為你的贊助商營造社區關係？
8. 在你的活動舉行期間，你的贊助商的直接銷售能力如何？
9. 哪些值得努力的公益事業將吸引贊助商加入你的活動？你知道為什麼嗎？

10. 你的活動可以如何描繪成從事慈善事業的機會？你會以那種方式行銷嗎？

11. 你希望在你的活動中傳達哪些意義與價值給贊助商的顧客群？

12. 你的活動有哪些面向將吸引哪種贊助商？為什麼？

13. 你已經將你的活動原本的意義轉變成可能引起贊助商共鳴的劇本了嗎？

14. 你將如何為贊助商評估和傳達你的活動的影響？

15. 你將如何開發、徵求以及衡量物資贊助？

實用網站資源

1. **http://www.sponsorship.com**
   Sponsorship.com由創新管理諮詢公司IEG所經營，其在贊助行銷方面為國際級權威。他們為了尋找適合的贊助商或是為了贊助適當的活動，掌握最新的產業動態以尋找靈感。

2. **http://marketing.about.com/od/eventandseminarmarketing/a/sponsorship.htm**
   About.com為贊助行銷提供簡單明瞭的定義與介紹，以及它可以如何被用來展現你的產品、品牌或公司。

3. **http://www.brandchannel.com/features_effect.asp?pf_id=98**
   伏擊式行銷是贊助行銷的一個特別面向。身為一名行銷人員，你應該要注意這點，並且思考它對於你的機構可能造成何種影響。

4. **http://www.sponsorscape.com**
   Sponsorscape是一個國際性的贊助資料庫。你可以在此宣傳贊助機會或為你的活動尋找贊助商。

第5章

*e*化活動行銷

「網際網路將成為未來地球村的市鎮廣場。」

電腦巨擘與慈善家　比爾・蓋茲（*Bill Gates, 1955-* ）

當你讀完本章，你將能夠：

- 有效率和有效能地利用e化行銷來宣傳活動，並且在活動行銷組合中思考e化行銷。
- 分析與增進e化活動行銷的目標市場選擇，以充分利用e化行銷來宣傳活動。
- 在社交網絡的情境中，檢視及有效利用口碑（鼓吹）傳播。
- 設計一個有效、整合、全方位及策略性的e化行銷計畫。
- 找出及有效利用眾多的現代宣傳工具以進行一場有效的e化行銷戰。

■■■ 爲何要強調*e*化行銷？

電子化行銷是所有的活動行銷傳播行動中重要的組成和主流面向，雖然特別以本章來介紹這個主題，但是因為它已經成為活動行銷的基本面向，所以也會在全書中不時被提及。對於許多活動專家而言，e化行銷就是行銷，「e」只是一個贅字。參與行銷活動的人將會發現e化行銷是他們不可避免將要做的事。那就是我們必須強調它的原因。這是一個公認的做法，而且幾乎成為常規。

尤其是當資源有限時，網際網路以及裡面的社交網絡都可以代表行銷一場活動將需要被完成的所有大小事。另一方面，一個有多重平台行銷方式的大型活動將會在一個更大的行銷組合中尋求整合網際網路傳播。無論是多大範圍或是哪種程度，活動行銷人員都是e化活動行銷人員。

網際網路已經改變了你和你的客戶以及潛在客戶之間的關係。e
化行銷的成長與重要性需要這個特別的行銷理論（網際網路與社交媒
體）面向來說明與分析，因為它關係到消費者在行銷傳播中的角色。
這點與活動的行銷尤為相關，因為口碑被認為是活動選擇的最前線。

以實務的角度而言，你應該如何處理「網際網路能為你的活動做
什麼」的問題呢？它可能是散播活動相關訊息主要的媒介，而且它應
該是發送活動相關事項主要的據點。在客戶招募與維繫方面，你可以
利用網際網路來發展與活動客戶之間的關係。網際網路是一個日趨活
絡的交易場所，而且活動付費透過電子金融轉帳來執行亦指日可待。

對活動而言，網際網路是一個快速發展的廣告媒介，而且透過線
上研究的機制，它可以被當做是收集關於消費者資料的方法。當然，

圖5.1 網際網路——快速發展的活動行銷媒介

這是從多倫多國際影劇節（Toronto International Film Festival）網站中截下的畫
面，在你的右側可看到「現在購買」和「分享」鍵。訪客可能專注的時間不
長。提供立即購買的可能性增加了銷售的機會。「分享」的圖示中出現了連
結到不同社交網絡的訊息（在本例中，有推特上的留言、臉書的連結、新聞
網站Digg的書籤或是MySpace的連結）。此外，點擊一下「＋」鍵就能進入到
超過300個社交網絡中分享這個內容。

171

它也是社交網絡管道運作的媒介。總之，對於活動行銷人員而言，它代表一個強而有力的行銷引擎。

如果沒有網際網路的雙向傳播，那麼電腦就只是另一個以螢幕為工具的管道，一個廣告的地方。它會是一個將目標細分的管道，既代表媒體也代表消費者區塊，對於接觸大眾和小眾目標族群很有用，但就是一個管道。事實上，它比較像是一個錯綜複雜的迷宮，因為線上的資訊流是在全世界無數環環相扣的連結中傳播。網際網路所提供的雙向傳播的程度形成行銷作法上的革新，但是它必須比另一個選擇更進步。在今日，機票幾乎完全是線上商務，但是大多數的肥皂還是在超市裡販售。網際網路變動得非常快，而且是處在一個持續變動的狀態。使用網際網路作為行銷工作主要工具的活動行銷人員應該要花時間研究，甚至閱覽相關部落格（譬如Mashable），才能跟上創新的腳步。

芭芭拉・波梅倫斯談新媒體：

活動企劃需要利用傳統媒體和新媒體來接觸目標群眾，可能包括社群、商業、貿易、員工與外部關係。病毒式媒體具有感染力，而且對於品牌策略也會產生指數效應，利用快速倍增法將訊息傳遞給成千上萬的消費者。

社交媒體與新科技能夠加強你能獲得的正面曝光，而且這個經驗領域的範圍資源豐沛。有社交新聞網站，例如Digg和Newsfine，社交分享網站Flicker、Snapfish以及YouTube，社交網絡如臉書和領英（LinkedIn），社交網路書籤如Faves和Delicious，還有搜尋引擎最佳化（Search Engine Optimization），這是一個能將你的資料放在網際網路搜尋第一位的技術。

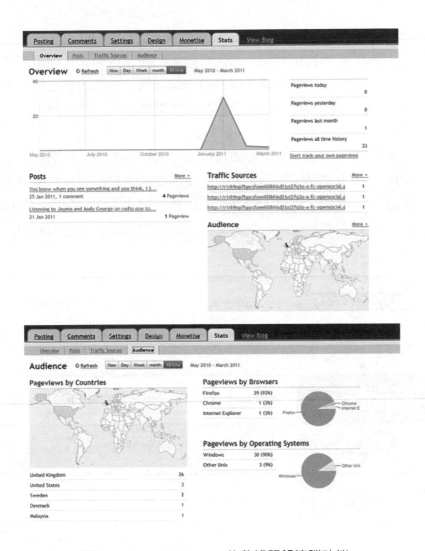

圖5.2　Google Blogger的數據記錄追蹤功能

Google Blogger有個功能是讓部落客可以在他們的控制面板上追蹤關於他們的部落格重要的數據記錄。它不只讓每一名部落客可以看見他們的貼文產生了多少瀏覽量，他們也能夠瞭解全世界哪個地區對他們的部落格最感興趣，以及哪些瀏覽器和作業系統最常被用來閱覽他們的部落格。這個功能對活動籌辦者極為有用，因為它讓他們知道哪些地方的人們最感興趣，而這就是潛在目標族群的所在地，因此籌辦者可以收集地理區域資料來鎖定他們的興趣。此外，它也讓籌辦者瞭解到他們在哪個地區流失了目標族群，以便讓他們策略性地規劃如何瞄準那些潛在的市場。

　　各種社交網絡管道所代表的傳播潛力以及一般的個人電子通訊與計畫性活動的成敗特別相關。為什麼會如此呢？首先，它促進了意見分享，這向來都是活動消費者行為的一個層面。其次，它可以當做活動的售票網站，而票務已經幾乎都在線上交易系統完成。所以說，網際網路適合活動。

　　根據臉書的說法，社交媒體行銷人員的角色就類似於活動企劃人員的角色。兩者都必須吸引客人並提供娛樂給他們，並在體驗過後留住這些客人。是的，沒錯，但是這也同樣適用於商店和餐廳以及休閒俱樂部，所以需要更敏銳的觀察。社交媒體的行銷人員必須利用現有

foursquare	2009年成立	註冊用户超過60,000,000
twitter	2006年成立	註冊用户175,000,000
facebook	2004年成立	註冊用户超過500,000,000
CS CouchSurfing	2004年成立	註冊用户2,613,845
Linked in	2003年成立	註冊用户90,000,000
LIVEJOURNAL	1999年成立	註冊用户30,402,082

圖5.3　驚人的傳播程度──加速的口碑宣傳

的資訊流，並且在虛擬社交網絡中的個人與團體之間撒下正向傳播的
種子。

　　長久以來，人們就已經瞭解口碑對於行銷傳播的影響力，尤其是
對於活動。社交媒體行銷在從事行銷傳播時也是順著口碑來操作。從
行銷傳播的發送者和接收者之間的關係來看，這種經驗使得行銷概念
逐漸發展，而且象徵消費者口碑的迅速增長，在活動行銷的脈絡中，
由於它影響了人們對活動的看法，因此這點值得特別關注。

技術融合

　　手持裝置是技術融合的終極表現。它指的是電話或是影像電話。
它可以下載高畫質的電影。它是照相機和攝影機。它是一部電腦，也
是一部電視。它是網際網路。它幾乎可以給你任何你想像得到的通訊
應用。就各方面而言，它不只是技術的擴充，也是人類大腦的延伸。
它不是靜態的，而是會伴隨你到任何地方，並且讓你接觸各種人、
事、物。你可能也會有一部筆電或觸控式的電腦裝置，它們的體積愈
來愈輕薄，功能愈來愈強大，讓你在移動中使用科技產品時更有型。
這個革命已經發生，或者正在發生，而且無疑地會繼續發展。創新者
以及早期使用者建立了標準，而這些標準現在在大眾市場中也已經為
人們所接受。即使是跟不上科技的人也都有手機。科技與通訊融合在
手持裝置中加深了行銷活動的意涵。無線通訊很快就會變成常態。我
們所呼吸的空氣充斥著從這個裝置飛到另一個裝置的數位資訊，我們
就像在這片汪洋大海中游泳。通訊無所不在，而且虛擬與真實纏繞在
一起，已經不容易分辨哪個是哪個了。這些聽起來可能完全像是一名
行銷人員的夢想世界，因為渴求資訊的消費者須仰賴科技過生活，因
此有無限的傳播潛能。

　　記不記得當人們認為都市快速道路是開車族夢想的時期，以及

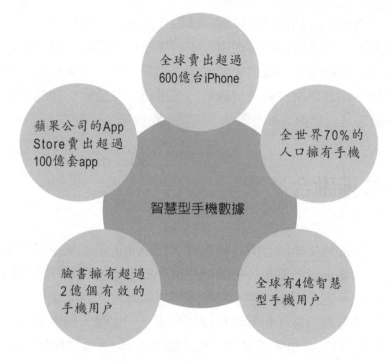

全球賣出超過
600億台iPhone

蘋果公司的App
Store賣出超過
100億套app

全世界70%的
人口擁有手機

智慧型手機數據

臉書擁有超過
2億個有效的
手機用戶

全球有4億智慧
型手機用戶

圖5.4　智慧型手機世代的興起

一家多車的觀念使得交通自由度達到最高峰的時候？但現實狀況有點
不同——交通堵塞得更嚴重了。願意付費的人可以進入比較不塞的路
段，但是這些路段很快就塞滿了車。更多車子開上更多道路，這兩個
因素加在一起並未實現開車族的夢想。

　　那麼更多的通訊和更多的手持裝置會是活動行銷人員的夢想嗎？
答案與交通堵塞有著驚人的類似。因為數位流量這麼多，所以真的很
難脫穎而出和被注意。因此，微調你的e化行銷並確定你投入了一些關
注在e化行銷的概念和執行上是很重要的。

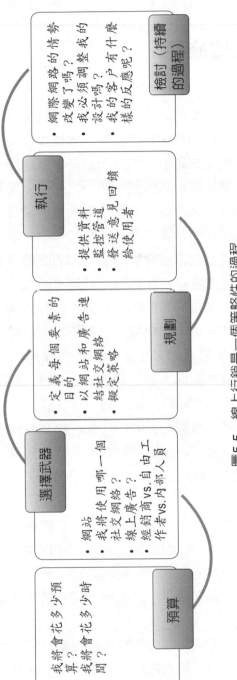

預算

- 我將會花多少預算？
- 我將會花多少時間？

選擇武器

- 網站
- 我將使用哪一個社交網路？
- 線上廣告？
- 經銷商vs.自由工作者vs.內部人員

規劃

- 定義每個要素的目的
- 以網站和廣告連結社交網路
- 擬定策略

執行

- 提供資料
- 監控管道
- 發送意見回饋給使用者

檢討（持續的過程）

- 網際網路的情勢改變了嗎？
- 我必須調整我的設計嗎？
- 我的客戶有什麼樣的反應呢？

圖5.5　線上行銷是一個策略性的過程

網頁的必備條件

你的活動網站是做什麼用的？它看似不可或缺是可以理解的，而且不用說，網際網路是我們這個時代主要的傳播媒介，因此詢問它做什麼用似乎是個蠢問題。事實上，這是一個必須問的問題。你的網頁主要是提供資訊嗎？還是電子佈告欄？另一方面，你是利用你的網頁作為收集關於客戶與潛在客戶資料的方法嗎？這個網頁是為了維繫已經與你的活動相關的客戶嗎？或者你希望它將作為一個吸引新客戶到你的活動的方式？你將整合哪些傳播方法到你的網路首頁中？這是一個電子廣告還是部落格？它是一個提供活動消息的方法還是電子郵件設施？它可以作為社交網絡的入口嗎？在線上資料的迷宮裡容易找到它嗎——它會依照各種關鍵字的標準出現嗎？它使用起來簡單方便，同時又充滿現代感嗎？它看起來不錯，而且為你的活動增添了聲望嗎？它能夠提供給你關於誰進入過這個網站、何時以及為何等詳細的資料嗎？上述所有問題的答案都必須是yes。

在我們很難再稱其為虛擬的世界中，你的網頁就代表你的活動，因為它已經是大家公認為日常生活中習以為常以及無所不在的部分。它可能是你的主要設備，執行上述許多的行銷功能，所以你應該利用其潛能。

一個網頁也應該被認為是一個安全港口。雖然社交媒體，例如臉書和推特，無法真正被控制，但是網站就代表在創建者的掌控之下，而且以網站擁有者所偏好的方式來呈現與修正。此外，搜尋引擎有可能將官方網站列為首位點擊項目，只要網站細心構思，就能讓搜尋引擎發現到它。

網際網路的使用者養成專注力短暫或缺乏耐性的習性，而且一般而言，假如他們在數次的點擊次數內沒有找到他們正在尋找的內容，

他們可能就會轉往他處。因此，無論活動行銷人員希望他們的網站達成哪些目標，基本的活動資訊應該是最重要的——活動內容、地點、時間以及票務資訊。通常，這些都是大多數的使用者會搜尋，並且希望盡快找到的資訊。

圖5.6　簡單明瞭的網頁資訊是e化行銷必備要件

平價復古時尚展（The Affordable Vintage Fashion Fair）每年在英國23個主要城市繞行一周，從倫敦一路展到聖安德魯市。活動網站在活動前、中、後都經過更新，它是e化行銷提供訊息與宣傳的絕佳例子。網站設計對瀏覽者而言，簡單明瞭又賞心悅目，在上方正中央有一個簡單的瀏覽表，讓瀏覽者收集關於活動日期、時間以及地點的資料，在線上購買商品，同時也能訂閱這場展覽會的部落格，該部落格會定期更新，讓瀏覽者密切注意最新活動、促銷以及來自主辦單位和參與者的推薦文。請注意連結到活動的推特推文以及臉書頁面的兩個入口圖示。

　　一個恰如其分的網頁對於規模不大的活動而言可能是一筆大投資，而且應該被認為是活動的必要投資。由於活動資訊的散布在網路上是不受限的，因此必須特別重視資料的準備。這與傳統的廣告應用是不同的模式，傳統上最大的成本來自於購買媒體。就e化行銷而言，成本應該加諸在訊息上，這些訊息將藉由一個有機的社交媒體網絡散播出去。此外，假如一名活動行銷人員選擇要投入社交媒體，那麼就應該要有一個策略性的規劃時間表。社交介入的時機不應該只是暗中進行，而是作為這個過程中不可或缺的部分所積極加入的活動。這表示不只是一年當中的某段時間、月份或星期，還有一天當中的時間，因為在即時傳播的時代由於時間壓縮的因素，所以需要一個精準的介入時間表。

圖5.7　考慮不周的網頁設計失敗案例

雖然網站必須要為瀏覽者提供資訊，但是也必須要簡單明瞭。本圖是一個考慮不周的網頁設計的例子。它的畫面沒有系統性的流向或是對該公司或服務有清楚的說明。整個網頁在視覺上太繁雜；瀏覽者無法專心地試圖找到他們正在尋找的內容，導致瀏覽者極有可能轉移他處尋找較易獲取資訊的網站。

網頁參與

　　你希望你的網頁有號召力，也就是具有吸引人並且讓人想參與的特點，讓瀏覽者會想要停留在這個網站上並到處看看。你的活動有可能成為他／她生活的一部分，因此網站也應該如此。你的網頁使用起來要輕鬆愉快、瀏覽時標示清楚，而且在操作時反應迅速嗎？稍有閃失，你就會低於大家公認的業界標準。網際網路是一個主要的視覺媒體，所以你的網頁應該要看起來有趣，而且賞心悅目。這些真的都

圖5.8　輕鬆、方便瀏覽的「參與網頁」設計

西南之南（South by Southwest）嘉年華會的首頁有這個慶典的所有相關資料，包括藝術節的日期、即時新聞與新聞集錦、報名及參加藝術節的方式，以及贊助商的廣告宣傳。

是必備條件。很多人都在談論網頁設計的互動性。它真的只是意味著當造訪你的網站的人們在進入時，你應該要給他們一些事情做。網頁瀏覽者都是造訪你家的訪客，所以你不會只是請他們就座然後不理他們，而是要試著開始與他們聊天，讓他們加入一些活動，並找出他們想要什麼。你在家中所採取的待客之道也適用於你的首頁。它應該是一個人們喜歡造訪之地，而且樂意被別人看見的地方。假如他們在你的網站上感覺不悅，你要如何期待他們樂意被其他人看見他們出現在你的活動中呢？網站是活動的一部分，如果你的網站訪客在虛擬的意義上並未獲得他們正在尋找的東西，他們怎麼知道現場活動是否能夠給予他們所尋找的事物呢？

網頁使用方便性

在網頁設計中，流量管理的概念已經被視為是參與的關鍵，並關注使用者沉浸於網路經驗的感覺；這點與活動網頁特別相關，因為經驗就是你的生意。但是關於流量的概念，在網路設計者這一方其實有一個奇妙的想法，亦即上述流量管理的目標是要讓網路使用者察覺到他們正在掌控自己在網站上的互動。流量管理者將發現人們實際上真的掌控了他們在線上的互動，而且別忘了，僕人的天性就是提供協助給控制他們的主人。儘管如此，你還是要努力讓訪客樂意接近你的活動，光是體驗你的網站就感覺到參與其中。經由一連串流暢、環環相扣的路徑順利點擊的進程，帶領使用者到達他們想要到的地方，並且提供機會連結到他們想要去的地方就能達到這個目的。

為了維持網頁暢行無阻，活動行銷人員必須考慮技術標準。儘管在過去人們認為具備愈多功能愈好，並且將它們量身打造成一個特殊的瀏覽者版本是流行趨勢，但是我們現在身處於一個多重平台的世界中，你的網站將能經由許多系統與裝置進入。舉例來說，一個活動網站假如未能在智慧型手機上運作，那麼這個網站幾乎就沒有太大用

處,因為這是許多活動用戶會研究和交流關於這場活動的標準裝置。難就難在建立一個豐富有趣且流暢的網站,讓使用者無論使用何種裝置來瀏覽都能有令人欣喜的經驗。

---

e化行銷對你的活動有五大影響

1. 透過網頁、廣告和社交媒體,網際網路變成獲取你的活動相關資料的主要來源。
2. 社交媒體變成消費者彼此交流你的活動相關事宜的平台。
3. 行動科技模糊了虛擬與現實之間的界線。
4. 你的活動網站應該要被認為是一個多功能的行銷工具,而不只是一個電子海報。
5. 你的活動的銷售點資訊管理決策與交易行為現在幾乎都在線上進行。

線上行銷的發展

線上行銷象徵行銷觀念的巔峰,而且被某些人認為是最成熟的行銷手段。這是一種觀點。或許他們是指技術上的精熟。

不過,以線上活動所呈現的消費微行銷模式在20世紀已經成為行銷原理的終極目標。其軌跡是從大眾市場走向區隔市場,較小但更明確的消費群由日益分化的專門媒體來服務。隨著時間的推演,市場區隔愈來愈小,而且愈來愈專精。為何如此,理由簡單明瞭。

假如在某個市場區塊中的每個人都有相似的人口特徵、觀點或是傾向,那麼行銷訊息就更能命中目標。雖然大眾市場千真萬確依然

是娛樂活動與時事產業的核心，然而它卻是被許許多多相當具有目標性的管道所圍繞，而這些管道本身又被各式各樣的個人通訊地址所環繞。因此，針對某個市場區塊進行行銷是媒體分化必然的結果。一個市場區間的大小就看市場被細分的程度而定。

網際網路徹底改變了媒體的概念。每一個網址和手機號碼都是個人獨有的，網際網路用戶本身就是媒體的一部分，因為大量的資訊分享通常都是在網路上進行。這個行銷演進的結果似乎增加了複雜度。一般而言，這似乎就是演化的結果。

那麼，對於活動行銷人員而言，e化行銷要如何適用於更大的行銷計畫呢？活動行銷的6P有助於我們仔細思考這個問題，並且以不同的方式和不同的觀點來思考e化行銷。

你的活動在網路上的呈現是產品的一部分，也是整體經驗的一部分。你的e化行銷工作是跟著活動本身一起被消費。消費者喜愛他們與e化產品的互動應該要與跟實際活動的互動一樣多。

通常，你的e化行銷要與價格的概念相連結，因為這是執行交易的場所。在這個接觸點上價格是有根據的，而且活動行銷人員有機會強調有關於價格附加在活動中的價值。這裡是消費者將決定要不要購買的地點，而且活動價格的操作應該要讓活動達到最大的利益。假如一場活動有複雜的定價結構，那麼e化行銷將成為傳播價格的媒介。

網站是目的地，亦即人們會去的地方。這個看法是虛擬典範的核心。這個網站容易進入嗎？假如你知道確切的座標，那麼一個只有在特別指名時才出現的網站就會容易進入。

假如我用Google搜尋「一場特別活動.com」，那麼我就能直接找到到達目的地的路。萬一我用Google搜尋「這個週末在西雅圖要做的事」會如何呢？這個指示會直接通往你的網站嗎？投資與你的活動密切相關的關鍵字架構是值得的，如此一來，它就能成為一個容易找到的地方。

在這種情況下，e化活動行銷人員應該注意搜尋引擎最佳化（SEO）的概念。雖然在搜尋引擎（例如Google）內的機制是該公司

最有價值的機密，然而一名行銷人員設計其網頁的方式亦能影響搜尋引擎察覺它的路徑也是千真萬確的。SEO背後的思考方式基本上是要瞭解搜尋引擎如何運作以及結合活動用戶正在尋找什麼的觀念。其目的是當使用者在搜尋時，要讓你的網站出現在前幾位。其基本原則是去思考你的網頁內容，讓它適用於預期的關鍵字和詞組，無論是狹義地應用在你的活動中或是廣義地與你的活動所呈現的內涵相符。在檢視完許多的活動網站後，你將發現通常在語言使用上都會有一個特別的活動產業常規，你應該將它視為基準來遵循，它將會把你的活動納入在大家公認的參照標準中。你應該確認在你的網頁的標題與說明中採用了最有影響力的關鍵字和詞組，而且你應該要在你的網站中放進包含了較次要關聯性的背景內容。請記住務必在標題與說明中標示你的活動名稱、地點與日期。欲測試你的設計最簡單的方法就是以你用來為你的網站編碼的關鍵字來做研究，看看它們會帶你到何處。假如它們不夠準確，那麼就要重新構思，一直不斷的重新思索，直到你發現你的網站能見度提高為止。誠實的評估你的活動所含括的內容以及其所代表的意義將能產生最佳的結果。

有鑑於網際網路的無所不在以及搜尋引擎的複雜性，因此大規模的活動所使用的媒介可以從專業的SEO廠商提供的服務中獲益，他們是專精於提高網站相關性與能見度的顧問，而較小型的活動應該要考慮獲取熱心的非專業人員的服務。再次強調，重點在於誠實，因為假裝試圖要引導流量到你的網站可能造成搜尋引擎管理將某個網站從它的系統中移除。

宣傳就是推廣，在行銷的脈絡下，這是指引起一群目標群眾注意的活動。顯然，活動行銷利用網際網路來做這件事。不過，假如我們思考在較廣大的行銷界中，以及較狹小的活動行銷社群中，普遍都知道SEO，那麼比下一個人更清楚如何達到最佳化的品牌或活動就能獲得優勢，因此科技的專業知識技能程度及使用日漸成為e化活動行銷的必備條件。

■■■ 網路分析工具

　　假如一個設計完善的網頁代表你的活動的宣傳與交易處理能力，那麼它也要為活動行銷人員執行資訊系統的功能。在最基本的程度上，你將能夠測量你的網站流量，有多少點擊次數以及帶領人們敲開你的虛擬大門的搜尋標準。這就是一般所謂的現場分析。你將能夠看見訪客在到達你的網站之前，他們輸入了哪些字到搜尋引擎中。這是你應該要密切注意的事，因為它在改善你的網頁辭彙以及提升你的搜尋引擎排名方面幫助很大。

　　這對於使用譬如Google這類搜尋引擎在線上獲取資料的人而言是再熟悉不過的概念了。被用來當做鑰匙的字詞完全決定了你最後將會到達哪裡，而且人們往往必須改變用語，搜尋引擎才會引領他們找到想要的資料。它就像是一位等待人們問正確問題才要傳授智慧的頑固大師。

　　當然，就像在上一節所述，這很明顯地會受到SEO相當大的影響。儘管如此，每個活動網站都可以免費使用分析功能，請參考第188頁中Google分析數據的網頁，網站流量一目瞭然。真的沒有藉口說無法分析網路流量以及行銷效益。答案只要點擊一下就會出現，就連最普通的活動行銷人員，只要有最基本的網頁就能利用分析數據讓他們的事業居於有利地位。假如一名活動行銷人員不分析其活動網站上的點擊率，那麼你就必須要問為什麼這麼便捷的操作性資訊會被忽略。

　　你也將能夠利用你的網站作為其他行銷活動效應的指標。分析數據將會告訴你在宣傳你的活動期間以及之後在你的網站上的點擊次數是否有增加，無論是線上廣告或是傳統媒體的廣告。從活動的本質來看，對於尋找活動資料的相關當事人而言，網際網路是第一個停靠站。假如你的廣告設想周全，它將提供給你關於你的網頁的資料或者

Google分析數據是企業級的網站分析結果，可以讓你深入瞭解你的網站流量與行銷效益。高效能、靈活以及容易使用的功能現在以全新的方式讓你看見並分析你的流量資料。有了Google分析數據，你會更知道如何撰寫目標明確的廣告，並且強化你的行銷行動計畫，然後依此建立一個有高度說服力的網站。

（www.google.com/analytics）

立即進入你的網頁，如此一來，網頁分析數據在評估你的宣傳活動效益時就會非常有用。

網頁分析的另一個面向是關於在網際網路上的監控，在社交網絡系統中監聽，並且找出你的活動與人們對話內容相符的程度，亦即對你的活動正面與負面的評價。非現場的分析數據包括測量一個網站的潛在或是準目標族群、能見度，或是與網路社群的廣大相關性。同樣地，只要適度花費就能獲得這些服務。顯然，對於研究分析數據的相關e化行銷人員以及服務供應商而言，這個分析數據的執行可以到精密的標準，並且代表一個高效能的市場研究機會。

當然，你也能夠在你的網站架構中納入意見回饋的機制，那麼你就可以利用你的網站作為收集直接研究資料的工具，譬如利用問卷調查、質性意見回饋陳述、聊天論壇等等。由於活動參與者無論如何都會討論你的活動，有正面也有負面，那麼何不邀請他們在你的網站裡討論呢？如此一來，你也能夠得知如何改進你的活動，但是更重要的是，顧客會被認為你是有互動的、反應迅速的，而且願意接受建議的對象。假如你的客戶感覺到充分的參與感，而且他們覺得能影響這場活動，那麼他們就會產生一定的忠誠度。

187

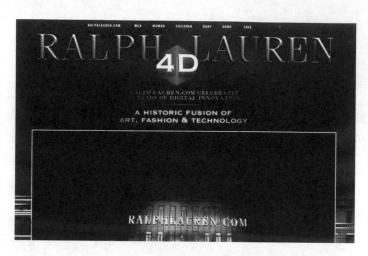

圖5.9　羅夫‧羅倫的倫敦／紐約聲光秀

2010年11月10日星期三，雷夫‧羅倫（Ralph Lauren）在倫敦和紐約舉辦了一場聲光大秀。他們利用所謂的建築繪圖技術，讓他們的商店躍然牆上。建築繪圖是一種投影技術，它利用建築物作為投影的表面，並且融入建築特色，因此創造了壯觀的表演（請見http://4d.ralphlauren.com/）。在預備階段，雷夫‧羅倫就先在譬如Youtube這類的影片平台上發表製作這場動畫的影片，並設立一個網站來宣傳這場活動。在短短5天之內，「ralph lauren 4d」的關鍵字搜尋就高達80萬次之多。下表顯示從10月中到11月中在Google搜尋趨勢服務（Google Trends）上搜尋「Ralph Lauren」的概況。第一條曲線僅表示Google搜尋是否相對高於或低於平均值，而第二條曲線則顯示在網路新聞中的報導。在活動之後當天的搜尋量明顯增加，或許是因為使用者在尋找影片報導。而真正讓人印象深刻的是新聞引用數量在11月7日之後暴增，並在活動當天達到最高點。

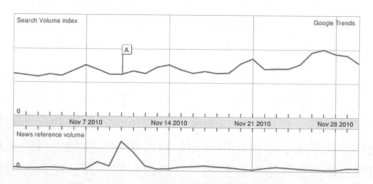

圖5.10　網路用戶因搜尋互動快速而具廣大效應

本圖顯示用戶搜尋與用戶互動比媒體報導更快速，而且即使只有數千人參與這場活動，也有數百萬人已經注意到這兩場活動，因此這場廣告戰產生了巨大的效應。

社交網絡創新技術的擴散

　　由於線上社交網絡的形成，同儕影響力遠遠超出親近友人的概念，活動在論壇中被討論，活動的社交適切性受到評斷，活動的受歡迎程度也被評估。在消費行為中，口碑的重要性在行銷著作中向來只是輕描淡寫，然而它一直都存在。關於什麼好、什麼不好、什麼流行、什麼落伍的資訊在消費者之間散佈，這種現象一直都存在於地方層級，而且事實上仍是如此。

根據蘇格蘭活動局總執行官保羅‧布希（Paul Bush）的說法：

> 目標群眾延後購買，並且基於活動主辦者無法掌控的因素來做決定有日益增加的趨勢。

由於決策者下決定的時間改變，因此網際網路對於報名者和購票者能夠在最後一分鐘參與你的活動扮演了一個重要角色。

　　網際網路因為能利用聊天空間和社交網絡，因此讓資訊得以像病毒一樣傳播。這曾經被比喻成生物學的文化模因理論，裡頭的概念與形式則被比喻成基因。成功的概念就像成功的基因一樣，本身會從一個主體複製到另一個主體，在模仿過程中，從一個大腦轉移到另一個大腦，因此形成像病毒般的擴散。網際網路可以複製關於活動好與壞的觀念，因此活動行銷人員在這個過程中的角色就是要去拋磚引玉，並提供活動資訊擴散大致方向的一般準則。在此要稍微提醒一下，當

試圖要掌控資訊時，行銷人員實際上往往就中止了資訊的流通，因為社交媒體除了談話別無其他，而人們並不喜歡跟他們認為不真誠的人講話。只要行銷人員不被認為是在干擾，那麼傳播的流通就會繼續。因此，極為重要的一點是，社交媒體傳播被認為是由使用者所形成，而不是行銷人員。

由於這種日益簡易和範圍擴大的傳播，就消費者行為而言，口碑比以前更重要了。口碑相當於共同的經驗與風險，而且一場活動的同儕支持有無可限量的價值。相較於人們彼此之間談論這場活動，以昂貴的廣告來頌揚活動的價值效果較小，因此廣告應該要重視人們彼此的對話。線上廣告，無論是突然爆紅或者只是利用這個管道，它都是一個進入流動與波動式連絡網傳播的入口，而且其目標應該是影響資訊流。

最後，你提供了哪些東西會讓人們覺得夠有趣，而想要去瞭解和對別人傳播呢？網路與其他媒體不同，人們可以選擇是否要讓資訊通過他們，所以你必須注意人們可能傳遞什麼以及原因為何。

消費市場中創新觀念的擴散是關於創新的消費者如何影響早期的使用者，後者又再去影響較不具革新觀念的消費者，以此類推。這種消費者行為的觀察早在數位時代之前就已經存在，而且是建立於人們親身互動的基礎上，總是有一群引領潮流者擔任消費先鋒，而其他人則跟隨在後。關於這個市場動力學的觀點有趣的是人們會仿效其他人，而這就是表現性消費形成的動機所在。普遍來看，這表示消費者並非都傾向採取主動。當我們在思考虛擬互動時，這種趨勢的表現是加速且非線性的。當然，有更快速和更廣泛的消費，但有趣的是創新觀念擴散的方式。它從一個降低風險行為的線性發展過程轉變成一個偏向以角色為主的資訊散佈助長作用。

在消費者流程中，不是只有領導者與追隨者，在口耳相傳的過程中，我們可以分辨有不同動機與角色的特定類型的人們。這些詞是用來描述特徵而不是人，因為一個人在社交網絡中的角色將會隨主題不同而有所差異。

　　擔任連結角色的人喜歡與其他人互動，散播想法與資訊，並且將社會中不同的部分相連結。你必須找出資訊傳播者散佈有利於你的活動的消息，無論是業餘或專業，並利用他們來增加你的傳播範圍。這種連結的行為就等同於線上資訊流的有機本質，因為連結不是靜止的，而是流動和可改變的。有廣大連絡潛力的人們因此能夠將你的活動相關消息散佈得又遠又廣。這種行為很普遍，而且雖然連結功能對於資訊流而言很重要，但是它的作用並不是要支持或反對任何事情。

　　另一方面，行家喜歡透過他們的知識影響人們，而且通常會為了要能夠樂在其中而累積知識。只是傳遞訊息是一回事，但是為了影響或反對你的活動而這麼做又是另一回事。行家的行為與創新者的概念密切相關，因為這與最先瞭解新趨勢、流行以及行為的人息息相關。不過，創新可能有特定領域，而且一個人可能在技術上創新但卻喜歡古老的音樂。網路行家擁有透過傳播網絡散佈的影響力。他們是個人自發性地成為權威人物，而且喜歡置身事外觀看影響的結果。然而，在數位世界多的是想告訴別人他們個人意見的人們，因此行家趨勢可能會因為共同性而被稀釋掉。當每個人都忙著抒發己見時，誰會知道誰的影響力值得受到關注呢？

　　有些人會脫穎而出。有些人會因為說服人們相信消費選擇的優點而獲得個人滿意度，而且為了達到滿意度，將以可靠和令人信服的方式來鼓吹你的活動的優點。行家或許太被動而無法完成這項工作，而且可能對於什麼受歡迎什麼和不受歡迎做出一般性得正面或負面言論，但是活動卻得到一位推銷員在說服人們參與。這就是我所說的意思，當提到社交網絡的角色時，它意指行為而非人們。行家的思路在網路上肯定是夠普遍的，但是會有一個興趣與專業知識領域，有助於倡導者或推銷員角色的擴張。那些領域是行家本身主動參與的活動，而且他們對於某場活動的正面觀察將會加速成為積極的行動，讓活動充滿人氣，以證明他們身為趨勢影響者的地位。

　　雖然這些是創新者與早期使用者的變化形式，但是有趣的發展是，在口碑傳播中，影響者的個人動機成為這個鎖鏈中重要的連結。

有影響力的人和網站因此形成一個以入口為基礎的媒體架構，就如我們所見，資訊的流通或是封鎖都是看那些在網路上積極到處散佈資訊的人的好惡而定。在這個系統中有這麼多的交互連結，因此可能很難追蹤資訊的散播。

可以預期的是，在社交網絡的環境中，並非所有關於你的活動的評論都是正面的。它就是一個供評論的論壇。此外，那些前述的創新型態，若不是對你的活動有利的力量就是毀滅的力量。活動行銷人員應該作好準備處理粗暴的評論。忽略或是試圖刪除評論可能會導致更強烈的反應，然而一些規劃周全的行動及回應可以中止或緩和批評。當很清楚地知道關於你的活動的負面訊息均出自特別來源時，你應該要嘗試勸導他們，而不是爭辯或羞辱他們。社交網絡不是一個可以被封鎖的東西——在這方面你是無法控制的——而且，應該要以尊重的態度來影響它，如此在資訊傳播中引起如此關鍵作用的頭號人物就會為你做宣傳。

■ 線上網絡連絡點

你的網站應該是為潛在的活動參與者和影響出席率的人所設計。雖然從美學的觀點而言，網站的外觀和感覺極為重要，但是活動行銷人員要關心的是資訊的散佈以及網站與社交網絡的連結。

你的活動網站應該要具備入口功能，可以進入與你的活動相連結的社交網絡中。就像行銷人員長期以來將資料收集的行動偽裝成促銷活動，因此專門為活動行銷設計的網站被用來當做蒐集個人詳細資料的方式，可以說是直效行銷介入的一面幌子。就像社交網絡相互間傳遞活動訊息一樣，活動行銷人員也有機會對於消費者資料管理主動出擊。換言之，活動行銷人員可以利用社交網絡，但是也可以管理它們。

保羅‧布希表示：

為2009年9月在愛丁堡舉行的世界鐵人兩項錦標賽所設立的臉書群組，起初設立的目的是作為這場錦標賽的宣傳工具，與競賽的選手以及對該運動有興趣的人對談。不過，當這個群組的成員開始詢問：「我們能在愛丁堡看到什麼和做什麼？」、「哪裡有好吃的美食？」以及「我如何從機場到市中心」時，這個群組就變成一個更大的行銷平台了。很快地，這個臉書群組變成「推銷」愛丁堡和個人意見，包括當地人和遊客等等，關於在這個蘇格蘭的首都城市必看、必做和必吃的好東西。

活動為了行銷目的，正開始利用社交網絡工具增加人們對活動的注意，更重要的是賣票，這些依然是較傳統形式的行銷領域，也就是廣告與公關；然而，能夠透過像臉書和推特這樣的媒介直接與你的目標群眾對話，意味著活動目的地的推銷或行銷——可能是較大範圍的國家，或是較特定的城鎮或場地——變成一件更有說服力的事，因為它是根據個人觀點與推薦而來。

此外，這些工具也為活動提供機會努力行銷目的地。如果在臉書上快速搜尋「Fort William World Cup」（威廉堡世界盃越野單車大賽）就會找到455個搜尋結果。有UCI世界盃越野單車大賽（從2002年開始，就在這個場地舉行）的鏡頭，還有在英國第一高峰本尼維斯山（Ben Nevis）降坡道上馳騁的自製片段，每部影片都能讓觀眾一瞥越野單車競賽的愛好者造訪威廉堡時可以期待看到的景物。

假如一場活動定期舉行而且能夠形成一群支持者的話，那麼線上行銷就能促成一個由主要與次要消費者組成的網絡，藉由那些已經參與的人將活動場合延伸，變成延長的互動經驗，也能得到參與感。這個做法是建立在直效行銷維繫顧客的原理上。差別就在於，譬如傳統直效行銷透過郵件，在消費者之間並無互動，然而線上直效行銷只要建立的網絡吸引人，而且傾向經驗與轉化，那麼觀點就會一個接一個產生。活動專屬的網絡本身就是一個進入其他網絡的入口，資訊因此散布開來。何謂「活動專屬的網絡」呢？這需要一些說明；答案相當複雜。第一件要瞭解的事就是這類網絡並非明確的實體，因為它存在於一個更大的社交網絡系統中，但是它無法用一個可察覺的界限來區隔。它可能是一個擁有支持者（就像網絡一般）的推特帳號，一個擁有粉絲（就像網絡一般）的臉書頁面或是臉書／Bebo／MySpace擁有會員（就像網絡一般）的群組。換言之，它存在於一個更大的整體中，但是卻未被標記。不過，這在行銷學中是一個大家所熟知的概念，因為這種市場區塊的想法非常符合一個概念。市場區塊隱藏在一個更大的人口群中，而且絕對不是與比它更大的社會分離，而是屬於大社會中的一部分。「活動專屬的網絡」也是一樣。它確實存在，但隱藏在更大的社交網絡中。

活動行銷人員必須積極思考他們將使用哪些網際網路的管道。這不只是鎖定市場資訊的問題，而且要取得正確的管道。雖然像臉書這類的網站有全球化的特性，但是這也使得它很難被注意或是被聽聞。不同的次文化會利用不同的管道，而這已經超越了一般所認為的社交網絡。例如，還是有很多人，像是在科技業的人，利用新聞群組做資料交流。也有專門以音樂為主的社交網絡（譬如Ping或是Last.fm）或藝術專業人員（譬如linkedIn或Xing），因此應該要以挑選傳統媒體同樣的方式來考慮社交網絡的選擇，並深入瞭解你的顧客使用何種傳播媒體。

在20世紀，大眾媒體被劃分成更多更容易瞄準目標的類別。想想

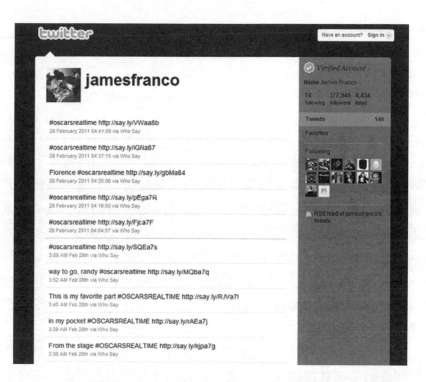

圖5.11　詹姆斯‧法蘭柯利用推特帶給人們全新的奧斯卡體驗

本例為美國男影星詹姆斯‧法蘭柯（James Franco）在2011年主持奧斯卡頒獎
典禮期間，他個人的推特頁面。詹姆斯‧法蘭柯在主持第83屆頒獎典禮時，
同時利用社交網站推特來分享他的活動經驗。此舉在奧斯卡頒獎典禮上實屬
創舉，而且符合奧斯卡選擇新面孔的主持人以吸引更廣泛和更年輕的觀眾族
群的新方向。法蘭柯宣傳活動（和他自己）的新招數將活動帶到一個全新的
平台上，也帶給人們全新的奧斯卡體驗。

電視頻道從少數幾個擴增到今天琳琅滿目的選擇，還有雜誌市場為了
迎合各種你想像得到的興趣和嗜好，也百花齊放。媒體區塊反映出了
複雜性。這是我們在社交網絡中可預期看到的事嗎？時間會證明。現
在已經可以看到一些專門化的現象了。

網路戰略

　　在社交網絡網站上的假朋友是這些線上設施的用戶已知的現象，而且用戶也很清楚滲透的手法。為了進入線上網路的社會中，品牌擁護者就像一般人一樣發文試圖影響人們對某品牌的看法。這種形式的行銷與一般人在網路上被招募成為品牌擁護者密切相關。這或多或少被認為是不太正大光明的手段，但是它確實存在，而且可能很有效。因為普遍認為同儕的影響是品牌受歡迎最重要的部分，行銷公司開始在線上招募可以在他們的社交網絡中代表該品牌的消費者。假如他們認同該品牌，而且假如該品牌進入他們所參與的對話中，那麼他們可能就成了品牌佈道者。

　　所以無論是透過滲透行銷專家或是被徵召的個人，社交網絡都可能是開放的，而且資訊可以流通，並有機會散佈出去。如果不懂箇中巧妙，就像你能夠想像的，很容易就會弄巧成拙而變成負面結果，因為壞消息傳得快。這個提醒必須時時謹記在心，因為利用社交網絡來散布活動資訊真的必須細膩敏銳地來處理。社交網絡行銷人員在他們所操控的虛擬環境中必須是隱形的，他們是祕密行動的行銷人員，如果你喜歡這麼稱呼的話。

　　虛擬行銷指的就是一個各式各樣的設交網絡應用，它源自於虛擬廣告的做法，在虛擬廣告中，為了讓人們覺得一段影片有趣，會想要傳給朋友，因此內容就必須夠有趣。假如可以做到這點，那麼訊息將會像病毒一樣散布開來。因此問題就是哪些事物會讓人們覺得有趣到想傳送出去？因為這反映出寄送者的想法。為了強調這點，人們遇到許多線上的事物，而且轉寄影像或影片給親朋好友真的必須有理由。

　　大體說來，這些像病毒般傳播的內容不外是有趣、怪異、驚奇、好笑、噁心或是性感。這些就是人們互寄的內容類型。一般的媒體廣

告適用的規則在病毒式傳播中更是如此。只要能獲得注意，而且裡面的東西夠出色，讓人們有動機分享即可。

假如一名活動行銷人員決定嘗試病毒式傳播，那麼枯燥乏味的訊息將從雷達上消失。它可能畫面美觀且資訊充分，但是最終卻無法成為動力。就這方面而言，病毒式傳播比一般廣告更困難，因為它和一般媒體中的廣告不同，它必須透過轉發給其他人而引起直接的反應。因此它是相當難以達成的技巧。

遊戲式廣告（advergame，以互動遊戲來達到廣告宣傳效果）是精心策劃的線上廣告，讓訪客與娛樂系統產生互動。製作娛樂活動來宣傳商品並非新鮮事，例如口袋怪獸（Pokémon）卡通就是最重要的廣告。線上的遊戲式廣告是互動式的娛樂，同時也是互動式廣告。由於活動完全與經驗有關，所以考慮一場活動的宣傳也提供體驗是明智的。它適用的程度將反映出活動的知名度以及活動行銷人員所能利用的資源。當它成為可行方案時，體現一場活動的某些體驗以及融入在讓參與的人開心的事物中是有可能的。

你希望人們參與，並且覺得他們是其中的一份子。假如你的宣傳可以為你達到這個目的，那麼這就是一個對於顧客的招募與維繫有用的行動。那些尚未接觸你的活動的人將對它產生正面的印象，而那些已經參加的人將能夠透過宣傳的互動部分來分享他們的經驗。近年來，對於娛樂活動定義的門檻設置得相當高，所以你必須注意才能遵照業界的標準。

今日，我們可以獲得藉由分析搜尋參照值讓電腦提供資訊的研究數據。行銷業者可以利用電腦分析偏好與興趣。這就是所謂的行為廣告。它遵循與標準行銷行為相同的基本原則：找出目標群眾以及相應的行銷手法。這種做生意的方式與我們的隱私權有一些相違背之處。

有個知名的數位科技公司Phorm，不時會遭到民眾與媒體質疑他們做法的合法性，但是顯然沒有明確的結果。不過，活動行銷人員應該要注意在網路上將會出現某些市場區塊，剛好符合一場活動的某些標

準。譬如，假如某人經常在線上利用資訊或是談論有關馬的事情，那麼在他／她周遭宣傳關於馬術表演的訊息就是一個明智的選擇。這是一個新科技，但是已經是成熟的想法。

> 增進你的活動網路形象的五個方法
>
> 1. 利用SEO讓你的活動更常從消費者的線上活動中出現。
> 2. 分析你的活動網站流量，讓你知道有關SEO的測量標準。
> 3. 利用網站流量分析來測量其他活動行銷行動的效應。
> 4. 進入社交網絡中，隨機觀察與定向研究，讓自己更瞭解消費者對於你的活動的態度。
> 5. 經由你的網站積極尋找消費者的意見，作為活動改進的方法以及作為提升包容性與參與感的高調方式。

線上購買行為

有許多網際網路搜尋與購物模式應該會讓活動行銷人員去思考在一個更大的媒體計畫中整合線上傳播。這就是說，網際網路會與傳統媒體並存，傳統媒體仍然清晰易見而且威力強大，大多數的消費者兩者都會參與。因此，就這方面而言，活動行銷人員應該思考他們的客戶與這兩個系統之間的交互作用。

一位興趣不高的網際網路用戶在某種程度上可能會利用網際網路作為查詢活動資訊的來源，然而他們獲取資訊的主要方法是透過傳統媒體，而且他們比較偏好不在網路上購物。擔心安全問題以及不熟悉線上付費系統可能適用於你的一些潛在客戶，而且如果你完全依賴線上行銷和流程的話，你就無法接觸到這些人。活動行銷人員應該要瞭

解顧客偏好使用網際網路的方式，以及網際網路如何與他們所習慣的有血有肉、實體的世界相互連接。也有可能活動顧客利用網際網路作為主要的活動資訊來源，但是比較傾向以其他方式購物消費。這時就要明智地經由網際網路以外的方式提供售票服務，尤其假如你的目標群眾包含不常使用網際網路的族群，譬如老年人或是那些因為缺乏適當的付款機制而無法在線上付費的人。

另一個可以考慮的購票方式是利用外部合作夥伴的售票服務。許多顧客會信任像Ticketmaster或是Eventim等知名售票商，而不會相信不明來源的不明業者所設立的不明或可能有風險的刷卡設施，尤其是考慮到許多消費者擔憂網路安全的問題。

另一方面，有些人利用傳統媒體來源或甚至是零售管道來收集關於他們要消費的資料，但是為了方便卻偏好在線上購物，所以他們會利用網站下訂，而不是找資料。同樣地，這也是過度依賴一個網站或社交網站來積極宣傳你的活動的限制，因為可能會有一群消費者會到其他地方尋找他們有興趣的活動資訊。這是一個簡單的媒體時間安排的問題。由此看來，在這種情況下，你應該考慮將網際網路當做媒體組合的一部分，知道你可以透過傳統媒體接觸到潛在的顧客。

一個不折不扣的網際網路用戶將執行各階段的資料搜尋，並利用e化商業網站進行購買交易過程——這些人可能是電腦技能高超、很現代化、沒時間、不愛上街購物或很少出門的人。它也可能單純意指靠著線上服務做所有熱衷事物的年輕消費者。慢慢地但很確定地，對活動使用者而言，這種做法會愈來愈主流，但是如同上述，其他的網際網路整合模式必須要列入考慮。

活動類型五花八門，構成活動目標群眾的年齡層與人口結構也各不相同，因此活動管理人員最好質疑只依賴網際網路的普遍看法，因為他們的顧客可能會希望透過另一種方式進行交易或是獲得資訊。

保羅‧布希觀察到：

在雜誌上看到一則關於在蘇格蘭騎越野單車的廣告可能讓
讀者注意到蘇格蘭是一個騎越野單車的地點，然而觀賞這
個活動的精彩片段，看到別人正在做你可能心裡正在想的
事卻能增加你想去造訪的好奇心。

線上廣告

「當你的顧客之間缺乏交流時，那就是廣告的天下了。」

消費者市場權威　唐‧派普斯（*Don Peppers, 1951-*）

　　唐‧派普斯上述的觀點很有趣，因為它告訴我們口耳相傳是一股
比廣告更強大的力量，但是就e化行銷而言，它提醒我們，由於社交網
絡的興起，廣告與口碑已經交互相關。

　　譬如Google AdWords或是Facebook Adverts等線上廣告平台，在
接觸適合的消費者方面相當有效率，且成效卓著。臉書的廣告平台剛
開始積弱不振，但現在已經是廣告傳播和收益相當大的來源。這些平
台有兩大優點：第一，他們最可能利用點擊付費系統來作業。這表示
只有當客戶的廣告被點擊時才需要付費。這點促使販售廣告的商家極
盡能事地宣傳廣告。它也意味著刊登廣告的人只有在達到某種成效時
才需付費。對於較小型的活動而言，網際網路廣告是他們能夠負擔而
且是打一張相當安全的牌。然而有大筆行銷預算的公司可以購買大量
的廣告，讓網際網路充斥著他們的資訊，就像他們運用雜誌廣告和路
邊看板廣告一樣。線上廣告的另一個優點是可準確測量，並精準鎖定
可獲取的目標。Google AdWords大致上是以人們輸入到搜尋引擎中的

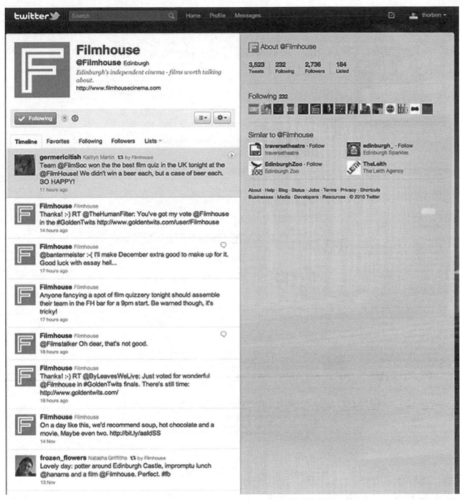

圖5.12　口碑是比廣告還要更強大的行銷力量

這8則推特訊息〔亦即所謂的推文（tweets）〕是在隨機的時間裡取自蘇格蘭一家電影院的推特。在8則訊息中，只有1則與電影院及其活動直接相關。其他訊息包含其他資訊，譬如回答顧客或是其他人的推特分享文〔所謂的轉推（re-tweets）〕。這個例子顯示版主如何參與對話而非發表一篇典型從頭到尾的長篇大論。此外，這家電影院也分享間接相關的資訊，包括影評（正、反兩面都有）和與電影相關的新聞、影片連結，或甚至是與其他電影院和慶典的連結。這點讓該品牌多了人情味，使它容易產生互動，並因此更容易讓贊助商認同這個品牌。

圖5.13　藉由網路活動參與可精準鎖定適合的消費者

明日狂歡派對（All Tomorrow's Parties）是一系列受歡迎的音樂節，由流行藝術家，譬如《辛普森家庭》（The Simpsons）的作者麥特‧葛羅寧（Matt Groening）或是《南方公園》（South Park）的創作者所策劃。他們的臉書頁面提供了基本資料，介紹他們是誰以及他們在做什麼、他們最近的活動、影片、留言版，以及一個比較隨性的聊天空間，來自慶典的訊息與來自樂迷的訊息就在這裡完美地融合在一起。

關鍵字為基礎。臉書廣告則是根據用戶的檔案資料並利用人口統計學分析與心理學分析，譬如共同興趣（例如住在麥爾瓦基的人都喜歡啤酒）來鎖定目標。

　　有個新興趨勢是增加地理資料到這些廣告中。傳統廣告追蹤你的位置往往只能夠精準到某個城市或也許是該城市的市郊，然而新的定位廣告可以精確到10米的範圍。想像一下你正在使用你的行動裝置，尋找「倫敦西區的爵士俱樂部」，而你的行動裝置知道你還在西區，然後就會跑出像是「你在找爵士俱樂部嗎？帶著這則廣告到西區某某特別的場地，即可免費暢飲一杯酒。」這樣的廣告。這種廣告可能相當有影響力，而且很划算，因為它可以較精準地瞄準目標。

 ## 結語

　　對許多人而言，活動行銷就是e化行銷，就如同我們所見，利用線上行銷的方法可以提供優勢。然而按照同樣的標準，由於網際網路無所不在，因此也很難脫穎而出。在撰寫本文之際，網際網路在社交媒體興起的推波助瀾之下，正開始要成為活動傳播的主要媒體，沒有理由去猜測它不會持續，雖然就如同第10章所討論的，可能必須加進傳統的行銷方法到行銷組合中，才有可能有創意地與眾不同。只要人們持續利用電腦和手持裝置建立網絡，那麼e化傳播將會是活動要引起人們興趣所需要的口碑，而且雖然社交網絡如何發展將有微妙的改變，然而在不可思議的短時間內，基本的概念已經標準化。

問題與討論

　　1. 你是否已經專注於電子行銷上？它對你有用嗎？

　　2. 你如何利用e化行銷來招募和維繫顧客呢？

　　3. 你如何利用社交網絡來傳播你的活動呢？

　　4. 你的網站夠流暢嗎？你利用它來做什麼？

　　5. 你的e化傳播能與手持裝置和手機相容嗎？

6. 你的網站如何成為你的活動的虛擬化身？它會讓人們聯想到你的活動嗎？

7. 你的活動網路分身是互動式和參與式的嗎？它會做事情還是只是無所事事？

8. 你如何利用SEO以及網路分析數據？

9. 你如何利用線上的支持者？

10. 是否有某個線上社群與你的活動相連結？你希望這麼做嗎？

11. 你要如何滲入社交網絡中？

12. 你如何利用病毒式廣告來接觸線上的目標群眾？

13. 你是否利用行為廣告來接觸線上的目標群眾？

14. 你熟諳線上購物行為嗎？

實用網站資源

1. **http://mashable.com**

   Mashable是社交媒體的最佳資源。這個部落格每天更新數次，對於社交媒體界中所發生的事提供真知灼見，可作為你每日的讀物。

2. **http://sxsw.com/interactive**

   在德州奧斯汀市（Austin）所舉辦的西南之南（South by Southwest, SXSW）嘉年華會的互動部分包含了與SXSW相關的播客（podcast）與部落格入口。SXSW代表網路2.0社群最主要的其中一場嘉年華會，而且諸如推特這類的服務就是在此誕生的。

3. **http://www.wired.com**

4. **http://www.wired.co.uk**

   美國版與英國版的Wired雜誌讓你知悉網路的趨勢與發展，尤其是社交媒體。印刷版也值得一讀。

5. **http://www.eventmarketer.com**

　　《活動行銷專家》（*Event Marketer*）雜誌包含了從2002年開始的重要活動行銷資源，並提供活動行銷專用的資料。

第6章

娛樂與慶典活動行銷

「對我而言，只有瘋子才叫做人類，他們為生而瘋狂、為說話而瘋狂、為了被救贖而瘋狂，他們想要同時得到一切，他們從不打哈欠或是說廢話，而是燃燒、燃燒、燃燒，就像燦爛奪目的黃色羅馬煙火筒炸開時，彷彿散落在星際間的蜘蛛般，而在這當中，你會看見中心的藍色火焰竄出來，讓每個人都不禁發出『哇』的驚嘆聲！」

小說家　傑克‧凱魯亞客（*Jack Kerouac, 1922-1969*）

當你讀完本章，你將能夠：

- 評估現場娛樂與慶典在21世紀的消費文化中不斷改變的角色。
- 設計、選擇、協調與評估娛樂與慶典的活動行銷宣傳組合。
- 為娛樂與慶典領域中的活動行銷實務安排流程與設計。
- 發展應用e化行銷的新技術，以便有效率和有效能地接觸這個領域。

慶典與人類認同

娛樂（例如戲劇表演、文化活動以及運動賽事）與慶典（例如音樂、藝術、舞蹈等等）對於全世界的文化史皆具有非凡的意義。在這個地球村資訊飽和的時代裡，我們很容易忘記在過去的世界，慶典在經驗分享與價值觀表達方面所扮演的重要角色。藉由思索過往，我們有一堂重要的課程必須學習。當我們在思索未來時應該回顧從前，這並不僅是出於無聊的好奇心，因為有很多事需要學習。

最早的慶典脫離不了天和地，大抵都是與生命和神祕領域相關的事物。假如我們回到人類最原始的時代，我們將發現既熟悉又陌生的活動。舉例來說，阿基圖（Akitu）慶典是歷史上最早有記錄的慶典之一，時間大約在4,000年前，它是屬於農業和宗教性質的活動。在整個古美索不達米亞（現在的伊朗）建立曆法最重要的因素之一就是區分春分與秋分，這兩個時節晝夜長短相等，而且分別標示一年當中農事的開始與結束。掌管時光流逝與大地豐饒的神明是蘇美人的月神南娜

（Nanna）。慶典中宗教與神祕的主題是標示農事時節不可或缺的。這類慶典既是慶祝，同時也是嚴肅的事，他們以歡慶和祭祀的方式期盼神明恩賜給他們年復一年的農作豐收。

慶典活動行銷人員要從思考古代慶典的起源中獲得的重要訊息是：它們具有重要的社交功能，而且無論慶典多麼奢華、精美、熱鬧、有趣，它們對於參與者而言都是很重要的，而且象徵認同感與群體歸屬感的表現。在那個年代，為了感動神明，慶典籌辦者須費盡心思讓活動辦得鋪張盛大，而且又要夠典雅，或者在我們21世紀的人們看來是如此。因此我們假設這些慶典的目的是在平民百姓間提供了社會凝聚力，而且他們的活動經驗就像其他比較虛無的考量因素一樣重要也是合理的。

在網路上尋找「逾越節」（Passover），你將會發現一個跟猶太人的信仰相關的現代化多媒體慶典，並附帶商業服務，這是一個完全整合、現代化、管理完善以及專業行銷的活動。不過，猶太人慶祝這個慶典已經有將近3,500年的歷史，而且是源自於聖經的一個活動。這個歷史悠久的慶典證明了它對於所服務的社群具有重要的地位。想想這類慶典長期以來如何與文化緊密相連。慶典是將民眾結合在一起的凝聚力。在大眾媒體與即時通訊出現之前，在交通與全球資訊網便利的時代之前，我們必須強迫自己去瞭解這個世界。慶典提供了共同分享的經驗。它們仍舊提供社交互動的機會，而且更重要的是，提供了社交互動的理由。慶典破除了藩籬，使得人們輕輕鬆鬆就能享受社交集會。慶典擔負起重責大任，提供聚會的理由，而且是人類身為社會動物的文化表現。

根據奧運開幕典禮製作人大衛‧佐克沃的說法：

我們很容易發現傳統品牌與不斷進展的國家認同觀念之間的必然結果。畢竟，這已然成為21世紀每個國家最關心的事。我們是什麼文化的人？我們在世界上扮演何種角色？一個品牌必須以非常類似的方式與消費者和員工建立連結，國家必須與居民和潛在的觀光客等等建立友好關係。基本上，國家必須給人民一個可以相信的理由。一個國家要如何做到這點呢？是的，就如同一個品牌試圖要做的事：透過創造獨特的經驗來取悅我們、啓發我們，並給予我們極為重要的歸屬感。畢竟，當面臨著要對全世界其他國家呈現自己的任務時，這是一個主辦國擁有的機會。大規模的公開活動或典禮，譬如大英國協運動會或是奧運，在時間與空間上都提供了非凡的時刻讓該國能夠與成千上百萬人，甚至數十億人直接交流。更重要的是，這些人全都聚集在一起想要分享一個經驗，聆聽同一則故事。

慶典與娛樂

當然，慶典與現場娛樂活動之間會有所重疊，這兩個字不見得相互排斥。一般所指稱的娛樂活動包含運動賽事、戲劇表演、音樂會、喜劇劇場、頒獎典禮以及馬戲團等等。雖然這些都可能是更大型的慶典活動中的一部分，但是另一方面，它們也可以是獨立運作的活動。因此世界盃足球賽可以被形容成足球嘉年華會，然而像我兒子的球隊——利物浦美式足球俱樂部（Liverpool FC），在家鄉的比賽就比較

廣告與公關經理史提夫・溫特主張：

> 我並不認為大眾會關心一場活動是否重複舉辦或者是一時起意的活動。畢竟，年度活動在今日的社會上真的已經變成常態。我們都知道，這類活動的功用是協助宣傳一項任務或是目標、說故事，或者在某些情況下，只是要賺錢。就讓我們以每年一度的「愛丁堡美食節」（Taste of Edinburgh）活動或是「年度爵士與藍調音樂節」為例。這類活動已經變成一個城市文化景觀的一部分，而且民眾也已經習慣參加這類活動，就像他們習慣出席每年一度的專業高爾夫球或網球巡迴賽或是一場藝術節一般。

像是娛樂活動。因此慶典算是娛樂活動的集合。

　　不過，無論我們說的是慶典還是娛樂，可能對它們的消費者而言都是無關緊要的，對它們來說，那只是語義上的差別。然而在20世紀有個明確的區別變得非常真實，那就是在現場活動與廣播電視節目之間的差別。這個區別就在於第一手與第二手的經驗。尤其是20世紀錄音（影）及廣播電視媒體的成長益發意味著娛樂是一個二手的經驗。錄音（影）在流行音樂銷售中占了首要位置，劇場表演變成電影的地盤，而就娛樂傳送到我們的客廳這層意義上而言，電視的影響力絕對是驚人的。對大眾市場而言，娛樂變成傳送到家中的東西，在廣告時間塞滿了要鼓吹聽（觀）眾購買的產品。當地的足球隊還是會促成某些社交集會，購物商場也仍會發送廣告商品，但是20世紀娛樂的典型就是坐在沙發上的辛普森家庭，亦即那些消費文化適應力強的圖像。

　　當然，這並不是說第一手的慶典與娛樂活動經驗長期以來都是顯而易見的，而是因為20世紀的人口爆炸，再加上廣播電視媒體的發

展，所以大多數的人多半是當觀眾在接收第二手的娛樂，與發生的事件距離遙遠且分隔兩地，以個別的單位來看，這些人是數百萬觀眾中的其中一位，但是就個人的範圍而言，就是獨自在他們家中。

大衛‧佐克沃進一步觀察到：

在許多方面，一場公開活動最終就是另一種類型的品牌發表會。而且就像所有其他的品牌一樣，品牌活動負責人必須清楚他們所說的故事。就在2008年北京奧運開幕典禮的前兩年，我深刻體會到這一點。由於當時我擔任籌備委員會的顧問，因此我受邀到中國的電視台談奧運。在上節目之前，他們先帶我去參觀了北京的鳥巢體育館。即使當時還只是工地，它也是一個振奮人心的技術奇觀，我一開始以為這可能是他們希望我在訪談中討論的話題。不過，規模、壯觀的場面以及利用科技全都是典禮的必備條件。它們只不過是要把故事說完的方法。但我真正想要做的是，去探討一個簡單但關鍵的問題……當超過40億人都在豎耳傾聽北京如何介紹自己時，它會說什麼？雖然中國的幅員遼闊，影響力也大，但是它還是一個世界上其他地方不太瞭解的國家。還有那座燦爛奪目、空蕩蕩的體育館，就像一座等待劇本的巨大電影攝影場一般。對我而言，最重要的不是壯闊的場面、科技和煙火表演，而是故事。

21世紀的娛樂

　　在許多方面，娛樂維持了它原來的樣貌，這是一個尋找快樂和消遣的方式，一種既從眾又屬於自我表達的方式。體育與表演事業這兩大領域在原本就定義模糊的範疇中發展。今日的娛樂產業已經吸納這些區別，因此電影明星、音樂家以及體育明星同樣要設法支持21世紀以媒體為基礎的名人文化。在前不久，娛樂是發生在人們身上的事；現在它是人們所利用的工具，這就是互動型消費者取代被動型消費者的概念，對於前者而言，娛樂經由他們，然後再流進他們的社交網絡中。換言之，21世紀的娛樂消費者不是接收端而是管道。

　　無線數位傳播與手持通訊裝置的發展，將我們經驗概念中的虛擬與現實予以無縫接軌，使得娛樂的消費和這類消費的經驗普遍合而為一。這種現象可以被想成第一手與第二手經驗。簡單來說，這表示那些經歷第一手娛樂的人成為第二手體驗它的人的管道，原因是現代的消費者愈來愈傾向透過科技來分享他們的經驗。

　　因此雖然說太陽底下沒有新鮮事的人生哲學是有道理的，但是瞭解到世間唯一不變的事就是改變也同樣有道理，而且說到娛樂，我們依然被相同型態的表演逗得樂開懷，然而消費者的角色已然改變。我們現在是表演的一部分。這點反映在流行娛樂的視聽大眾參與上，這就是所謂的實境秀，這裡面有我們的夢想和吸引全國觀眾目光的戲劇情節。這是最終極的偷天換日行銷術：讓消費者感覺他們是產品的一部分。或許最終的行銷目標就是當消費者被巧妙操控時，還讓他們相信是自己做決定的。

思考慶典與娛樂的五個方式

1. 你的慶典必須滿足目標群眾的某個特殊需求，而且你必須瞭解那個需求是什麼。

2. 你的參與者正利用你的娛樂活動來為自己建立品牌，因此你必須瞭解和控制你所提供的品牌意義。

3. 你正身在一個高度競爭的市場，你的活動只是許多慶典中的其中一場，因此必須跟其他可能非常類似的活動有所不同。

4. 你的消費者是你的活動最終端的行銷傳播，而且應該被視為是你首要的媒體管道。

5. 慶典與娛樂本身就是宣傳贊助者的媒介。

■ 慶典行銷基本要素

今日的慶典與娛樂多樣又複雜，有各種形式與規模，而且不外乎娛樂、體育和各式各樣人們覺得值得慶祝的活動。

行銷這些看似型態獨特的活動必須瞭解的是，它們可能不是那麼特別，而且這是一個競爭的市場。換言之，一個活動的成功靠的可能不是活動型態、明星魅力或是活動的理念，而是在於一名行銷人員有多大能力激勵潛在的慶典目標群眾參加。讓我們來思考慶典行銷的一些層面，也就是豪伊爾在第一版的《活動行銷》中所陳述的成功基本要素。

地點因素。地點的選擇與行銷對於慶典的出席率及成功與否具有重大的影響。地點是位於中心地帶或是偏遠的郊區，又或者是一些偏

圖6.1　通行權、推廣活動、達人秀以及國家寶藏：一場多元活動的多個面向

僻的鄉野呢？州際公路是否有便道通達，或者在步行範圍內是否有地下鐵站？針對交通便利性、中心地帶或是新場地來做宣傳，能夠使活動的出席人數增加。此外，行銷地點的便利性可以增加人們對這個活動的接受度，而結合古蹟或名勝的屬性則能引起潛在出席者的興趣。因此，有時候當活動消費者在評估一場活動是否碰巧跟他們有相關聯時，心中會有基本的考量，這時交通的方便性肯定會浮現在許多人心中。就如同第5章所討論過的，活動的網站是整體的，當考慮活動地點的問題時，活動網頁上能否容易找到地點就像活動本身的地點一樣重要。

　　豪伊爾曾談到美國職棒巴爾的摩金鶯隊（Baltimore Orioles）的主場比賽都在紀念體育館（Memorial Stadium）舉行，這是一座位於治安不佳區域的過時球場。當一座新球場在巴爾的摩已修建更新的內港區域建成，而且仿照以前的球場樣貌設計時，這個球場以及該地點馬

上就比這個隊伍本身還要具有吸引力。這個球隊在該地點的第一年，主場門票幾乎全部售罄，並不是因為金鶯隊是持續獲勝的球隊，而是因為這個新球場與它的地點所創造出來的賣點。在這個球團用來賣票的宣傳訊息中，主要的行銷訊息之一就是要金鶯隊的球迷與非球迷出來看看這個傑作。這個地點非常成功，使得例如克里夫蘭印第安人隊（Cleveland Indians）與德州遊騎兵隊（Texas Rangers）這些大聯盟的球隊仿照金鶯隊的行銷策略，也同樣獲得成功。這是一個生動的實例，因為假如一個地點本身對出席者而言就是一個賣點，那麼它應該成為這個活動行銷傳播的重點。在蘇格蘭的某個搖滾音樂節，即巧妙地取名為「尼斯搖滾」（Rock Ness），而且就在著名的尼斯湖水怪（Loch Ness）出沒的地點附近舉行。這個慶典的地點不只是附加的活動賣點，而且也融入在名稱中。

活動地點的選擇可能有實用的層面，也就是交通便利性。你要盡一切所能確保想要參加的人都有機會以最方便的方式抵達該地點。

宗教慶典是世上具有強大吸引力的活動。在撰寫本書之際，教宗才剛訪問完蘇格蘭；在格拉斯哥（Glasgow）舉行了教宗主持的彌撒，這個主要的活動吸引了數十萬名參加者，有許多人搭長途客運前來。因此這場活動的地點在後勤考量上就是一個重點。所選擇的公園優點是靠近高速公路一個車流量較少的路段，因此當天就封閉作為客運巴士停車場，讓朝聖者走一小段路就能參加活動（www.Vatican.com）。

競爭。將你的活動宣傳為「獨特、不同且比競爭者更好」，這個訊息與活動本身一樣重要。行銷人員在廣告並宣傳活動的好處時，必須展現這些活動面向以提供最突出的競爭優勢，因此必須準備完整的行銷策略，我們在第三章已討論過。一場慶典獨特的賣點將會隨情況而不同，而且在這個策略性角色中的活動行銷是關於衡量其他選項以找出你的慶典最具說服力的描述。

採用直接指出你與競爭對手不同處的行銷策略或許能奏效，但這麼做也有風險。點名你的競爭對手或許反能增加他們的可信度與知名

度。事實上，你是讓你的目標群眾去注意你的競爭對手。與一些消費性產品和服務不同的是，要在活動中利用這點作為行銷優勢是很困難的。流動遊藝團或許可以宣傳自己比設備完善的遊樂園要來得划算；然而，這可能是向消費者證明投資數百萬元在遊樂器材和景點上可能會帶給他們更好的經驗。當一場活動辦得很成功時，隨即（而且在將來）就會有仿效者以相同手法來行銷他們的慶典與娛樂活動，譬如模仿活動的廣告、主題以及整體概貌。此舉不僅混淆大眾視聽，也會傷害原始的活動，最終也會傷害到模仿者自己的活動。「出色人物」（Lollapalooza）這個夏日巡迴演唱會以多樣的音樂性搖滾團體為號召，吸引十幾歲至二十幾歲的歌迷，並成為演唱會界意外的大成功，還打破了美國各地的出席率紀錄。在巡迴表演第二年後，無數的模仿者以類似的手法行銷自己的巡迴演出，最終使樂迷有可比較的選擇。

　　因此在慶典行銷傳播中勿過度競爭已經是一種常態，反而要藉由瞭解你的競爭對手、分析他們的優缺點，並且製作一個優於對手主要優勢的活動才能讓自己具有強大的競爭力，而且最起碼，在資源有限的情況下，要能夠與對手的實力相當。

　　另外，極為重要的是，慶典行銷人員對於自己與誰競爭必須做出明智的決定。有可能是同時間舉辦的其他慶典活動，可能是直接和間接的競爭。直接的慶典競爭對手不見得是跟你的慶典剛好同時間發生的事件，反而是在一段較長的時間裡，譬如在夏季，或者甚至在月底時，剛好可運用的資金不足。就如同第5章所述，由於社交媒體是慶典與娛樂行銷的重心，因此必須判斷你的目標消費者可能的選項，因為它們可能使你的出席率下降，所以在社交媒體中適當的對話很重要。

　　天氣。在推廣一個特別活動時，由於它不像消費性產品是以本身的價值來行銷，因此天氣可能是一個優勢，也可能是缺點。天氣會影響活動參與者或消費者的心情。舉例來說，開放給消費者參觀的滑雪與旅遊展通常在11月初舉行，讓出席者能預先看到最新的滑雪器具與滑雪勝地。研究顯示，當天氣冷時，旅遊展的出席率明顯增高。相反

地，當天氣在旅遊展期間不合時令地異常溫暖時，出席率就會大幅下降。在這些情況中，天氣對於活動的結果就會產生重大的影響。天氣在體育賽事中也扮演一個重要的角色。大聯盟棒球比賽的開賽日是一個獨特的活動，球迷當天會出來享受那冬盡春來的活力。職業海灘排球賽的成功有一部分與比賽在天氣溫暖的區域舉行有關，觀眾穿著泳裝或短褲來看排球賽也會覺得很自在，主辦單位有時候甚至會找來細沙，以重塑夏日海灘景象。如果天氣很理想時，對於室內展覽或活動可能會產生不利的影響。然而，當天氣不好時，就會讓人們避開戶外的休閒活動，而將他們帶往室內的特別活動來。有經驗的行銷人員對這些情況都會有所準備，預備好宣傳的腹案。

當天氣預報有雨時，行銷人員會在當地的廣播或電視上播放廣告，籲請大眾在濕答答的天氣中參加室內活動。有數以百計的工藝展都是在室外舉行，參展者於可攜帶的彈開式帳棚底下展售商品。這些活動的成功與否有賴好天氣，但是參與這些活動的每個人都有這樣的認知。

對於這種會受到天氣影響的活動，行銷人員要確保活動成功的宣傳方式之一就是盡可能預先販售許多門票（有時候以高折扣的方式），保證活動的出席率。以維吉尼亞的上等酒節（Vintage Virginia Wine Festival）為例，他們預先販售打折門票來確保大量的出席。超級盃（Super Bowl）有部分吸引力在於，這個活動在冬季裡的一個溫暖地區（或在一個室內場所）舉辦。要行銷一場成功的高爾夫球錦標賽最好在5月，而不要在11月。由於圓形露天劇場舉辦的星空音樂會創下銷售佳績，因而造就了在全國各地的圓形露天劇場（不論新舊）所舉辦的全國性夏季音樂祭。

成本。假如「免費」這個詞用在展覽會、節慶活動與其他特別活動的廣告中，就能吸引人們的注意力。有鑑於多數人的家庭收入有限，免費的東西可能最具有吸引力，即使免費入場都是鼓勵當場消費的誘餌。因此，無論是否為名副其實的免費或是請君入甕的價格策

圖6.2　啤酒、社群、旅遊與貿易。機會大集合！

略，慶典與娛樂都代表消費支出，相較於透過廣播電視或是互動式的
遊戲世界以及線上有趣事物所獲得的娛樂，這點可能令許多人反感。
因此，免費的慶典可以吸引一些人，但是卻會令一些人質疑，他們的
想法可能是：假如是免費的，它有什麼好處呢？

　　如果一場慶典所設定的成本是很吸引人的，而且你也有意將它列
為誘因，那麼你就必須在網頁或廣告中強調這一點。當為一場展覽做
廣告時，行銷人員能吸引愈多目標群眾來參與愈好。因為這個原因，
一些以高價販售前排位置的活動與表演甚至不在廣告中列出這些門票
的價格，但是他們會說「有提供特別席位」。就像所有的市場一樣，
慶典與娛樂也呈現價格議題，一般而言，價格是品質或是否讓人喜愛
的指標。

因此，活動行銷人員對於如何為他們的慶典定價必須非常謹慎，因為它可說是目標市場的潛在優勢面。在一個競爭市場中定價低廉或是推廣一個免費活動不見得是誘因，不過顯然有許多價格合理及免費的慶典活躍於市場中。

另一方面，慶典與娛樂的成本可能代表比較大筆的消費支出，而且我們應該要思考為了重要的事物付出高價是有條件的，尤其是當門票需求超過供應時。在超級盃足球賽中一個座位可能要價超過200美元。要聆聽芭芭拉‧史翠珊（Barbra Streisand）的優美歌喉，一張位置不錯的票動輒要500美元以上。在這方面，慶典與娛樂和有品牌的消費性商品不同，當你付出愈多，所得到的報償也愈高。在體驗經濟中，消費者行為的基本原理並未改變。

圖6.3　當商業遇見環保，當消費者遇見供應商（像這樣的活動可創造動能）

　　人們仍然會想要透過他們花錢的方式讓其他人對他們留下印象。就在最近，我認識的一位友人試圖要以搶到洛·史都華（Rod Stewart）演唱會的前排座位來凸顯自己的身分，可惜搶不到票，不過他可以透過iPhone來製作出這個經驗的視覺假象，在畫面中可清楚認出洛史都華的招牌動作。這些座位向來所費不貲，而且取得不易，所以自然而然地成為人們給別人印象的方式。

　　因此假設娛樂活動或慶典的目標群眾願意付出多少錢是不明智的。市場分析與消費者研究配合需求分析應該可以讓活動行銷人員知道參與者願意付出多少費用。

　　娛樂。一場慶典的成功與否也要靠娛樂的行銷。娛樂有許多種類，也能以各種不同的方式行銷。如果是知名的明星，那麼媒體訪問與宣布門票即將開賣的新聞稿就能使門票快速售完。這類媒體訪問的鏡頭，假如是有聲影像，應該被張貼在網路上。另一方面，不同且嶄新的娛樂類型或許需要在行銷與公共關係方面設定更高的預算。當《為原始人辯護》（*Defending the Caveman*）這個單人喜劇在華盛頓特區開始演出時，需要大量的報紙廣告與公共關係的運作，以宣傳這個與典型喜劇俱樂部表演不同的另一種形式。起初，這個節目剛上演的當時，除了百老匯之外從來沒有一個單人喜劇節目成功。這個節目在五個城市巡演後，開始獲得強大的公共關係支持與口耳相傳，門票陸續在全國各地售完，最後成為百老匯最長壽的喜劇節目。當這個節目從舊金山、達拉斯再轉戰到華盛頓時，行銷方式改變了，而且變得更為精緻。它從一開始的報紙廣告，最後變為廣播與直接信函（DM）廣告。這個表演仍持續上演，而且屹立不搖。

　　媒體。在決定適當的慶典宣傳媒體時必須理解某些種類的媒體有助於提升慶典與娛樂的刺激感。來自加拿大的太陽馬戲團（Cirque du Soleil）是難以用筆墨形容的一個新潮搖滾馬戲團。不過，透過色彩繽紛的平面廣告使用，有興趣的觀眾就能夠對這類活動產生概念，而且在YouTube之類的網站上也有許多他們的表演片段，讓潛在的參與者有

圖6.4　情緒養分不容小覷

這裡陽光普照，在冷颼颼的經濟氛圍中給人們溫暖——由慶典活動所提供的
情緒養分不容小覷。

充分機會知道該懷抱何種期待。廣播對於行銷音樂性的慶典與娛樂是
很重要的，因為聲音是這類節目的重點，然而網際網路經由下載已經
變成音樂產業的核心，而且應該被應用來創造利益。

　　假如你正在行銷一年一度的居家園藝嘉年華，別漫無目的在當地
的報紙上登廣告。相反地，要鎖定與活動有關連的媒體，並且與表達
有興趣的社交媒體網絡接觸。假如是利用報紙的話，就要鎖定每週的
居家園藝版。在廣播上，在園藝節目中宣傳這場活動。在電視上，則
鎖定有線電視網，譬如居家園藝網。將廣告經費花在與產品直接相關
的媒體上，才能有效利用你的媒體經費。行銷人員必須審慎考量這場
活動，並找出最適合活動的廣告機會。

　　理想狀況是，慶典將利用線上與傳統媒體來宣傳自己。當慶典的

規模不大而傳統媒體的成本高得嚇人時，請參考第5章運用網際網路的
建議。

經常性以及首次舉辦的慶典與娛樂

　　在宣傳首次舉辦的慶典與娛樂時，行銷人員必須培養大眾的興
趣以宣傳這個新活動。首次舉辦的活動必須擠進熱鬧非凡的行銷傳播
中，才能將訊息傳遞出去。這點適用於傳統媒體，也同樣適用於線上
宣傳。理論上，消費者一定會接觸許多不同的媒體，從增加人們興趣
的廣播廣告、能建立形象並激發熱情的電視廣告、能提供資訊的平面
廣告，一直到能提供完整概要的網站以及能創造口碑的社交網絡互動
等等。

　　相對的，一個經常性的活動，譬如邀請知名樂團或電影明星出現
在活動現場，肯定能為活動帶來成功，但是這需要以不同的方式來宣
傳。在為這種活動訂立適當的行銷計畫時會產生蹺蹺板效應。你或許
想擁有多一點時間來宣傳這個活動。然而，如果宣傳活動太早開始，
會使市場無法將焦點集中在這個活動上。如果宣傳過於接近活動時間
才開始，那就不會有足夠的時間來培養大眾對於該活動的興趣。讓我
們看看兩個有著不同歷史的類似活動。

　　加拿大的太陽馬戲團自1984年開始就在北美洲巡演，並已建立
起龐大的觀眾群。當這個表演進城時，想買門票的人比提供的位子要
多；因此，馬戲團的宣傳人員在表演進城的前6個月就開始販售門票。
這個策略很成功，由於有先前的經驗為基礎，所以大部分表演的門票
在幾個月之前就已售完。巴南的萬花筒（Barnum's Kaleidoscope）是一
個在1999年首演的同類型馬戲團。因為它沒有任何歷史，所以必須訴
諸較多的行銷努力。這個表演的門票銷售依賴口耳相傳以及開始演出
後的評論。在表演進行的這整段期間，他們推動了較多的行銷努力，
試圖以先前成功的表演為根基。如果這個巡演成功，巴南的萬花筒最

終將可以仿效太陽馬戲團的策略。

媒體在行銷慶典與娛樂方面扮演了一個重要的角色。媒體面對來自其他媒體管道（平面與電子）的激烈競爭，因此讓自己與眾不同的一個辦法就是成為社區中慶典與娛樂活動的媒體贊助商。WRC-TV就是一個早期的例子，它是國家廣播公司（NBC）在華盛頓特區的分公司，他們明瞭這種贊助關係的重要性。在10月某個為期3天的週末，這個電視台成為官方「為愛滋而走」（AIDS Walk）、「特區的品味」（Taste of DC）與「搖滾與賽跑」（Rock 'N Race）的官方媒體贊助商。利用現場的招牌與旗幟及現場的新聞名人，這個電視台向社區展現自己的支持，同時使自己在競爭者中與眾不同。此舉會花費媒體多少成本？通常贊助廣告會被放在沒有賣出的時段，或者在播放電視台宣傳時提到（這不算是廣告），因此這並不會造成媒體的收益減損。媒體可扮演關鍵角色，因為未售出的廣告時段可以用來確保人們注意到這個活動。

展覽會、節慶活動與其他特殊活動所普遍使用的一個宣傳工具就是與廣播電台的宣傳部門合作，使電台成為活動伙伴。當然，並非所有的慶典都特別重要，而且廣播的行銷成本相對較低。一般而言，廣播電台通常會要求獨家作為廣播合作對象或贊助商，其交換籌碼是：與宣傳人員合作，向大眾行銷這個活動。廣播電台會播放一系列的商業廣告、宣傳廣告插播，在某些情況下，也為非營利機構和公共服務做宣導。為了增加可信度並增強效果，電台人員會擔任活動的主持人，或者出現在活動現場散發廣播宣傳資料，在某些情況下，也會發送簽名照。在全國性的「為治療而跑」（National Race for the Cure，這是一個乳癌慈善活動）活動中，一個成人抒情樂廣播電台成為獨家的廣告贊助商；為了表現它的支持，這個電台持續地把這個活動當做該年的大事件來做廣告宣傳。這個路跑活動後來成為世界上最大型的5公里路跑活動（有超過6萬名跑者），而籌辦者將此歸功於這個電台的努力。如果活動涵蓋得更廣、更大，就可以帶進兩個以上的廣播電台

來為不同類別的目標群眾服務。範圍可能包括如新聞／談話性節目、前四十大、都市、成人抒情與搖滾。

　　除了在電視上播送廣告與宣傳之外，電視台也能將活動併入新聞報導中，針對活動做實況的新聞報導，並在活動中「現場取景」。舉例來說，一個超過100萬名出席者的年度食品活動，某個身為合作伙伴的當地電視台預先報導這個活動。然後，在活動期間現場轉播。這個電視台還可以在活動中租用一個攤位，宣傳自己的藝人或節目。

　　行銷娛樂與慶典活動要能真正成功，就是要結合廣告、公共關係與宣傳的力量來加強這個特殊活動。為了執行一個成功的行銷活動，行銷人員必須創造出彼此能互相配合的廣告、公共關係與宣傳。關鍵在於算準廣告時機，引起人們的注意，並伴隨一個公共關係活動以發揮最大的影響力。行銷組合中應該加入宣傳。

噱頭、街頭宣傳以及伏擊式行銷

　　當想到噱頭或街頭宣傳，你就必須瞭解它需要更多細部的準備工作，同時還得讓整個宣傳活動引人注意、有趣。記得，要使宣傳成功，活動必須合法。另外，宣傳的地點也很關鍵；如果你是為了吸引大眾的注意力而辦宣傳，那麼就該選一個中心地點或者能見度極高且有大批人潮的區域。此外，在線上張貼的虛擬噱頭設計，在宣傳的時間與地點上享有更大的自由。

　　每年，為了宣布林林兄弟與巴南&貝利馬戲團的進城消息，馬戲團會進行一個稱為「動物漫遊」的街頭宣傳。根據籌備狀況與周遭地區的情況，馬戲團裡大多數的動物會從馬戲團火車一直遊行到表演的場地。這是馬戲團到各城鎮巡演的傳統，而且已有多年的歷史。為了增強刺激，林林兄弟與巴南&貝利馬戲團創造出一個老式的馬戲團遊行，這個遊行與50多年前所舉辦的類似，以馬戲團表演者、節目中的動物、馬戲團的舊馬車、軍樂團以及許多馬匹作為號召。

賓州船舶展（Pennsylvania Boat Show）製作了一個宣傳活動，他們舉辦一場比賽，邀請10名廣播電台的聽眾來參加這場活動並連續親吻一艘船，親吻船隻最久的人獲勝。這個宣傳活動為期3天，並持續在廣播電台中廣告，以及出現在為船舶展所安排的所有廣告中。此舉創造了一個適合做公共關係的情境。透過新聞稿以及從廣告、電視與報紙，甚至是在一家競爭對手的廣播電台中的報導所引起的關注，它已經抓住了廣大的目標群眾。在這類有趣的事情上，利用社交網絡傳播來引起人們的興趣，對於現代的活動行銷人員而言確實不可或缺。

為了爭取注意力，慶典行銷人員必須顯得獨特且具創意。因為人們看的電視節目與競賽愈來愈令人吃驚，而且動動手指就能透過YouTube和虛擬傳播看見不可思議的世界，因此行銷人員必須持續引人注目才能抓住目標市場的注意。在籌劃街頭宣傳時，你必須考慮可能會干擾噱頭的天氣、風險及外力影響。不是每一個人都像你一樣對你的宣傳感到興奮。如果下雨，你或許就無法吸引到如預期中那麼多的觀眾。如果宣傳引起交通阻塞，被塞在車潮中的人就會對你的宣傳產生其他的想法。人們喜歡得到免費的東西，無論大小，所以，當你想到街頭宣傳，想要引起一點關注，可能只需要免費送給民眾小贈品。藉由贈送免費的東西，你便確保了某種興趣與興奮感。但你要確定這個「免費物品」與這個活動有關。

你必須要審慎考量你的噱頭有多瘋狂，因為現實世界所遵循的規則與虛擬世界不同。當你從一場成功的腦力激盪會議中走出來時，可能會很想要從事某個很古怪或是可能不合法的噱頭或是街頭宣傳。切記假如出了差錯或者這個噱頭讓大眾敬謝不敏的話，可能造成較負面的觀感或是輿論，結果傷害了這場活動。

舉例來說，為了宣傳在仲冬時節舉行的船舶展開幕式，一名特技演員只穿著泳衣在幾乎結冰的河上滑水。最後，宣傳人員很幸運，因為滑水者未掉落結冰的河水中，這是一個可能會造成危險的情況。他沒有掉進水裡，還有數百位民眾將車停到路邊，看著他在攝影師和記者面前表演特技，臉上有點不解。

　　有時候，贈送物品的這個舉動可以獲得媒體的報導。每當有贏得大筆金錢或者到異地旅行的機會時，就會吸引大批人潮。再者，如果有機會贏得一輛車或者100萬元，大眾與媒體也都會關注。但是，請記住，舉辦這類的競賽會使許多人知道這場活動的存在，同時也會產生許多無法贏得獎項的失望者。到頭來，你可能會傷害到自己的活動。

　　在1990年代，美國運動鞋零售商龍頭Foot Locker公司製作了首次的「一百萬投籃」（Million Dollar Shot）活動，並在美國籃球協會（NBA）的「全明星週末賽」（All-Star Weekend）的新手賽中舉行。那年，主辦單位隨機選出一個人站在半場中線投籃，投中即贏得100萬美元。這個活動前的全國性宣傳包括：《今日美國》（*USA Today*）的封面報導以及受邀出席《大衛・萊特曼午夜漫談》（*Late Show with David Letterman*）節目。當被選中的一位15歲少年在數百萬電視觀眾面前未投中籃框，他當下的反應是投入父母親的懷抱中哭泣。對Foot Locker公司來說，大眾對於少年哭泣的觀感並不是最好的宣傳。

　　伏擊式行銷（guerrilla marketing）係指使用非正統手法，且有時以不尋常的方式為之；行銷人員藉此方式試圖在一群現場或線上的目標群眾面前讓他們注意到某場慶典與娛樂。因為有許多人想方設法利用傳統媒體來將訊息傳遞給慶典與娛樂的目標市場，所以你必須尋找獨特的點子，才能讓人們注意到你的慶典或活動。消費者每天在線上與現實生活中受到數百個廣告訊息的襲擊。透過使用伏擊式行銷，你可以使廣告訊息與活動容易識別。它也可被稱為「當面」行銷，因為人們會立即注意到伏擊式行銷手法。為了使伏擊式策略成功，你一定要有乘人不備的手段，做某些獨特的事情來創造注意力，擁有某種會吸引注意的事物來宣傳，並找出已有大批固有目標群眾的區域。當你擁有這些要素時，你就能成功地完成伏擊式行銷。愈來愈多主流行銷人員利用伏擊式的行銷手法來吸引注意。就病毒式行銷如何被歸類的角度而言，這裡有一點界限重疊，因為透過線上社群傳布現實世界中有趣或驚奇的影片似乎是伏擊式行銷方法的虛擬展現。

227

名人因素

　　我們活在一個對名人著迷的世界中，而慶典與娛樂特別容易受到這種沈迷的影響。名人類型眾多，而且依據他們的媒體價值可以軍事化的精準度被排列等級，從A咖名單一路排到Z咖名單。不用說，名人們都不喜歡與排序較低的那些人一起公開亮相。

　　在活動與慶典中利用名人與大人物，對於提升慶典與娛樂的成功可能是有利因素。形象相符的名人可以增加可信度並增強印象。舉例來說，當你邀請知名的運動員或好萊塢明星時，這個活動的本質即被大眾認定為一流的。這種做法或許可以使這個活動與眾不同，使活動籌辦者吸引更多的贊助商，同時也要利用名人出席招待活動。另外，名人可以吸引媒體報導，因為媒體總是在尋找名人的身影。一年一度的「好朋友舞會」（Best Buddies Ball）是一個每年為智能障礙者計畫所舉辦的慈善募款活動，眾多明星與出席者能夠在這個場合中交流。當媒體得知一些大人物都已經進城時，在國內與當地都引起了廣泛的關注，媒體也爭相報導。將名人想成是為了達到公關與宣傳目的而獲得媒體關注的速效對策最為簡單明瞭。

　　然而，名人也可能製造問題。他們並不總是聽從指示，為正確的贊助商做宣傳，或者放出適當的訊息。他們能不能管好自身的行為，也難以掌控。身為行銷人員的你必須做一些調查，並與過去曾雇用過這些名人的其他人談談。名人的經紀人總是想把行程都排滿，許多人並不會告訴你關於他／她的客戶所有的事情。當有名人出席時，你必須善加利用他們。在名人抵達之前，請他們預先做一些媒體活動，有助於為一個成功的活動創造出額外的興奮感。當名人進城時，他們可以在活動現場做同步電視訪問，在活動當天早上到電視台去，或者在活動現場拍照。為贊助商或大人物安排晚餐前的招待會或是午餐會，也可以增加在活動中有名人參與的可行性。籌辦者可以為贊助商與大

人物拍下立可拍,然後取得個人的簽名,這個做法有助於取得贊助商接下來數年的支持。

　　儘管有名人現身會讓大家很興奮,但是這個名人名氣愈大,就愈難控制他/她對這個活動的影響。假如要明星瞭解活動細節,並讚揚贊助商是活動的重點,那你可能就要找一個較不出名但是配合度較高的明星。與大明星合作時,你必須要做好萬全的準備。請不要假定對名人簡單地描述其「角色」,他/她就能執行所有要求的職責。要為這位名人準備一個速成課,告訴他/她請他/她出席活動的原因、他/她將做的事、節目的背景資料,以及簡單介紹與該活動有關的贊助商以及其他大人物。這可能表示在活動前的一至兩週就要將背景資料或一個簡報影片送到這位名人的手上。再者,應該指派一名活動工作人員跟著接送名人的專車或豪華轎車。這個人應該攜帶記有活動要點與資料的備忘錄。活動人員也應該有一捲可以在車上放給名人看的簡報影片,然後再加上一個活動的概要介紹與一段問答時間。

　　俗話說「一分錢一分貨」,當你在利用名人時往往也是如此。名人不喜歡對於公開露面說不,但是他們喜歡有所報償。當他們有償出席一場活動時也會比較盡責。許多的慶典與娛樂都曾請名人贊助演出,結果卻在最後一分鐘取消。

　　豪伊爾回憶在多年前,有個運動賽事主辦人籌辦一場慈善網球錦標賽。他在城裡到處尋訪要找一名榮譽主席——會打網球,而且能提升活動可信度的一位知名人物。這位主辦人做了一些調查,發現有一位很受歡迎的新聞主播酷愛打網球。主辦人連絡上這位新聞主播,他不僅同意擔任榮譽主席,而且更重要的是,他要在午餐時間的名人網球賽中與活動的其中一位贊助商下場較勁。在活動的前一週,主辦人確認這位名人會現身,但是在網球賽開打的時間,這位名人卻未出現,在場希望看到他以及觀賞他球場英姿的所有出席者都大失所望。不過,在過去兩年,這名主辦人花錢請超過200位名人在他的活動中露臉,只有兩次遇到未如期赴約的情況。

　　華盛頓特區的「徹底檢查──為大腸癌健行／路跑5公里」的活動有一段有趣的歷史。在2000年時，美國NBC電視台的《今日秀》（*Today Show*）的共同主持人凱蒂·寇瑞克（Katie Couric）決定要與前NBC總裁布蘭登·塔帝可夫（Brandon Tartikoff）的遺孀莉莉·塔帝可夫（Lilly Tartikoff）聯袂製作一個嶄新的特殊活動來提升人們對大腸癌的注意並為大腸癌研究募款。寇瑞克女士的丈夫傑·莫拿漢（Jay Monahan）在1998年因大腸癌病逝，於是她開始決定有所作為來與該疾病奮戰。寇瑞克女士與塔帝可夫女士環視美國所有的大型慈善活動，發現到全國已經有許多慈善路跑和健行。她們清楚知道自己想要打造一個大型活動，但是必須與眾不同。她們兩人與名人和音樂家關係密切，這對於一場募款的路跑和健行而言可能有所加分。她們發想出以她們的一些名人朋友為號召的5公里健行活動，並以一場健行後的音樂會作為活動的結尾。接著她們與娛樂產業基金會合作，製作了全美國最成功的其中一場首辦活動。研究發現，大腸癌一般都是侵擊40歲以上的男女。因此活動目標是要接觸這群人。這場活動在華盛頓特區舉行，因為這裡是凱蒂·寇瑞克的家鄉，而且也因此可以推動政治上的努力來配合這場活動。活動主辦單位協調《華盛頓郵報》（*Washington Post*）以及成人抒情廣播電台WRQX-FM的廣告宣傳贊助。《華盛頓郵報》同意提供免費的版面／廣告來支持這項活動。在活動舉行的2個月前，第一個廣告出現，內容是鼓勵民眾報名健走並懇請經費贊助。接下來在活動前2週，報紙廣告開始呈現這場活動的娛樂面向。《華盛頓郵報》貢獻了10萬美元以上的廣告贊助。而WRQX-FM廣播電台則放送為期2個月的廣告以及公共服務宣導，總價值超過3萬美元。

有4個主要的贊助商一同共襄盛舉，他們在活動中有單位標示牌、在平面廣告中放上他們的識別標章、活動中有VIP級的招待，以及在活動期間公告他們的善舉。贊助商也獲得媒體的專訪與報導。當廣告在報紙和廣播中傳遞的同時，凱蒂・寇瑞克、電視明星丹尼斯・法蘭茲（Dennis Franz）以及籃球明星艾瑞克・戴維斯（Eric Davis）也馬不停蹄地接受《華盛頓郵報》和許多廣播電台的專訪。為了引起人們的熱情，他們還在活動其中一個贊助商——布魯明岱爾（Bloomingdale's）百貨公司裡舉辦報名派對。由於寇瑞克女士的人脈廣闊，譬如來自電視影集《紐約重案組》（*NYPD Blue*）的丹尼斯・法蘭茲（Dennis Franz）、來自聖路易紅雀隊的艾瑞克・戴維斯（Eric Davis，他曾罹患大腸癌，經治療後康復），以及歌手保羅・賽門（Paul Simon）都一同共襄盛舉。這些都有助於讓這場活動變成眾星雲集的場合，並且造就一場大型的音樂盛宴。由於第一年大舉成功——超過25,000人參加健行以及超過100,000人參加音樂會——這場活動證明大受歡迎，並因此擴大到其他城市舉行。

（www.runwashington.com）

有時，利用政治人物這樣的當地大人物來吸引注意力，並為一個活動增加可信度，可能會帶來令人滿意的結果，尤其如果活動是要宣揚這名政治人物樂於參與的某個議題或是理念時。邀請政治人物時必須要謹慎，因為他們或許會帶來群眾並增加可信度，但他們也可能帶來爭議。說得清楚一點，政治人物是名人，或者如法蘭克・薩巴（Frank Zappa）所言，政治是產業的娛樂部門。另外，節目或許會需要一段簡短的演講，不過政治人物有時候並不瞭解「簡短」這個

詞的意義。一年一度「幫助遊民之健行馬拉松」（Help the Homeless Walkathon），活動在早上10點開始，贊助商與政治人物被安排簡短講20分鐘的話。主辦單位要數百名活動人員各就各位，好讓這場健行活動從早上10點20分開始。但是到了10點40分，政治人物們還滔滔不絕地說著，於是為了讓活動開始，主辦人幾乎必須走到舞台上終結最後的一段演講。再者，政治人物的發言可能很容易與活動的目標離題。

商標與識別標誌

在有品牌的活動中，最有名的就是奧林匹克運動會了。這個活動的品牌很重要，所以除非某家公司是奧林匹克運動會的贊助商，否則它不能在任何廣告中用「奧運」這個詞。事實上，奧運非常保護自己的名稱，奧運委員會甚至將其他類似的名稱也註冊商標，如雪梨奧運委員會（Sydney Committee for the Olympic Games, SOCOG）。活動籌辦者的目標是擁有一個受人歡迎的品牌活動，只要提到名稱馬上就會引來認同、意識與注意。

在舉辦一個成功的活動之後，其他人或許會看著那個活動，並說：「我們能辦一個更好的」，或者「這種活動的市場很大。我為什麼不模仿這個活動來分一杯羹？」有件重要的事必須記住：藉由創造出一個名稱、一個商標與一個概念（全都有商標保護），你現在就能為這個活動建立品牌。

美國國內有許多馬戲團，包括世界最大的林林兄弟與巴南&貝利馬戲團，但是加拿大的巡迴馬戲團——太陽馬戲團想出一個獨特、富藝術氣息、沒有動物、前衛的馬戲團，而且一舉成功。太陽馬戲團為了確保自己的市場，它除了自己的巡迴表演團之外，也立即在拉斯維加斯、奧蘭多及路易斯安納成立終年不斷的演出團隊。不甘於坐視自己失去那一部分的市場，林林兄弟創造出巴南的萬花筒——以一個帳棚組成的馬戲團，嘗試與太陽馬戲團競爭。

　　為了確保活動品牌，行銷人員在圖文上都必須創造出辨識度。第一階段就是創造一個識別標誌。如今，企業甚至願意花高達100萬美元來製作一個識別標誌。他們這麼做是因為一個識別標誌能創造出受人尊敬並為人瞭解的形象，而這有助於為活動建立品牌。大眾或許會對不熟悉的事物裹足不前。只要看看麥當勞（McDonald's）與T. G. I. Friday's的成功就知道了。儘管他們在各地的產品都很受歡迎，但他們在包裝上提供大多數人所要的一致性。活動與慶典也是如此。如果在某個區域或一年中的特定時段有某個成功的活動，大眾就會慢慢對此活動產生信任，這將能確保企業的壽命。

　　就經常性活動而言，識別標誌融合了許多的意義。想想奧運標誌裡相連的五個圓環所包含的涵義。對於剛成立不久的慶典而言，製作一個在視覺上吸引人的識別標誌是很有用的品牌建立方式，當潛在的參與者看見它時，就能聯想它背後所隱含的慶典意涵。

大衛・佐克沃回憶雅典奧運以及文化DNA：

　　在雅典奧運之前，希臘這個品牌正在走下坡。隨著開幕典禮的日期愈來愈近，人們對於希臘能否順利完成任務的疑慮日趨白熱化。多數助長這股狂熱的媒體將重點放在體育場上，因為它的興建進度嚴重落後，落成似乎遙遙無期。我站在那座體育場裡，感覺希臘品牌的保證正在崩解。不只是外國人，連希臘人民都對他們自己的國家失去信心。假如你相信你在報紙上所看到的，失敗——一齣希臘悲劇——似乎無可避免。只是，希臘和希臘人並未倒下。相反地，他們非常了不起。在開幕式後的隔天，《倫敦時報》（*London Times*）在頭版放在一行標題，簡單地寫道：「從悲劇到勝利」。然而他們並沒有談到體育館以及即將展開

的運動競賽。他們談論的是希臘勇敢向她的人民和全世界呈現出令人驚嘆的開幕典禮經驗。

這場開幕典禮由許多非凡的時刻所組成，但是有一個特別的畫面浮現在我腦海中，因為它簡單、真實，別具意義。畫面中出現一名懷孕的女子以及壯觀地呈現出生命的象徵——一道DNA的螺旋體。這道DNA將使得她的孩子獨一無二，就像它讓我們每個人都獨一無二一般。但是它也是我們每個人都具備的：每個人都不同，但是所有人也都相同。在一夜之間，希臘品牌又變成人們可以相信、值得尊崇的品牌，並且希望自己能成為其中的一份子。

關於行銷你的慶典或娛樂的五個基本問題

1. 你的慶典或活動的地點是否有機會達到最高的出席率？該地點對於活動經驗是否有正面影響？

2. 你的定價結構以及包裹式定價能夠吸引預期中的出席者數量與類型嗎？

3. 你的慶典或活動內容是你全心全力要讓它成為在競爭市場中對於潛在參與者夠誘人的事嗎？

4. 你的慶典或活動在網路上的呈現能夠設計得比你的競爭對手更好嗎？

5. 你的慶典或活動在非網路的行銷方面能夠做到熱情、有趣和與眾不同嗎？

評估慶典表現

　　慶典與娛樂之所以會蓬勃發展是因為這種活動具有令人期待的獨特性質。就像我們先前所討論的，行銷這些特殊活動不只需要傳統線上與非線上的方法，也需要非傳統的行銷技巧，譬如街頭宣傳與伏擊式行銷。非傳統的方法較容易吸引消費者的注意，並且透過電子裝置口耳相傳，而在線上與傳統媒體曝光。不過，大眾的觀感和社交媒體的報導並非總是正面的。因此，行銷人員應該要瞭解不因循傳統的方法往往也伴隨著風險與機會。從這方面來看，我們必須注意活動本身以及用來宣傳活動的方法這二者所造成的正面與負面影響。

　　研判一場慶典或其他娛樂活動是否成功，可以用許多不同的方式。顯然，無論出席率是否讓活動達到其財務或其他目標都是活動表現是否良好的即時晴雨表。不過，除非這場慶典只舉辦一次，否則只有出席率並無法讓活動行銷人員知道如何預期它未來的表現。

　　慶典行銷人員必須確認活動目標，而且有可能是多個不同的目標。假如活動是一個營利事業，那麼出席者、地理位置、人口結構特性、報名與繳費方式、交通安排，以及活動資訊途徑等全都必須加以分析。慶典行銷人員必須經過一段時間才能知道他們的顧客是哪些人。假如活動開放線上報名，那麼適當格式的報名網頁可以被用來當做客戶資料系統。

　　假如一場活動有意引起人們對一個目標的注意，那麼籌辦者通常會在活動前、活動中，以及結束時訪問參與者。通常，在這些活動中，籌辦者會在活動現場尋找志願者，並同時散播關於這個目標的資訊。藉由訪問熟悉這個活動與目標的人們，我們可以瞭解受訪者、已接收資訊者，且成功募集成為志願者的概約人數。從這裡不僅能得到參與度統計的數據，也能獲取態度與興趣程度的一般回應。

　　當你試著在社群中宣傳如美國國慶煙火慶典或至當地消防隊參觀的親善活動時，你可利用當地報紙或談話性廣播節目，以及隨機訪問社群中的人以獲得來自社群的意見反饋。在一些情況中，隨著慶典的擴大，你可以藉由出席率增加的情況來判斷。在募款活動中，底線是為這個目標募得的金額，還有號召幾個人獨自募集更多資金。當你想知道贊助商的名稱被宣傳得多成功，你可以觀察廣告與公共關係，並為它們兩者賦予價值。在廣告方面，不管贊助商的名稱與識別標誌在何處被顯著地使用，我們都可以藉由取得該特定廣告的價格來判定其廣告價值，然後將所有的廣告成本整合起來。在公共關係方面，我們可以考量相對的廣告價值。這個數字可以透過收集所有提及贊助商或贊助商出現在照片中的新聞剪報來取得，然後判定如果要支付這些曝光費用究竟會花掉多少成本。

　　慶典行銷人員希望執行關於活動內容檢討的研究是有道理的。假如預算許可的話，統計學上的問卷調查加上探索型的團體討論可以被用來確認哪些事物是重要的，哪些不是，以及接下來原因為何。既然網際網路對於慶典行銷而言是不可或缺的，那麼何不在你的網頁上納入一項調查並廣納建言呢？就如同第5章所描述的，關於你的慶典什麼地方是對的，什麼是錯的，社交網絡、推特以及部落格圈均可作為資訊來源，而且你應該要被認為有雅量接納關於該慶典的批評，再將正面和有建設性的回應與在你的網站上以及其他宣傳媒介上的意見加以合併檢視。

■ 慶典行銷的基本原則

　　你應該要界定你的慶典將要吸引的消費者類型，並且將它們塑造成一個目標或是一群目標。這將會引領你選擇媒體管道以達成目標，或是一個媒體組合以達成多重目標，並且構思適當的創意訊息來吸引

和激發人們的興趣。你應該要特別重視蒐集與你的目標相關的其他慶典與活動的資料，並且去瞭解基本上要提供的事物，以構成你的潛在顧客期待的基礎設施與內容的必備條件。就像在所有市場中常見到的，持續不斷的標竿管理是維持成熟產業標準的必要過程。在選擇一個可能的慶典場地時，除非你的慶典經常性地使用同一個場地，否則你應該要考慮替代方案，即便是經常使用，也沒有什麼事是一成不變的，因此改變場地的好處不能全然被忽略。尤其是成本考量，無論你的目標是獲利或是收支平衡，因為替代場地可能會願意提供你變換地點的經濟誘因。無論你的慶典性質為何，都會包含所謂的「達人」，這是表演事業中技術人員與製作人員用來稱呼表演者的用語。達人往往是你的慶典的活力來源，因此務必聘請特殊的藝術家、工匠、表演者以及風雲人物。通常慶典籌辦人與達人之間會有經紀人擔任連絡窗口，主辦單位往往應該要與他們聯繫，請他們提供必要的內容。

身為一名慶典行銷人員，你要直接參與規劃流程，而且應該排定各項活動時程、預計完工時間，以及人力資源和資金需求。由於慶典的行銷與規劃之間有這層重疊的部分，因此從商業刊物以及學術與產業研究出版品中學習當前的活動管理實務是有益處的。為所有的慶典製作成本擬定一套預算系統是有必要的，其中須包括場地、內容、人員編制以及行銷。就如同第4章所述，招募和維繫贊助商可能會是工作重點，兩者都對慶典的行銷成本有利，而且他們本身的行銷也可以轉化成對你的慶典的注意力與流量。你可以利用目標群眾的背景資料情報嘗試讓贊助商的類型與你的目標群眾特質相配合，但是我們不得不承認當招募必需的贊助已經是一場艱難的硬仗時，可能礙於現實仍須採取權宜之計。在相關的意義上，你應該考慮跟觀光和旅遊業，以及鄰近地區有可能從活動中獲益的組織團體合作。

■■■ 慶典與社交網絡

　　在所有的活動類型中，慶典與社交網絡最為相關，尤其是在廣大的年輕消費者中，他們參與慶典與體驗經濟這種流行的觀念有密切關係。因此，在這種情況下，社交網絡的某些層面必須被考慮進去。不須過度細述社會學的觀點，只要說人類是社會的動物，與其他人的交往與合作對於我們發展成文明的生活方式是基本的條件就夠了。社交網絡無所不在，而且並不是原本就跟科技有關。它是關於社會如何運作、觀念如何散布、組織如何形成，以及文化如何演進，所以它其實是非常基本的原理。社交網絡的當代現象，包括線上通訊社群，只是加快和凸顯我們的生活結構。慶典本身在其最早的歷史根源中，就是

圖6.5　慶典與社交網絡

社交網絡進入活動的世界中，不過這是個擁擠的空間。

社交網絡的表現和方式，因此它們的現代形式與科技通訊系統交織在一起也就不足為奇了。

說到慶典流行的指標，只要想想最近在英國購物商場中戶外生活與露營用品零售商的表現即可，它被認為與慶典市場的成長有關，雖然慶典市場與想要融入大自然的渴望背道而馳，不過這兩者也有可能在某種意義上相關。慶典對於許多年輕消費者而言，扮演社會凝聚力的角色，而且就像他們在60年代習慣說的，「不來你就遜掉了」。情況很快就變成不是你來不來參加一場慶典，而是你參加哪一場慶典。當想到慶典以及慶典與參加的年輕人之間的相互影響時，就必須先理解消費者透過手持裝置、平板以及筆電的使用所產生的雙向溝通。在第5章我們已經討論過一名活動行銷人員能夠如何利用社交網絡。在此我們將觀察消費者如何利用社交網絡，及其對慶典行銷人員的意涵。

以下簡短描述年輕女性如何利用臉書及一般社交媒體：18-34歲的女性把焦點放在她們的臉書帳號上。超過半數的年輕女性（57%）表示，她們在線上與人們談話的時間遠超過面對面的時間。有高達39%的女性表明自己是臉書成癮者，其中有34%的年輕女性睡醒後第一件事就是打開臉書，甚至連刷牙或上廁所都還沒做。18-34歲的女性有21%會在半夜查看臉書。63%利用臉書作為社交網絡工具。42%認為將她們自己喝得爛醉的照片張貼在臉書上無所謂，79%認為張貼自己與他人親吻的照片無傷大雅。有58%利用臉書來密切監督友敵。50%認為在臉書上成為全然陌生人的朋友也沒關係。

(www.mashable.com.2010)

上述資料摘自2010年的調查，顯示臉書簡直可以說是一種傳播現象。線上通訊已經開始贏過親自現身的通訊。本書在撰寫時，臉書成

立還未滿10年，這個現象發生的非常快，而且使用者快速激增。由於慶典會隨著口碑的背書而興盛，也會因為口耳相傳的負評而遭殃，因此現在慶典行銷人員要面對的現實就是必須愈來愈倚重網路。

宣稱自己對某個系統成癮，無論這個詞如何被濫用，人們其實透露出他們大量使用這個系統以及當失去它時會有多焦慮。就像老煙槍一樣，許多人在早上一醒來就先打開臉書，有些人甚至在半夜也必須察看最新動態。因此許多人變得強烈擔憂人與人之間的關係。雖然「成癮」這個詞在此有被吹捧的意味，但是讓我們來做個比喻。大多數人都想要快樂與滿足。如果快樂與滿足被包覆在單一事物上，例如鴉片，那麼這項事物就會承載極度的渴望。如果沒了這樣東西，人們就無法獲得快樂與滿足。同樣地，大多數人都想要有社交人脈。當社交人脈被包覆在單一事物上，例如臉書，那麼人們就會極度渴望這項事物，而且如果沒有它，就沒有了人際溝通。這代表利用科技來達到渴望社會連結的嚴重需求。

這裡所涉及的通訊可能是親密的，而且大多數用戶所展現出的隨心所欲和毫無顧忌也值得注意，因為這個媒體被用來拉近朋友的距離，但同時也把敵人拉得更近。人性似乎不著痕跡地溜進臉書中。對於慶典行銷人員而言，這個訊息不容小覷。年輕消費者透過這個媒介期待找到人們即時動態的資訊，而且這是消費者對消費者的資訊。假如一場慶典的傳統媒體廣告與在社交網絡上所討論的慶典不相符，那麼它將不會產生太大的效應。這是更加突出和更加速的消費者力量。假如一場慶典在社交網絡中發現一股廣大的支持共識，那麼它將大受歡迎。

臉書網絡的幅員遼闊得令人驚訝。下頁資料是來自Facebook.com的統計數字。

要在這個瞬息萬變的時代中寫作就是要跑得快才能站得穩。行動裝置急速發展，當你在讀這本書時，我們可以大膽的假設未來社交網絡電話的使用將會愈來愈普遍，因為無線的格式已經變成常態。推特

> 　　臉書已經擁有5億多個有效用戶，其中有一半每天都會登入。每位臉書用戶平均擁有130個朋友，所以顯然許多人的朋友高於這個數字。全世界的人每個月花在臉書上的時間超過7,000億分鐘。
>
> 　　臉書用戶與超過9億個物件互動，譬如網頁以及活動與社群頁面，每位用戶平均連結過80個社群頁面、群組與活動。每位用戶平均每個月發佈90則內容。因此，每個月有超過300萬則內容，譬如網頁連結、新聞故事、部落格、隨筆以及相本在用戶間相互分享。有30%的臉書用戶在美國。人數為1億5,000萬人。
>
> 　　每個月有超過3億5千萬的臉書用戶會連上平台的應用程式，目前在臉書平台上大約有55萬個有效的應用程式。超過100萬個網站已經整合臉書平台的連結，每個月有超過1億5,000萬用戶從外部網站連上臉書。
>
> 　　有超過2億行動裝置用戶（在撰寫本書時）經由他們的行動裝置進入臉書，而且他們的使用量是非行動裝置用戶的2倍以上。
>
> 　　　　　　　　　　　　　　　　　　　　（www.facebook.com）

的留言、部落格、影片、電子郵件以及臉書上的社交網絡通訊，以及必然出現的模仿者和後起之秀，都將流進和流出慶典，因此慶典本身就成為通訊的一部分，而產品與宣傳的傳統概念也將日益模糊。

　　臉書是社交網絡網站的通才，而且在大眾市場中，它是最大和最知名的。不容置疑地，隨著時間的推演，這個市場將會分裂。如果上維基百科（Wikipedia）查詢，將會發現目前有許多可利用的社交網絡系統，它們日益走向專門的興趣，譬如活動和次文化。舉例來

說，假如你對歌德社會的行為感興趣，那麼你會接觸的社交網絡網站是Vampirefreaks.com。這個次文化是另類慶典的化身，一位歌德慶典的籌辦者不會只在臉書上尋求傳播與意見，因為它讓人們感覺太主流了。就像廣播電視媒體和平面媒體的分化證明提供了更精確的目標市場一般，我們預期社交廣播電視媒體應該也會朝這個方向發展，即便在撰寫本書時，臉書占有極大的優勢。當剛開始有電視時，頻道並不多，而且當時主要的社交網絡持續占有主流地位，然而今日的市場包含了多種興趣、類別、習慣和觀點。沒有證據證明社交媒體不會以類似的方式發展。

結語

娛樂與慶典是我們所指稱的活動中與大眾關係最密切的。參加一場詩歌慶典可以滋養心靈。參加一場音樂節可宣示年輕與自由。在古代巨石陣中舉行的夏至嘉年華是要緬懷過去。人們想要得到快樂，而且人們喜歡聚集在一起。聽起來不像是強行推銷。娛樂與慶典的市場一直都蓬勃發展。在這個領域中的活動行銷人員常常能夠在網路開賣門票後的數小時內就把票賣光。它們在流行市場中具有競爭優勢，因為它們吸引人們的注意，而且被視為是賺錢的低風險方法。假如它是人們想要的，那麼就給他們，對吧？在某種程度上來說是有道理的，但是流行會造成飽和，而且人們可能會想得到快樂，但是他們會希望由你來帶給他們歡樂嗎？人們可能會喜歡一場很棒的慶典，但是他們會想要喜歡你的嗎？一如往常，活動行銷人員會透過瞭解他們的顧客以及分析市場以提供最好的活動內容來獲得競爭優勢，而且會一直這麼做，年復一年。沒有什麼事是一成不變的。昨天流行的慶典將會被明天的慶典取代。你必須確定那是你辦的慶典。

Q&A 問題與討論

1. 你是否思考過你的慶典正在執行一個重要的社交功能呢？這點要如何貫穿於你的行銷傳播中呢？

2. 你的慶典是一場娛樂活動還是娛樂大會串？

3. 你認為消費者是娛樂活動的接收端還是一個管道？這點要如何貫穿於你的行銷傳播中呢？

4. 地點對於你的慶典有好處嗎？

5. 相對於你的競爭對手，你要如何定位你的慶典？相對於你，他們又會如何定位他們自己呢？

6. 天氣會如何影響你的慶典的成敗呢？

7. 參加你的慶典要花多少費用？定價會太高或太低或者定得剛剛好嗎？

8. 你的慶典包含哪種娛樂活動呢？哪種類型的人會對這類事情感興趣呢？

9. 你是否利用活動來宣傳你的慶典？或者你完全依賴網路呢？

10. 你的慶典有名人加持嗎？

11. 你的慶典或娛樂有識別標誌嗎？

12. 假如你利用e化行銷來宣傳你的慶典，你的e化傳播和網絡夠充分嗎？

實用網站資源

1. **http://ifea.com**
   國際慶典與活動協會（The International Festival and Events Association）是為慶典與活動產業所設立的全球網絡組織，負

責宣傳該領域在世界各地受關注的事物，並擁有許多全國性與區域性的聯盟。

2. **http://www.edinburghfestivals.co.uk**

愛丁堡嘉年華（Edinburgh Festivals）是蘇格蘭愛丁堡市各類嘉年華會的綜合組織。他們提供一個有趣的觀點，說明如何一起行銷嘉年華會，而不是成為彼此的競爭對手。愛丁堡擁有全世界要求最嚴格的嘉年華圈。

3. **http://www.artslaw.com.au**

澳洲藝術法學中心（The Arts Law Centre of Australia）為澳洲文化與藝術界提供建言。雖然主要負責全國性的事務，但他們也提供關於如何宣傳及籌辦慶典的檢核表與指南。

4. **http://www.efestivals.co.uk/festivals**

這個網站是在線上統籌慶典市場的例子。這是英國一個多媒體的慶典指南，其中包含了慶典消費者必須知道有關慶典界所有的大小事，而這種模式在全世界均被仿效。

第7章

企業活動行銷

「企業活動行銷技巧必須大膽創新且別出心裁，才能在我們的客戶所身處的競爭環境中跟上新時代的腳步。」

傑克摩頓全球公司執行長　賈許・馬寇（*Josh McCall, 1960-*）

當你讀完本章，你將能夠：

- 瞭解在企業內部行銷策略，例如獎勵旅遊和產品企劃中，活動所扮演的角色。
- 在外部企業及品牌行銷策略中有效運用活動。
- 在企業活動行銷企劃中納入公共關係。
- 在企業品牌的活動行銷組合中，利用活動所扮演的角色來開發品牌潛力。
- 結合善因行銷建立企業形象。

　　企業具有重大的社會及經濟意義，因此他們在活動的運用上需要有特定的焦點。不論是活動的策劃人或是參與者，國營或是民營企業，本質上來說都和各種活動類型的製作與執行有所關聯。在這一章裡，我們將強調活動在外部及內部行銷策略中所扮演的不同角色。為了因應勞動力整合、溝通、激勵以及獎勵旅遊活動行銷所面臨的挑戰，我們將檢視活動在企業界中不斷變換的角色。此外，企業活動是企業外部策略性行銷戰略不斷成長的面向，同時也是提升企業本身及其品牌的關鍵手法。

　　休‧韋克翰（Hugh Wakeham）是頂尖的贊助行銷組織WAM的總裁，曾經與許多大企業客戶在眾多領域的國際活動中合作。在本章，他將針對活動與企業行銷相關的各個議題發表評論。

談到成為企業贊助的專家，休・韋克翰表示：

> 將活動行銷納入公司行銷組合的企業愈來愈需要有個強而有力的商業計畫讓公司向前邁進。身為一名活動行銷人員，最要緊的就是瞭解企業渴求的「活動報酬」（ROE, Return on Event）以及公司如何將活動視為能夠幫助他們達到其企業宗旨的方法。藉由瞭解企業的觀點及其希望達到的結果，活動企劃人員就能依此打造活動，並設計適當的工具，以確保成功。企業從許多不同的面向來進行活動行銷，想要打一場漂亮的活動行銷戰，瞭解公司獨特的觀點是先決條件。

企業文化

　　活動行銷人員就像其他的商業專業人員一樣在販售他們的商品。企業活動的市場可說是競爭激烈。如果你想獲得這筆生意，就必須瞭解你的潛在客戶或雇主的企業文化。《韋氏大字典》（*Webster's Unabridged Dictionary*）將「文化」定義為：「人類行為的一種整合模式，包含思想、話語、行為及藝術，且取決於人類學習及傳遞知識予後代的能力。」另外，字典上還提到它是「一貫的信仰、社會形式及種族、宗教或社會群體的實質特性」。以該定義來看，我們還能加上「或者企業的實質特性。」因為企業將公司的理想、口號及象徵灌輸給員工。

　　企業活動常充分體現這些文化認同，舉例來說，玫琳凱（Mary Kay）化妝品公司所策劃的活動中，最引人注目的就是當全體經銷商站

起來，引吭高歌公司主題曲時那一瞬間，就連過路人也不禁駐足探頭向宴會廳裡張望。這個特別的企業文化以情感承諾為基礎，如果想試圖獲得能籌備這類活動的合約，活動行銷人員就必須瞭解文化的情感調性，才能以相當程度的瞭解與潛在客戶溝通。這家化妝品企業不可能會親切回應一個不懂公司精神的活動行銷人員，況且這是他或她應該要瞭解的先決條件。

企業精神中其他比較少情感表現的部分較為常見。如果企業文化是關於共同的價值觀，那麼企業就會利用內部活動來刻畫及鞏固其價值。企業活動如果只是讓員工唱首歌的話，即使這個方法有特定的單純訴求，也無法讓人留下印象。企業文化傳達企業訊息給員工及客戶雙方。你可以發現那些老字號的公司就是因他們的制服規定及保守主義而出名。由於近幾年來，年輕一代的新血進入工作團隊和市場中，因此他們的編組團隊有些鬆散，但穩固的公司形象重點仍深深烙印在其客戶一些文化及觀感中。若你想獲得這類企業活動的合約，那麼你在溝通時就要展現出你對其公司精神的認識，並告知你要呈現的活動細節。這是一種行銷策略，但同時也是人類自然行為展現相當基本的方式。我們遇見什麼樣的人，自然就會展現出不同的角色特質。這和尋找企業客戶的活動行銷人員一樣沒有區別不是嗎？

不為潛在客戶修改你的做法這件事幾乎讓人匪夷所思。有些新興的企業奉行隨性穿著、努力工作、用力玩樂的信條。公司鼓勵員工要利用時間去運動、到公司附設的小公園散散步、參加家庭聚會，甚至帶著自家狗狗來上班。行銷活動中瞭解公司行為預期的基礎是很重要的。管理者和決策者不只幫助你瞭解其文化特質，也瞭解文化存在的理由。如果你向該公司的員工、股東、客戶以及盟友行銷其訊息，先問問決策者以下這幾類問題。

公司是從哪裡起家的？開業多久？將來希望往什麼方向發展？這樣的發展軌跡是構成企業策略的基礎。你希望為企業客戶籌辦的活動就是你嘗試要努力的部分，所以瞭解你的企業客戶過去的歷史與未來

的展望，可幫助你將活動定位為歷程中的一部分。什麼可行，什麼不可行？任何企業在享受成功的果實及忍受失敗的苦楚時，都能從中學到經驗。從同理心和理解的角度與企業高階主管溝通，瞭解潛在客戶的優點及缺點能幫助活動行銷人員強調活動的某些固有訊息。

　　什麼是企業工作環境？一個穿著隨性、休閒的公司高階主管比較可能接受較隨性、較不正規的方法。相反的，也有可能是一個比較傳統導向的企業。就像我們先前提過的，企業就是一個有特定規範及行為準則的事業體，活動行銷人員最好能理解這一點。這就好比要求某人做某件事情前先瞭解他或她一樣。

　　誰是主要競爭者？其價值觀與企業理念有何不同？你對於企業市場及其動態的分析將會讓他們明白你瞭解他們經營的環境，其中最重要的面向就是如何定位他們與其競爭者之間的關係。與潛在企業客戶討論關於競爭對手的特質、因競爭而衍生出來的議題，以及你圍繞著這些議題所要提出的活動，都會讓人感覺你已經是團隊中的一份子。

　　誰是企業的歷代功臣與當代強將？我們該如何為聚集在活動中的員工訂定績效標準來表揚他們？這又是另一個研究潛在客戶的面向。過去可能舉足輕重的人物，至今其風範仍深植至管理思維中，這類典範必須加入建議的活動範本中。同樣地，誰是現在最具有影響力的人，在哪一方面？這就要考量到內部的政治角力、瞭解企業關係及逢迎拍馬的文化。

　　如果有任何傳統或是儀式，譬如公司主題曲或是標語、慶典、競賽、運動及休閒娛樂活動和家族取向的活動，能反映出企業訊息的話，就要展現出來，在籌劃活動時應該要將這些素材列入其中。再次強調，你表現得對這家公司瞭解愈多，就愈可能讓對方認知到你是他們的一份子。

　　建立企業行為有沒有一套正式步驟及政策？針對不同階層的其他員工提出內部標準及其他互動、公開行為之禮儀以及會議準備的規定和參與率，對瞭解公司概況及員工期望都是不可或缺的。

休·韋克翰進一步解釋：

行銷人員須估算贊助一場活動或企劃的利益，以及比較這類贊助的成本跟製作一場預定活動的行銷企劃成本。為了要下定決心朝某方面下功夫，他們會考慮每個選項的投資報酬率。計算贊助商資產價值時要考量財產提供的每個有形市場資產的折現率，接著還要考量與財產相關的無形價值，以決定總價值。當活動行銷人員在設計一個預定的活動行銷企劃時，應該記住這一點，並準備好為他們所提出的選項進行辯護。適當的啟動計畫和企業傳承的行動計畫對於在目標客戶心中建立信用也很重要。媒體的閱聽大眾愈來愈分化，許多消費者也轉移了對傳統媒體的注意力，要吸引目標群眾及建立關係，活動行銷是相當有效的方法，當企業在執行計畫時，終將帶來最多的效益。

　　所以一定要事前做好功課。企業文化和宗旨的差異性既複雜又廣泛。針對個別公司需求提出一套行銷策略，而且要知道這套策略不會用於其他地方。成功的行銷主管會在提交行銷企劃前，先研究企業需求。這是很常見的行銷不二法門。在試圖與客戶溝通之前先瞭解他們，設法融入其價值觀，這些都是開啟人際互動的萬能之鑰，因此在尋找企業的業務時，這是不可或缺的方法。

■ 活動在企業內部行銷中的角色

　　所謂的內部行銷一般是指在企業裡建立商譽、相互理解、合作關係及分享願景等等，長久以來都是利用計畫性活動來達成此一目標。

這些方法都是心理戰，目的就是為了讓大家凝聚一心。對於希望透過自己的經驗與工作實務的知識來建立積極且成效卓越的工作團隊的企業主管來說，這些方法可以被當做有效的回饋。任何策略只要制定地好，執行起來就不會太差。

這當然不是一件簡單的事。就像顧客對於接收到錯誤資訊或是高姿態的對待時，反應不會太好一樣，員工也不會希望看到有人拙劣或嘲弄地呈現其企業活動。但坦白說，我們應該承認，員工常常感到不滿。工作環境往往不是歡樂天地。人們辛苦工作，被迫多做事，和同事見面的時間比和家人相處的時間多。人資管理章程通常毫無仁慈和同情心可言。生活開銷節節上升、帳單越積越多，歲月毫不留情地消逝。員工的內心壓力沉重，有時讓人難以忍受。但人們還是想出人頭地，為了理想抱負忍辱負重。或者有些人認為在這艱困時期還能有一份工作已經算是幸運的了。所以若是低估員工們對企業活動可能的抵制，那將會是嚴重的錯誤。

因此活動行銷人員的角色就是管理內部行銷，以讓人欣然接受的方式來傳遞企業目標。和消費者行銷的相似之處很明顯，就像消費者因為品牌所賦予他們的意義而被吸引一樣，企業員工也會因企業活動而被激勵，因為企業活動提供了一個制度，讓員工的努力能夠獲得企業整體的重視。

麗茲·畢格漢談活動和員工參與：

當新產品發表時，活動非常有用，任何品牌總是需要自家公司的員工瞭解新產品，並且迅速地與客戶及消費者分享他們的理念與熱忱。同時，在整個產品週期中，活動更是極為有用，因為透過讓當消費者及客戶的參與，可獲得凌駕競爭對手的優勢，並快速刺激買氣。

行銷獎勵計畫

設計獎勵計畫時有一點要銘記在心：為了體現企業目標及宗旨，這個計畫是要獎勵員工在某段工作期間達到傑出業績及其他成就而設計的。一個員工要達到合格標準，業績通常在考量因素內，但也包括生產水準、年資、創新思維及節省成本策略。獎勵計畫的要求比其他類型的企業活動來得多，有效的行銷在一開始就要強調，想贏得國外旅遊（通常可攜帶配偶或是攜伴同行）或是特別獎勵和紅利獎金的話，就必須達到規定的業績水準。

在建立公司目標及設定目標達成的獎勵時就應開始廣為宣傳。在整個活動期間，要不斷將目標擺在員工面前，提醒他們，為了得到南法長途之旅，或是附帶高額獎金的「年度最佳員工」殊榮而努力的最後期限在何時。典型的獎勵計畫包含全由公司買單的奢華渡假飯店或海外景點行程，而且也是達成企業目標及宗旨的有效策略。和其他企業活動最主要的相異處在於，舉辦這類活動是為了樂趣，而不是工作。儘管有一部分的預定行程是研討會或全體大會，而且在企業內部傳播時也應以開會之名義來宣傳，但是在大部分的情況下，與大多數其他企業活動不同，這類的「工作」會議並不是強制出席，開會時間也很短（或是整個取消）。

企業會在獎勵旅遊期間召開有意義的商業會議，主要是宣佈產業的新技術或發表新產品，以及重新建立企業文化及員工忠誠度。舉例來說，一組獎勵團隊登上一艘郵輪，於是他們就成了管理階層的一群「忠實聽眾」。當你在行銷一個獎勵計畫時，為了建立你的宣傳重點，你必須確實瞭解管理階層真正的意圖為何。請牢記這些行銷獎勵計畫的基本原則。這些原則很簡單，但卻是重要的關鍵點，且隨著獎勵旅遊企劃的花費所帶來的許多負面壓力，這些原則變得益發重要。採用熱情洋溢的字眼來形容獎項及與會場所／地點。這些需求都是不

言而喻的,如果其價值並不明顯,就把它寫出來。如果獎品或旅行的金錢價值明顯值得一提的話,那麼就要強調一下。反之,若不是的話,就要小心這樣的強調方式可能會使得認同感降低。清楚規定讓相關人員能夠達成的成就等級是必要的,太過輕忽嚴苛的目標將造成適得其反的效果。標示清楚時程及期限,所有的員工才會留意公司的特別要求。隨時都要提醒員工們利益從哪裡來。公司因員工工作表現良好而給予獎賞,也希望這麼做能建立員工的善意和忠誠度。在經濟緊縮的環境中,員工通常在飽受壓力的情況下,無可避免地會被嚴格要求辛勤工作,因此獎勵活動就能紓緩員工的擔憂,專注在公司的需求上,而不是讓身心俱疲和多疑的員工更加疏離。

讓內部活動成效卓著的五個問題

1. 你的企業內部活動會因為那些冷嘲熱諷且難以討好的參與會者抵制而修正嗎?
2. 活動中大力鼓吹的獎勵計畫是否真的激勵了某些人?你是否努力使這些活動盡可能對員工具有吸引力?
3. 你的企業會議目的只具有推動作用,或者目的是用來引起員工興趣和激勵他們?
4. 你是否跟公司要員商談要將你的企業活動價值發揮到最大?
5. 你是否將企業主旨詮釋成簡單易懂且讓人接受的目標呢?

其他類型的企業集會

規劃企業活動有許多目的,大多數都是把先前描述的相同行銷原則整合在一起。這些原則歸納如下:

訓練研討會。和協會的組織研討會及工作坊類似，這些集會結合講者及專案小組一起討論特定主題，像是產業趨勢、科學新發現和新理論，以及不斷改變的市場人口結構。對於主題和利益（例如與會者將學到什麼）有清楚的概念是向與會者推廣訊息的重要目標。再次強調，訓練研討會是一個能激發人們更多潛能的方法，因此需要用一些敏感度來設計活動，而且一定要能夠充滿活力和激勵人心。如果與會者因為瞭解到這個研討會是經過包裝，裡面的產品其實是要求他們做額外工作的話，他們就會心不甘情不願地參加，而活動的進行也會遭到一些阻力，而且會對公司採取的做法多所埋怨。在這樣的情況下，先針對企業環境進行研究將有助於在實際的脈絡下定位這場活動。活動展現的愈是開誠佈公，遭遇嚴重負面反彈的可能性就愈小。

產品介紹。新產品介紹的活動具有多重目的。這些活動主要是教育訓練活動，目的是教導銷售人員及企業主管有關他們必須銷售的產品或服務的好處為何。再者，這種集會通常被當做附加的管理會議。產品介紹可能也會以新產品及企業創新的慶祝活動形式來進行，目標是針對企業員工、批發商、經銷商、零售商，甚至是一般大眾。充滿戲劇性的呈現方式，配上最前衛的精采視聽表演，精心設計的舞台、音樂及娛樂節目，通常是展現及說明新產品的平台。對於那些銷售這類活動的人來說，這代表什麼意義？很明顯的，活動的本質及精緻程度與行銷手法有關，然而基本原則是，它不能平凡無奇，若是沒有讓受邀前來的企業股東留下深刻印象，顯然會產生不良後果。

管理階層會議。這通常是高層主管級的互動、座談會和消遣活動的綜合體，這類活動不太需要行銷，因為在企業中，出席會議就是成就的表徵。教育訓練內容最主要的部分可能是著重在討論企業理念及價值、問題解決方法以及新的組織策略。應該事先發給與會者資料，好讓他們對於這些討論所帶來的挑戰及預期結果有所準備，如此一來，與會者將能發揮最大的貢獻。這裡的行銷工作不是要求出席率，而是要獲得他們的認同及主動參與。管理階層會議對於擬定策略及程

序而言十分重要。假若與會者不參與討論，那麼就聽不見彼此的意見，甚至轉向負面方向發展，因此為了企業的利益著想，需宣傳帶著誠信和熱忱參與的好處。身體力行效果立見，空有一顆熱情的心效果不大。

　　銷售會議。從行銷觀點來看，全國性及區域性銷售會議通常結合了教育訓練活動及產品介紹活動所需具備的宣傳手法。其目的包括增進銷售技巧、鞏固企業價值與理念，以及瞭解欲銷售之產品或服務的新特色。這些都是典型的工作／玩樂活動，其設計首先是為了教育訓練，而後是休閒娛樂，目的是為了激發熱忱，並且讓銷售團隊帶著奉獻精神離開，熱心地將產品推銷給消費者。考量到對品牌行銷人員而言，獲得經銷通路非常重要，如此便可知銷售管理的重要性。因此銷售管理活動對於上下團結一心建立目標特別重要，最要緊的是願意並且開放知識分享。再次強調，行銷的角色除了被用來提升出席率之外，其主要目的是要引起銷售專業人員的動機，使團體進步，而不是只有自己。

　　股東會議。股東主要就是企業裡重要的「利益關係人」，企業章程及法律通常要求每年至少要開一次股東會議。舉行這些會議就是要告知股東公司經營狀況是成功與否，以及邀請股東前來提問、提出建言或只是向公司管理階層抒發怨言。景氣好時他們就會非常開心，景氣差時就會懷有深深的敵意，這類會議的形式，以及被宣傳的程度，是很敏感的管理議題。行銷主管有必要謹慎遵守管理階層的指示，以擬定行銷策略。將股東設想為某種類型的顧客，假如公司沒有他們的投資，就無法運作。他們的需求可能主要是金錢方面的投資報酬或是股息紅利，然而其他因素，譬如企業永續經營、環保議題、倫理和企業社會責任對投資者來說也非常重要，應該在股東會議上予以說明。

企業內部活動面面觀

不論企業活動是新購物商場的開幕式、即將上市的新車展示會或是籌備一場銷售會議說明嚴峻的新目標，若能獲得重要員工的意見，企業活動最為有效。舉例來說，可以邀請焦點小組，測試他們的反應，並且在制訂計畫前做出調整。儘可能不要使用「焦點小組」這個術語，而是以開會討論來代替。要小心不要濫用專業術語而讓人反感。員工會樂意參加會議，但是如果會議被美化成研究，員工就會敬謝不敏，甚至覺得惱怒。對行銷人員來說亙古不變的真理就是：瞭解你的目標群眾。以下列出在輸入資料時通常應考慮的內部部門：

高階管理階層是負責做最後決策的人，所以應該被含括在與其決策相關的研究中。好的高階主管會非常樂意深入瞭解其策略的有效性，知道這麼做會幫助他們做出更好的決策。那些不願意考慮其策略結果為何的主管將有違其企業角色的本質。

公關人員必須要能評估一場活動，瞭解活動目的及宗旨，以及預期對於出席率和參與度的抵制行為，那麼在傳遞活動的好處時，才能引起員工的熱忱與支持。

在一家企業中的**行銷管理階層**監管各種不同的活動，企業活動只不過是眾多行銷活動之一，企業行銷人員自然希望能整體規劃，確保全面掌控企業認同。他們很有可能希望瞭解你的活動並建議修改事項，以符合企業傳播策略。再者，過程中因為有他們的參與，可注入專業素養、洞察力和實際協助等好處。行銷功能通常在以市場為導向的企業中特別重要，而且資深行銷主管是構思和制訂企業策略的核心人物。努力向企業客戶證明他們規劃的活動好處多多的活動行銷人員，將特別受到行銷管理階層的注意，因為一場活動能夠讓企業行銷人員看見其價值，並能據此提出報告，就是有吸引力的企業提案。

芭芭拉・波梅倫斯談企業焦點：

對行銷人員來說，特殊活動一直都是重要的選項。它是一種完全的生活型態和／或創立事業的經驗。但是像音樂會、戲劇表演及慶典在當今的經濟氛圍中已面臨衰退，因而投資報酬的重要性就被誇大了。在各種形式的行銷中，評估相當重要。利用焦點小組、線上調查工具Zoomerang的研究、針對潛在或現有客戶所做之問卷、國家研究報告，例如士嘉堡（Scarborough）研究公司的報告等方法策略性地規劃活動，就能增加出席率，及提高活動成功率。你可以利用你的部落格、網站、社交媒體和媒體垂詢來監測流量、可及範圍及影響力。譬如Google分析數據及Google快訊這類簡易的工具都非常有幫助。向你的顧客證明你的價值就能確保你的重要性。

　　人力資源管理階層以企業利得來平衡人事成本，因此必須讓人相信你的活動對於達成企業宗旨相當重要。我們會思考讓合適的人籌辦活動，是因為瞭解到用錯人將難以達成正面的結果。顯然，將人力資源管理階層整合到活動企劃的過程中將有助於成功舉辦一場頗具成效的企業活動。人力資源管理階層通常也會安排訓練和發展的行動計畫，如此也可讓人相信活動管理訓練是以企業最大的利益為依歸。

　　銷售管理階層是一個較不精確的用詞，指的是公司裡負責安排最佳經銷通路或達成銷售目標的人員。公司經常為銷售主管舉辦企業內部活動，當然在這樣的場合中也會要求他們給予意見回饋。另一方面，銷售管理階層應該要有機會對任何一種企業活動提供建議，因為對銷售人員來說，想要招攬生意的話，在企業裡發生的每一件事最後都有可能派得上用場。

休・韋克翰談論銷售：

一間公司可能只著重在將活動行銷當成是開發潛在客戶名單或是直接銷售的工具。在這個情況下，瞭解到如何銷售產品或服務，以及銷售對象是誰是很重要的。在規劃活動行銷戰時，必須要將目標顧客的人口結構及消費心理統計資料考慮進去，才能吸引有望成為目標顧客的人，並和他們建立起合適的連結。瞭解如何追蹤銷售量和／或潛在客戶也是十分重要的，這樣就能以合適的制度來評估為實現目標所擬定的活動行銷戰役成功與否。

假設有一個活動為了增加利潤，納入一組**採購團隊**，那麼某位銷售主管也許能透過他們精湛的競爭銷售實務知識讓活動進行得更加順利。另一方面，若是透過一場活動宣傳某個品牌，銷售人員為了增加其銷售市場定位的分量，就得瞭解所有大大小小的事，更有甚者，他們能夠針對活動中對經銷體系影響最深的某些面向提出實用的建議。

供應商和經銷商的範圍從成分及材料製造商到供應商品及基礎建設的零售業和服務業都有。企業通常會安排並接受活動和招待。以往都是盛大的活動，而且大家認為這是不可或缺的獎勵條款。例如不久前，有個零售採購員受到招待，和眾多電器零售競爭對手參加了一趟尼羅河沿岸超豪華之旅，旅程最高潮的部分是在開羅的宮廷式飯店舉行的新型小家電上市發表會。整場活動都是由大型電器產品製造商主辦，營造出溫馨的感覺，以增加有利於經銷的機會。這個做法聽起來似乎超越我們能理解的範疇，儘管不怎麼有趣而且太過奢華，但原則依然不變。績效責任的因素已經導致戰術改變，供應商與經銷商成為同舟共濟的夥伴，而活動提供了一個互惠互利的集會場所。這種方法是很明智的，你對供應商和經銷商瞭解愈多，就愈能以符合其組織需求的方法和他們做生意。

　　企業中的**財務部門**皆與會計稽核相關。經費支出的結果是什麼以及如何讓這結果有助於收益及獲利？當然這些都是十分合理的問題，而且重要的是，也要能夠提出同樣合理的答案。最好是能夠拉他們與你同一陣線，在財務面上取得優勢，獲得他們的建議，並且向他們證明這場活動的定位是要讓企業獲利。有鑑於企業會計工作的本質，千萬別不明智地指責財務部門不夠有創意，以及將最終責任歸咎於企業，因為財務部門的影響力十分巨大。要是財政部門提出刪減經費預算，須確定他們會支持你的活動，並瞭解這場活動對企業文化及目標具有重要的貢獻。

媒體對企業活動的興趣

　　如果你負責行銷一場企業活動，讓媒體管道知道這個活動十分具有「新聞價值」，而且也能提供利益給對產品或服務有興趣的人，那麼你就能為企業創造附加的利益。為達到這個目標，行銷專家要找出能對整個社會產生正面影響的活動要素：獨特的產品介紹、社區服務、金錢捐獻或者企業在當地投資都是其中一些方法，皆能抓住當地平面與電子媒體的目光。另一方面，單單只是發出新聞稿，告知外界說你的公司將在當地會議中心舉辦全國銷售會議的訊息，新聞編輯可能連眉毛都不會動一下。因此要使用各種詮釋方法，以不同方式看待活動，這樣對於更大範圍的各類目標群眾才會有意義。先針對目標地理區域內的媒體選項進行調查。大量可供選擇的傳播媒體，甚至是個人的關係都能建立及強化企業的知名度。詳細分析每一個媒介可擴及的市場範圍是必要的工作。大型活動可能會鎖定擁有各式各樣人口結構的全國性報紙和電視／廣播電台。較小型的企業會議的行銷人員可能會尋求與對企業目的或產品有興趣的州報或郡報、地區或當地廣播公司、當地的購物導覽以及商家建立關係。

史帝夫・溫特談活動及媒體新聞報導：

身為代理商，我們常受雇處理和籌劃整場活動，但在這種情況下，這通常不是一個獨立運作的企劃。我們多半會為了吸引媒體新聞報導或其他形式的曝光這個單一目的而籌備活動。一個宣傳噱頭或是一場記者會對於吸引媒體報導來說是必須的，那麼當要介紹新產品或服務時，一場開幕式可能是關鍵，但是如果要激發基層民眾的意識，那麼一場社區活動就不可少。因此為了吸引新聞報導，你該如何籌辦和部署活動遠比為了籌備一場活動而籌備活動這個單一目的要來得重要許多。

　　和媒體建立關係往往需要個人的介入。地方新聞編輯和新聞編採部經常會收到大批的新聞稿和產品發佈稿，每天都有堆積如山的資料要瀏覽。你的聲明稿很容易就被淹沒在資料堆裡。這裡有些策略能幫你建立個人長久的媒體關係。

　　找一個能夠幫助你擬定合適聯絡名單的盟友。花點時間思考一下。目標市場中，哪個連鎖業者在社區中具有影響力？哪個經銷商為市議會服務，並且認識那些能左右群眾意見的人士？哪些人能代表當地，提供行銷部門內幕消息並能為新的媒體關係鋪路？媒體關係可能是從未必與媒體直接相關的盟友和支持者開始。在這種情況下，重點不在於你知道什麼，而是你認識誰。要決定好訊息並且搭配對此訊息感興趣的媒體。報紙的執行編輯不一定會被你的訊息吸引。電視製作人也不一定會將你的新聞稿送到合適的記者桌上。放出的訊息要儘可能的精準鎖定最感興趣的族群。例如，假如你的訊息是有關金融方面的，就要確保能傳送到財金編輯那裡；若是訊息大致上傾向娛樂活動，就要確認它會被傳送到娛樂編輯手中，以此類推。

　　換句話說，愈能精確瞄準目標，愈有機會讓媒體代表欣然接受你的傳播訊息。將這點牢記在心，你在市場中的盟友和支持者就能幫你在對的時間聯絡上對的人。詢問並且徵求同意引用他們名字作為參考。寄封私人信件，也許可附上新聞稿，寄給合適的媒體聯絡人，說明來意以及企業活動的訊息，並告知他們，你將會致電過去補充更多的資料和回答問題。這樣可以讓對方注意到你，也是一個考慮周到的商業做法。和媒體代表建立關係時，「電話銷售」通常不是一個有效的辦法，除非你的訊息真的非常「夯」，也能引起社群的興趣。要是訊息夠有吸引力，行銷人員通常會從新聞編輯，或是受派去追蹤這個消息的記者那裡接到詢問的來電。

　　報導過後也要保持聯繫。如果當地新聞台報導這場活動，或是報導出現在平面或電子媒體中，或者當地商家和連鎖業者，在櫥窗裡貼上廣告標語的話，就能讓你的聯絡對象知道它對公司的重要性。縱使他們在將來的活動中或許不是行銷標的，但他們也許知道誰會是。他們也許會成為額外的盟友，幫忙吸引關鍵媒體並擴展新的關係。行銷人員會拿出專業人員具有的客觀訓練，像是分析都市／郊區的報導成本，折扣和優待券的效力以及活動行銷戰的投資報酬率。不過他們絕對不會忘記和媒體建立並且擴大關係即意味著人與人之間關懷與持續的互動。個人與同業的認同，不論那是一封私人信件或一張生日卡，都是無價的。

　　媒體公關的價值是基於人們對你的企業所做的評價，而不是企業對自身的評價。因此所謂公共關係就是透過人們在周遭的社會中，當然還有網路上遇到的事物，來管理人們可能會做出的評價所進行的行銷活動。要是做得完善，在客戶／供應商／顧客之間的信用就會明顯增加。

企業與活動推廣品牌的潛力

　　不論是一家機構擁有並宣傳品牌，或是機構本身就是被宣傳的品牌，企業的思維考慮的是成為最首要的品牌。推廣品牌的過程可說是改變人們對於某件事物的想法，以產生正面聯想的行動計畫。因此，在這個情況下，活動擁有哪些優勢呢？如果一位活動專家要成功地向企業客戶推銷他／她的活動，那麼就增加企業品牌價值而言，他／她能提出哪些好處呢？

圖7.1　企業品牌活動推廣

企業品牌推廣是活動行銷意象的重要面向，識別標誌是其中不可或缺的行銷傳播裝飾物。

答案就是品牌的本質──它是由一連串聯想組合而成。舉例來說，在德國車市場中，有個消費者，他或她有多種選擇。賓士（Mercedes）品牌包含了堅固的傳統價值，奧迪（Audi）展現高超的工業技術的水準，而寶馬（BMW）的車主可能會被認為具有某種身分地位，福斯（VW）則是代表堅固可靠。然而在特定的價格區間內，若我們單純考量汽車本身，他們就沒有任何不同。同樣有相似的構造質感、性能、油耗量、排碳量、舒適度和車體形狀。因此品牌代表的不只是汽車，還有消費者對這部汽車的聯想。其餘因素大同小異，品牌展現的是人們的想法，而推廣品牌就是管理這些思想的方式。

因此企業行銷人員就是思想管理者。他們瞭解附加在其品牌或服務的價值將在消費者心中創造出一個印象，他們提供的第一線服務或安排的品牌分布都向消費者展現出特定的意義。行銷人員瞭解品牌廣告是一個意義轉換的過程，目的是要產生一個好的印象，而且公共關係對於品牌很有幫助。企業瞭解在社交網絡的背景下，口碑代表的是有辨識力而且會受人際關係影響的消費者力量。所有影響人們對於企業或是其品牌觀感的因素即構成了品牌行銷。那麼，活動應該如何嵌入企業行銷人員的思維中呢？

活動之所以獨特是因為它是由消費者創造出來的，因此它的可信度優於其他形式的行銷活動。活動籌辦者架設好舞台，但是創造活動的人是參加者。雖然用詞讓人有些混淆，但是我們一定要瞭解這之間的區別，因為消費者所發揮的作用其實就是一種宣傳方式。

如果一家德國汽車製造商贊助一個在環保會展中心舉行的科學展活動，它將會為品牌個性加上永續發展這一特性。活動參加者本身就是活動，他們是形成活動的必要成分，也正是他們的參與才營造出活力。他們的出席是吸引媒體注意及推動公關潛力的要素。這和社交網絡的情況相呼應，在社交網絡裡的人們已經成為媒體管道的元素之一。但滲透到社交網絡中需要小心處理，不能讓人覺得像是強迫或別有用心。

休‧韋克翰談改變品牌觀感：

如果企業想改變人們對自家品牌的觀感，試圖和某個活動結合以求能和該活動有更多的合作空間，那麼對活動企劃者來說，首要重點就是瞭解企業想要改變的是誰對品牌的觀感——是員工？現有客戶？新客戶？還是貿易夥伴？同時，瞭解該如何衡量品牌觀感的改變也非常重要。建立一套評估品牌觀感的標準很關鍵，並且在活動前、活動中和活動後指定期間內將它應用在目標族群上，以建立活動是否達到預期效果的真實概況。行銷人員必須清楚確定他們想要為公司設定的品牌屬性，然後選擇一個能清楚說明這些屬性的活動行銷平台。

　　消費者必定會感覺到自己本身正在創造資訊的傳播。因此當他們自由決定是否參加活動時，他們認為自己是資訊傳播的發起者，於是開始散播他們參與這場活動所產生的經驗與想法。活動籌劃者的責任就是讓參加者擁有絕佳的體驗，並且將活動傳播的責任轉移給參加者，參加者會透過存在於他們重疊網絡裡的各種通訊管道四處傳播。

　　企業行銷人員比誰都深諳消費者文化。他們將活動置於這個模式中，並定位他們的活動以反映出新興消費者的權益，如此對他們來說才有意義。身為活動行銷人員，你的立場就是向潛在企業客戶行銷你的活動。你有機會表達由你的活動所呈現出的宣傳計畫支持對他們已經在運作的市場介入方案，同時因為該經驗固有的消費者自發性動能而具有品牌推廣增值的優勢。

　　如果你遇到已瞭解這點的企業行銷人員，那就是英雄所見略同。不是的話，就要設法讓他們跟上趨勢。

關於最佳實務品牌行銷活動的五個問題

1. 活動能提供哪些正向聯結給該品牌，你會如何將這些聯結傳達給品牌業者？
2. 你的品牌行銷活動該如何影響該品牌在網路上的正面口碑傳播？
3. 活動會為該品牌提供什麼程度及類型的媒體注意力，又該如何策劃？
4. 你的品牌行銷活動對象是哪些目標對象、消費者及利益關係？活動會有什麼成效？
5. 你的活動秉持著哪些善因理念，這些善因理念是否能夠讓該品牌帶著正面形象脫穎而出？

善因行銷活動

具有社會良知的人會願意支持他們認為重要的善因理念。因此企業對此感興趣。這類活動已成為公關工具主要的部分，將企業定位為社群導向的事業體時，應敏銳意識到善因行銷活動作為宣揚這個善因理念的助力角色。善因行銷活動是開啟社交網絡傳播的一種方式，它們喚起人們強烈情感，並反映出本身贊同消費者自發性傳播的價值。

無論作為企業銷售會議或是產品發表活動的附加特色，或是作為設計用來為相關慈善機構促進利益的獨立活動，企業贊助行為的目的是呼籲人們關注社會需求，此舉將有助於將一間贊助公司打造成為國內及社會中有敏感度的貢獻者。

為慈善機構募款會讓目標群眾意識到我們不只是產品或服務的銷

休‧韋克翰談打造好感度：

最成功的活動行銷企劃就是在公司的目標消費者之間建立起對公司品牌的好感度。當一個消費者對某樣東西有強烈的熱愛時，也會將這種熱愛投射到一家公司，於是消費者和那家公司之間就會建立起一種情感連結——我們稱它為「熱愛點」。研究顯示消費者若是覺得企業和他們一樣熱愛某一特定理念、運動、表演或其他事物，會較有可能購買該公司的產品或服務。在某些情況下，若有共同的熱愛點時，消費者甚至會花更多錢在公司的產品或服務上，即使他們在其他地方花較少錢就能買到相似的產品或服務。

售人員，同時也是和他們一樣心懷利他目的的夥伴。以公關的意義而言，很少機會比善因行銷更能接觸到新聞界、社群領導者、教會、慈善機構以及社交網絡中的消費者。吸引人們參與活動的公益範圍很廣泛。有些能吸引大型企業的注意是因為企業希望利用更廣大的社會集體意識，其他較不知名的公益活動可能是被視為鎖定較小型、較特定消費者族群的一種方法。

　　企業為了鎖定目標而投身公益是合情合理的，因為它包含人性本善的那一面，他們渴望去認同，設法將其變成自己性格中重要的一部分。而且延伸到人們的價值體系裡更為利他那一方面，善因行銷鎖定目標代表某種形式的讚美，企業似乎讓我們發覺更好的自己，而他們的阻力也會減小。下面的例子說明了甚至連活動地點也可以是某種形式的善因行銷。

　　善因行銷企劃是與其他企業發展交互宣傳的一塊沃土。相關公司、協會、社群團體和宗教組織會很樂意有機會能共襄盛舉。如此便

　　　墨爾本、利物浦和開普敦會議中心聯合起來，組成「全球綠色聯盟」（Global Green Alliance）。這個聯盟試圖發展新的環保做法及服務。他們旨在創造一個產業聯盟，確保能提供一個專業且創新的環境給全球消費者，並確保能達成產業的永續發展願景。每個地方都有許多受到高度關注的產業環保獎項和該國特別頒發的認證。該聯盟主張聯合各方力量，宣揚產業界在世界各地舉辦的永續發展活動，聯盟為此設定了若干要達成的目標。核心目標就是推廣永續會議中心。一旦聯盟成立一年，就要開放給其他洲加入。理想情況下，為了涵蓋世界上各個區域，召開永續經營會議的地點會選在尚未加入聯盟的其他洲舉行。永續性不只有其必要性，同時在未來幾年，對商業的重要性也會增加。當然企業的善因行銷也許包括支持民粹主義的理想來影響客戶觀點，但員工、股東和產業的社群關係都會因為選擇與善因相關的地點與而獲益。因為大企業相當渴望表露他們對於環保的熱忱，因此與善因相關的地點會是最具優勢的選擇。

（www.green-alliance.org）

能明顯提升善因理念的影響力和接受度，受邀加入的目標市場也會有較熱烈的回應。此外，善因宣傳對於試圖壓制負面輿論的企業而言，是有效軟化群眾態度的有效公關工具。煙草公司就是這類產業的例子。菲利浦・莫里斯公司（Philip Morris Companies）生產許多和其較知名的菸草產品無關的食品。由於察覺到菸草業頗受爭議且負面的形象，菲利浦・莫里斯公司在全國電視廣告中，說明他們將食品和其他產品透過空運方式救助在戰爭期間，飽受戰亂之苦的科索沃人民。這是個頗具成效的活動，不只將公司定位為具有人道及社會精神的企

圖7.2　打造好感度的偶發事件利用

品牌行銷人員可以選擇結合「偶發事件」，來展現自己的社會責任。

業，也說明了其種類繁多的產品線。或許他們設法灌輸一些正面意義在菸草產品上。像這樣的善因行銷活動，範圍有可能是全國或是當地區域。不過這些活動幾乎都能保證獲得正面的公關價值與企業認同。

　　當然食品業也招來許多批評，特別是對兒童營養問題方面造成影響的不良食品，譬如肥胖症會減少生活經驗和平均壽命。麥當勞企業首當其衝頻頻遭到炮轟，這或許對他們不甚公平，因為在普遍過度使用糖、鹽和脂肪的食品業中，只因他們的身影隨處可見而成為眾矢之的。麥當勞儼然成為無良企業的象徵，甚至是代罪羔羊。這個企業需要的是更好的公關，而活動贊助提供了一個絕佳的機會。以下的個案研究就是他們的其中一種做法。

　　吸引企業關注的善因理念會受媒體所驅動。像是愛滋病和乳癌這類的醫療問題就得到許多贊助，當然，因為媒體關注這些疾病，並引起好的報導，所以非常值得。為了以科學研究疾病而舉行的募款活動因為有機會被看見對社會有正面貢獻，所以可以獲得企業贊助。然而贊助一場和企業本質有所關聯的疾病宣導活動，可能也會讓人感到兩

　　2010年，麥當勞冠名贊助「加斯帕里拉兒童盛會」（Children's Gasparilla Extravaganza），成為坦帕市（Tampa）最具歷史意義的加斯帕里拉慶典的開幕活動。麥當勞一直都在尋找能夠贊助兒童活動的機會。加斯帕里拉兒童盛會是美國最重要的家庭活動。福斯影業直接在網路上進行現場直播。無酒精的麥當勞贊助活動重點在於適合全家人的活動，包括學齡前幼童散步活動、空中入侵活動、兒童遊行和煙火施放。活動生動活潑但不會太過動感，正好適合目標群眾。學齡前兒童散步活動是讓5歲以下兒童和家人有機會推著自己裝飾的推車和嬰兒車出來散步，路程為半英里。空中入侵活動的主要特色是老式飛機和美國特種作戰司令部跳傘隊特別實地示範，在兒童遊行開始之前一躍而下。兒童遊行則是由6歲以上的孩子跳舞、大步前進，一直走到海灣大道。接下來就是那年坦帕灣最盛大的煙火表演，以及重現坦帕市和海盜對決的虛構戰場。這個做法的重點在於大家都度過了美好的一天，還有一些讓兒童和家人一同參與的體能活動，加強了麥當勞這個品牌的趣味性，也意味著該企業致力推廣有活力的生活方式。因為不良的飲食習慣及久坐的生活方式，無疑地反映出我們這個時代的悲哀，因此讓孩子保持健康活潑是當務之急。

（www.gasparillapiratefest.com）

者並不合適，像是汽車製造商贊助為呼吸道疾病募款的活動，或是速食業者贊助為心臟病募款的活動。這看起來太過諷刺。這時就必須運用一些技巧來處理。不論是在永續發展口號的掩護下，或是具體地拯救全球暖化的問題，對生態的關懷不只是對於塑造未來的經濟動力來說不可或缺，也是完整反映出企業本身認同這個對全世界公民來說十分重要的活動。這是企業利用活動做出的廣大定位平台，用以執行更多有明確目標的行銷計畫。

　　有遠見的年輕人會想要尋找未來不同的生活方式。一個關於另一種生活型態的慶典活動能吸引他們參與是一件很重要的事，因為讓人類發展不斷改變的動力就是這些人。給未來世代的年輕人一個共同合作的機會，用他們自己的方式將世界塑造成走向永續生存的模式非常重要。

Vic's Big Walk

I walked almost 2,000 kms from my home in the French Pyrenees to the house where I was born in Northern England. Walking for 70 days, I arrived on my 70th birthday. As urged by many readers of my blog, I have written the book of the walk, which is now with a publisher. I walked to raise funds for Pancreatic Cancer research. The fund is still open for donations. PLEASE SUPPORT SUFFERERS FROM THIS DREADFUL ILLNESS. Just click where it says "Donate" in blue below and to the left.

Click on "the blue "Donate" button below to go to Donation Page

JustGiving
Help us raise money for charity online

100%

c's page ... VI
Pancreatic Cancer UK

Target: £7,000.00
Progress: £8,145.00

Donate　Menu

Vic's Big Walk

0　days until
Arrival Date　(00:00:00)

Wednesday, August 13, 2008
A Decision Against Corporate Sponsorship
John Hayfield has been very helpful with suggestions about finding corporate sponsorship - supply of campervan, et cetera. The idea has some attractions, but this morning I wrote him the following message:

'I have decided, during my walk from Quillan this morning, that I don't want to be involved in commercial sponsorship. There are two reason:

If I did this, I would be doing the walk for somebody else, not for me. The whole thing would feel different.

More importantly, I would be going against my own principles. I always sneer at people who say something like "I want to sail around the world but I can't find a sponsor" - in other words, "I want to indulge my dream but I want somebody else to pay". I would be a hypocrite to do the same.

No, barring any disasters, we can stretch to buy a secondhand motorcaravan for the duration of the walk. What we lose on it, should we sell it after the trip, should be covered by the savings in accommodation and restaurants during that time. But, who knows, we may decide to keep it. We have had two campers in the past and have enjoyed them. I don't really understand why we don't own one already - probably something to do with spending 3 months of each year in New Zealand and therefore being reluctant to leave this beautiful area during the rest of the time. Despite the fact that we are so well situated for camper trips to so many other beautiful places in France and Spain.

So thank you once again for your very productive thoughts on this matter. They weren't wasted because they fuelled my own long hard think which led me to the above conclusion.

As for accepting sponsorship to raise funds for charity/charities, I am still up for that one.

圖7.3　沒有什麼能阻止個人為私人活動尋求贊助

　　聰明的企業會想和這類活動有所關聯，因為不論未來會如何，都會和某種形式的企業合作，所以愈能與他們這個年齡層的想法契合，就愈能讓更多未來的消費者接受。企業參與善因行銷活動可能是短期的權宜之計，然而也可能代表長期的公司定位策略。

　　就像活動行銷專家理所當然地接受自己必須瞭解所配合的公司所擁有的企業文化一樣，企業希望和消費者做生意，也必須瞭解消費者文化。透過活動最能生動表現出這種文化，因為消費者熱衷於表達自己是誰、自身的價值觀以及他們選擇想要和什麼概念有所關聯。行銷思維的這兩個面向最能清楚說明它所反映出的人類行為準則。

🖊 結語

　　企業經由成長變成現在的面貌——這是他們的終極目標。如果沒有成長，他們的股份就不會增加，因為這是投資者的要求。最核心的部分就在於他們運用品牌推廣來擴大市場利益。在日益競爭的全球同質性市場中，品牌本身在消費者心目中是一種概念。活動行銷人員的角色就是如何打造品牌以符合新興的消費行為模式。

　　企業靠員工來擴大組織效能，他們認真看待激勵員工這件事，往往在嚴峻的經濟環境下，企業必須要求全體員工付出大量心力。人們很自然地就會受到社群及共同經驗的表述所吸引，若能達成真正的共識，很有可能就會形成一個團體。活動行銷人員最能提供企業所需，因為一個設想周到並謹慎規劃的活動對於希望將他們的全體員工發展成一個社群的企業來說，是最強而有力的工具。

Q&A 問題與討論

1. 要展現企業內部行銷策略，你會如何行銷你的活動？
2. 你會如何評估企業文化？你該如何定位你的活動以因應這樣的文化要求？

3. 你會如何製作一場活動，讓它展現出企業給予員工獎勵和激勵的需求？

4. 你瞭解員工對企業內部行銷可能進行抵制嗎？在管理活動時該如何克服這個問題？

5. 你清楚瞭解用來獎勵、訓練和激勵員工的企業內部活動嗎？

6. 你會如何行銷你的活動，以因應企業外部行銷策略？

7. 你要如何讓你的活動符合企業行銷組合？

8. 你能夠在行銷你的活動時讓企業客戶的市場定位策略獲益嗎？

9. 你會如何向你的企業客戶行銷一場能增加他們競爭力的活動？

10. 為了擴大企業客戶的媒體關係，你會如何行銷你的活動？

11. 你能夠在行銷活動時配合企業推廣品牌的需求嗎？

12. 活動該如何比企業其他推廣品牌的方法更具優勢呢？你該如何推銷這些優勢？

13. 活動該怎麼做才能符合企業進行善因行銷活動的策略？

14. 你的活動要如何給予企業客戶接觸新市場的機會？

實用網站資源

1. **http://www.cemaonline.com**
   Corporate Event Marketing Association主要是為科技公司服務。他們提供相關範疇的白皮書以及和企業活動行銷有關的網路研討會。

2. **http://www.exhibitoronline.com**
   ExhibitorOnline是一本特別著眼於企業活動行銷的網誌。他們在網路上提供各式各樣活動的資源。

3. **http://www.jackmorton.com**
   傑克摩頓全球公司（Jack Morton Worldwide）是世界首屈一指的活動管理事務所。該網站提供了他們的成功案例，用以證明企業活動行銷能發展到何種程度。

第8章

協會、國際會議及展覽活動行銷

「我才不屬於任何要我成為會員的組織。」

演員及鬼才　葛洛裘・馬可士（*Groucho Marx, 1890-1977*）

當你讀完本章，你將能夠：

- 從協會活動行銷的獨特縱橫結構與運作中獲益。
- 預期及充分利用協會活動行銷固有的特殊挑戰與機會。
- 認識與進入協會活動行銷領域。
- 為協會活動行銷擬定與執行目標性策略。
- 為各種類型的協會活動和計畫擬定與執行有效的活動行銷策略。

協會與企業

協會（例如，聯誼、宗教、商業以及專業）組織與活動（例如，會議、研討會、大型會議以及展覽）密切相關，因此它們代表活動行銷界一個重要的組成部分。這個領域的挑戰形成對協會活動的壓力以及團結，這是由此產生的行銷意涵。有趣的是，我們注意到線上的交流著重在友好的同輩相互交流的能力，並且允許組織結構較不完整但是卻能夠以虛擬的意義存在的新協會形成。這個虛擬的協會也會對於實體活動參與造成壓力，因為一個社群沒有親身參與集會也能凝聚在一起。儘管如此，這個領域仍然繼續蓬勃發展。

許多從事活動行銷的人都發現自己的工作包含了行銷協會活動與企業活動兩者。因此，身為行銷人員的你，清楚瞭解非營利的協會與社團以及營利的公司企業這兩種「文化」和形象之間的明顯差異是很重要的。從行銷觀點來看，其差異可能是很細微的，但是它們仍然很重要。瞭解這兩點將拓展你的行銷技能以吸引更大範圍的潛在客戶。

活動行銷的許多原理對於協會和企業活動而言都相類似，只是它們所瞄準的市場在許多方面明顯不同。但是對於身為活動行銷專業人員的你而言，瞭解這些區別是基本技能，而且對於這兩種機構才有廣泛的吸引力。

　　大多數的企業會議和活動都是裁量行事；亦即，它們都是受到管理階層決策的影響。舉例來說，假如員工未達到績效標準，或者假如公司的業績不如預期，可能就不會舉行獎勵旅遊與活動。如果管理階層認為沒有人值得獲得敘獎，那麼就不會進行優秀員工獎勵計畫。商品發表大會的舉行端視產品是否夠創新，才能在員工和買家面前大張旗鼓地宣傳產品的推出。在大多數的企業會議中，管理階層安排一場活動、不安排活動或甚至是取消一場預定活動的裁量權是非常重要的。企業委託辦理的年度股東會議可能是個例外。

　　另一方面，假如你正在行銷協會會議，你會發現時間表比較固定，而且可以預測。協會章程一般都會要求舉行每年一度的會員大會，或許是2至3個委員會以及幹部會議，甚至是年中的幹部大會。協會裡有各類委員，他們全都聚在一起開會。這些活動通常都在一年當中相同的時間舉行，而且參與的情況變化不大。重點是它們是由組織章程所規定，因此很少會被取消。企業與協會的活動對於經濟環境的敏銳度也有所不同。在經濟衰退時期，企業的活動數量也會隨之下降。企業的盈餘下滑，新產品的研發就會受到限制，對於銷售業績的獎勵也會跟著縮水。在經濟景氣好時，企業會議的市場最為蓬勃，但在經濟衰退時則相對縮減。

　　不過，相形之下，在經濟不景氣時，協會活動常常在數量與規模方面均會成長。原因為何？別忘了，企業是「營利」事業體：公司盈虧代表一切。但是協會是「非營利」機構，協助成員解決問題是它們存在最主要的理由。人們加入協會是為了拓展事業、增進專業知識或是商機，或者學習度過經濟與政治危機。換言之，透過協會的互動，人們在面對威脅時可以找到能產生共鳴的同業，而獲得其他人陪伴的

慰藉。因此，協會活動在不景氣的時期會比景氣的時期找到更多行銷機會並不奇怪，因為在景氣好的時候，成員並不覺得有跟同行聚會、學習和解決問題的迫切需要。但是協會行銷訊息讓某些人瞭解「救兵就要到了。快來利用吧！」的中心思想是很重要的。

在企業與協會活動之間還有一個主要的差異就是做決策的組織架構不同。在企業方面，通常是由行銷總經理、副總經理或是某位相關的經理來做決定。這個決定通常是專斷的，不會受到委員會的阻攔，並連同公司的章程一併遞交給活動企劃人員與行銷人員。在協會環境中做決策就相當不同了。某個活動可能是預設的主題，並在許多個委員會中討論，包括執行委員會、理監事會、選址委員會、教育委員會、迎賓委員會、展覽委員會、配偶活動委員會以及其他許許多多的委員會。

要注意的是，這些義務性質的主管大多沒有活動管理和行銷的經驗。即使對門外漢而言，協會的方向混亂、執行延宕的可能性都是很明顯的。假如你負責行銷活動，隨著截止日期愈來愈近，你的明確任務可能會變得更加難以決定。在企業與協會活動之間的預算考量也大不相同。根據公司整體的規劃以及活動本身的知覺價值，企業一般會為活動擬好預定的預算。由於員工參與有部分出於雇主的要求，因此不應預期有報名費收入。費用預算乃根據整體的財務營運規劃，而且是維持不變的（除非有危機侵襲企業，不只可能影響預算，也會影響活動本身的正當性）。

協會預算則是變化多端，而且會因為收支因素的改變而隨著時間調整。別忘了，參與協會活動是義務性質，而且比較無法預期，因此協會將仔細監控報名收入，並隨之上下調整支出，就看所得創造的收入是否多過支出或者至少足夠支付支出，因為協會的總體預算可能有賴於此。對於身為行銷主管的你而言，其重要性為何？因為當報名費不如預期時，必須要設法創造其他的報名收益。此外，可能必須增加其他的收入來補足這方面的短收，包括贊助、參展費、廣告收入以及

與供應商之間「以實物給付」的協定。以上所有的工作都應該在行銷人員的指揮下進行，並且應該協調以履行協會工作人員向理監事會所做的財務承諾。舉例來說，假如一場大型會議虧損，那麼協會的工作人員可能會被批評利用會員和其他資金來彌補差額以及支付大會的帳單。其影響就是原本為了其他目的所設置的款項被用來補貼一場並非所有繳交會費的會員都能夠參加的活動。

麥可‧佩恩（Michael Payne）是全球最大的協會管理公司史密斯巴克林公司（Smith Bucklin）的行政副總及常務董事。他曾擔任專業會議管理協會（PCMA）委員會的主席，以及PCMA基金會的主席，並且獲頒PCMA年度專業人員獎。在此，麥可提出了一些有關協會行銷的重要問題：

有時候要去歸納哪些事情對協會最有用是很困難的。每一項都很獨特。當說到行銷他們的活動時更是如此。協會對於本身的活動有不同的目標和目的，而且這些目標在本質上大多都不是維持不變的。為了建立最有效的行銷計畫，你真的必須詳細地檢驗每一個情況，並詢問關鍵的問題。它們是否因為活動而呈現成長的態勢？它是國際性的協會嗎？它的焦點是企業對企業嗎？它的主要目的是教育訓練還是拓展人脈或者兩者皆是？這是它們募款活動主要的收入來源嗎？對於許多團體而言確實如此。它們的產業或專業領域正在衰退還是壯大，因此影響參展者和與會者嗎？競爭對手是誰以及它們提供了什麼？人口結構正在如何改變？包括活動前、中、後用來傳播資訊的社交媒體在內，哪些技術最有意義？

我們都知道人們的時間比以前更加寶貴，而且他們更加關

心跟參與一場會議相關的報酬／價值觀傾向。花這筆費用值得嗎？我能否只參與部分的會議並獲得我需要的內容呢？或者我必須全程參與呢？哪些內容是我在線上可以取得的？這個教育訓練／認證的學分對我的進修教育很重要嗎？或者我能否在線上做相同的事呢？你必須能夠處理這些問題，而且每個人關心的重點都不同。

當你從內容的角度來決定你想要如何行銷你的活動之後，那麼你必須判斷如何以最佳方式傳遞你的行銷資料。你的網站是否夠完善，能夠順利完成任務，或者你必須利用另一個技術方法來吸引人們的注意，或是用平面稿，或是雙管齊下？哪一種對你的團體最明智而且對你的預算而言最具經濟效益？

這些都是棘手的決策過程之一，所以如果產品做出來，顧客就會來嗎？假如你打造出一個適合的課程，而且在他們心目中（不是你的心目中）符合成本效益的話，答案就是肯定的。你的焦點放在哪些主要的人口統計資料上？是全部嗎？他們能夠在其他地方取得你所提供的內容嗎？還是說，這是讓他們獲得該課程唯一和／或最佳的場所呢？萬一你跟其他人合併、共用地點、針鋒相對呢？你需要資料來決定，你需要與眾不同的展望，才能提供一個「不能錯過」的新活動。最重要的是，未來可能的參與者必須透過聰明／振奮人心以及吸睛的方法不斷地聽到它。任何收到宣傳資料的人都應該對他們自己說，我真的必須出席。這就是它為我做的事，而且我樂於付費去獲得這個資訊、拓展人脈、建立我的事業，和／或增進我的生涯。清楚地傳達這個訊息是我們的職責。在競爭的城市以及受限的預算之下，實在有太多競爭的活動，因此嘗試新穎和創新的方法勢在必行。

在大多數的企業與協會活動之間，參與情況提供了另一個鮮明的對比，這一點很容易理解。舉例來說，當一家企業舉行新產品銷售會議時，業務部的人員就會被告知要出席。這裡的行銷工作是要傳達該活動的訊息與目的，而並非要鼓勵人們參加。管理階層將會這麼做。協會會議的出席則是受邀者自願的。他們將決定是否要花錢和花時間參加。沒有人可以強迫他們來。因此，行銷團隊的主要職責就是利用本書中所介紹的各種行銷訓練來提升所有活動的出席率和參與度。

若沒有具有熱忱、活躍的群眾參與，活動本身的性質就會變成紙上談兵。說到活動的宴會本身也是一樣。在企業會議的情況中，參與者一般都被要求所有活動都要出席。公司監督員工出席研討會、新產品發表與說明會，或是銷售會議和討論群組的情況並不罕見。他們把出席當作是他們工作職責的一部分。因此，就正式的企業會議組成而言，參加宴會具有強制性。參與者出席可領取費用，就像他們在固定時間上班領薪水一般。這表示會場將座無虛席，保證的結果將會精確達成，預算的估計將精準無誤，而且時程表將會被嚴密控管。

協會是自願參與性質。他們的參與者要繳交報名費才能出席，而且基本上他們可以依照自己的意願不參與或是積極參與活動宴會。餐飲的保證量多半得靠推測（而這點會造成許多的財務風險）。同樣地，某場研討會的會場可能參加者會多到塞不下，然而另一場可能連超過10人都很難。協會活動的規劃者擔心的就是邀請一名重要的講者，然而聽眾卻寥寥無幾，或者在閉幕晚會上，現場只有零星的出席者和空蕩蕩的餐桌。行銷人員的角色就是要與企劃人員合作，有效地安排活動，並且在他們的指揮下，透過宣傳工具展現出每場宴會對於出席活動者所具備的吸引力與價值。

你身為行銷主管，也必須要對於你的目標群眾參加的目的有敏銳的覺察。對於企業行銷人員而言，參與的目的比較一致。假如公司召集其技術主管開會以學習寬頻傳播系統的新概念，那麼他們出席的目的就會比較容易定義。你將會想要發展出一個行銷方法，能夠清楚闡

述計畫的概況、期望出席者的表現，以及他們應該預期的正面結果。協會活動參與者的出席目的比較難同質化。為什麼他們要參加？他們的心情和渴望可能全然不同。

行銷人員為了擬定吸引大多數協會會員與賓客的行銷策略，必須盡力決定出席的標準以及目標群眾的期望。就目的、個人的優先考量以及活動期望而言，企業市場可能被描述成同質性是顯而易見的，然而典型的協會市場是異質性的。還有一些其他的比較也值得考量。例如，在「預訂」或是安排活動時，眾所皆知，企業會議和大型會議在籌備許多活動的前置作業期間較短。因為規定的協會活動時間比較可預測和固定，而且必須提升出席率，因此協會的前置作業時間較長。假如你正在行銷企業活動，這表示為了制定策略、擬定與執行在活動日期之前達到公司目標的行銷企劃，在時間表方面，你可能要比處理協會的案子更緊迫。協會行銷人員一般都會有較長的前置時間，可以採用一個考慮周全的關鍵路徑方法在宣傳、公關以及傳播策略上。而且，在大多數的情況下，他們將會有較多時間做行銷策略的調整，以因應千變萬化的反應程度。無論你是行銷企業或是協會的活動，以下有一些簡要但重要的觀點必須牢記。

在企業活動界中，市場是由一套聯合關係所組成：被行銷的公司。其企業文化、理想、議題以及經營哲學在其全體員工體系中比較一致。他們全都向同一面旗幟致敬。在行銷他們的活動時，你應該在建立一個行銷策略之前，先清楚確認這些企業特色。

在協會活動界中，市場通常是由各式各樣的文化、議題與理想所組成。你必須記住，雖然一個商業協會代表一個特定的產業（譬如商業、運輸或是製紙業），但是其會員或許是數千家個體工商戶的老闆和經營者。他們有許多人甚至會相互競爭。他們為了多種理由加入協會，最基本的理由就是為了提升他們的事業，好讓自己更有效地競爭以及賺得更多的利潤，或者至少具有清償能力。因此，雖然為他們服務的協會被認為是利他和非營利的，然而協會加入者出席的動機一般

圖8.1　獎勵旅遊一直是愈來愈蓬勃的市場

這張照片取自專業會議管理協會的一場大型會議——該協會爲美國會議、獎勵旅遊、大型會議與展覽（MICE）產業的中心。

都比企業活動的參與動機更不一致、多變以及交疊。出席是自願（協會）或是強制（企業）的程度將明顯影響行銷人員的訊息。

　　一場協會活動的目標群眾很可能動機是想要增進他們各自的營利、教育訓練以及競爭性。在協會市場內，優先事項上的異質性和複雜性的組合，這是一個莫大的挑戰，代表你要找出和推廣活動的好處（在你銷售活動特色之前）。這是關於有效的量性與質性市場研究的另一個論證。企業通常能夠在任何他們想要的地方舉辦他們的活動。獎勵旅遊通常也會在具有異國風情的地方舉行，譬如夏威夷和佛羅里達。隨著公司參與國際市場愈來愈多，像是產品發表會和銷售宣傳廣告在全球各地舉行的情況等活動都比之前更多。對於行銷而言，這表示宣傳的重點可能著重在地點以及活動本身的目的。另一方面，協會

可能會因為契約條款或是規章制度而受限於某些區域。某個州立或縣立的教育協會或許不被允許在本地以外的場所聚會。某個在美國的國家學會，某些活動可能限制在美國境內的場地。一名有經驗的行銷人員在準備一個行銷企劃案之前必須先決定這點，因為如果不瞭解這點的話，可能在一開始就會被贊助機構認為無效。

協會活動五個重要的層面

1. 出席通常是自願的；不過有些會議可能對於專業進修發展或是教育學分是必要的，所以雖然參加者是協會成員，但是他們往往必須積極參與。
2. 協會名副其實是為了他們成員的利益而存在，而諸如此類的行銷傳播有堅實的忠誠基礎。
3. 由協會所做的決定一般是透過委員會，所以能夠找出影響決策者是很重要的。
4. 出席協會活動有多種理由，活動行銷人員必須瞭解動機的組合。
5. 協會活動漫長的前置時間提供給活動行銷人員愈來愈多構成策略的機會。

■ 貿易協會

貿易協會是由其所代表的事業出資成立，因此有可能會員之間會相互競爭，不過並非必然如此。協會代表其會員行事，並提供對每一位成員都有益的集中化服務。其中可能包括媒體關係，共同的宣傳

以及政治遊說。然而整體的重點在於為其會員全體的利益而合作。協會會員自然而然地會傾向聚集在一起，而貿易協會安排會議與交誼活動，並且常常投入慈善活動。把焦點放在協會活動的經費上是很重要的，因為他們的會員會給予機構財務支援，因此會考量要確保這代表對他們的利益。

　　當我們考慮協會的角色時，活動行銷人員的問題就是：會員所見到的會議或是交誼活動在何種程度下才是有用的集會？在過去，諸如此類的活動是會員必須聚集在一起分享想法唯一的機會，然而社交網絡無需投入時間與金錢出席一場相關的活動就提供了同樣的機會。因此協會內部活動的行銷具有傳播的任務，讓這類的投資看起來值得，事實上是有利的。

　　身為商業情報的提供者以及全球貿易機制的輔助角色，這類協會的目標是提供服務給他們的會員。每年一次的活動被譽為是交誼和獲取有關會員利益資訊的一種方法。活動籌辦者的問題就是會員是否覺得有必要一定要到紐約出席這場活動，因為無論他們參加與否，都能獲得協會的利益。就這方面而言，網際網路對於協會活動行銷人員而言是一把雙刃劍，因為一方面它使得維持具有凝聚力的網絡更加容易，讓會員之間相互交流，而且它使得獲取活動訊息與註冊程序清楚又簡單，然而另一方面，會員無須實際出席這場活動，而且也更加容易獲取協會訊息。正因為如此，出席的好處必須與成為會員的好處有所區別，而且不可以假定這些好處都是不言而喻的。

　　對於協會活動行銷人員而言，必須調查出席所具備的實際利益，因為我們不能假定這些都是理所當然的。因此與協會成員交流應該包含創意使用協會的資料庫，如此才能根據他們的出席和參與概況適當地聯繫協會成員。

　　會員無須出席一場活動即能透過電子裝置保持聯絡，並獲取由協會所提供的市場資訊。他們能夠經由社交網絡監看他們協會代表性的活動，並且在線上提供有關他們優先考量事項的回饋。由於這些原

> 　　美國織品與服裝進口商協會（USA-ITA）從1989年起
> 就已經在促進織品與服裝商品的進口商與零售商的利益。
> USA-ITA總部設在華盛頓特區，對於進口與銷售織品和服裝
> 的進口商、零售商與品牌相關的議題提供了堅實的後盾。
> USA-ITA代表在國會、行政機關、商業界以及一般大眾，
> 還有在全球各地的業界團體與政府面前代表這個產業。會
> 員與理監事會是形塑國際織品與服裝產業的領導者。USA-
> ITA會員要負責全球採購、配銷、運輸、資金調度與遵從相
> 關法令。他們的角色是提供給會員獲取在做生意時所需要的
> 資訊，並且瞭解與遵守美國與國外複雜的法規。他們2010年
> 的年度大會在紐約市舉行，主要的會期是討論國際議題、運
> 輸、海關、最新法規訊息、供應鏈的物流，以及該領域所面
> 臨的許多議題。
>
> （www.usaita.com）

因，協會活動其實必須從活動的目的與功能方面來證明籌辦活動的花
費是正當的，尤其是在經濟緊縮的時期。

　　在貿易協會的會員之間合作的歷史風氣反映出他們結合在一起會
比獨自一人更強大的概念。傳統上，合作包含了個人透過大型會議、
小型會議以及研討會參與共同經驗，如此便能討論重要議題，並形成
聯盟和達成共識。一場活動對於這層用意有多少必要性？

　　當然協會的活動行銷人員必須不斷地強調他或她的活動將持續提
供獲得商業利益的機會，但是由於不須出席也能獲得這些商業利益，
因此將重點放在其他出席的理由上，並且讓這些理由成為訊息的一部
分將會有所助益。為了讓活動能夠吸引參與者，協會必須從過去的出
席記錄中取得出席者的檔案資料，能加入一些研究更好，以建立詳細

假如有個企業在電梯業界，那麼它非常可能會考慮名實相符的貿易協會LIFT，該協會大力推廣本身的組織，因此在電梯系統業相關的科技與文化活動中，成為佼佼者，主要是由貿易協會提供重要機會深入探討與該領域中的技術相關的當前主題。LIFT協會將自己提升為商業、教育訓練以及資訊的樞紐。這對於那些在電梯系統領域中的企業而言無疑是有用的。協會活動只針對貿易，因此強調其目的的嚴肅性；它歡迎工業與工藝製造商、專業批發商、貿易刊物、地理位置重要的貿易協會以及服務性的組織加入。

LIFT 2010的活動在美麗的義大利城市米蘭舉行，這是一個讓旅人心曠神怡的地方。這個地點本身就是很多人想要造訪的地點。那麼何不邀請那些相關人士到一個美麗的地點參加一場協會的會議，增添一些非常必要的活力到電梯系統製造業界中呢？這個城市本身就有參加的吸引力，而且將會在潛在參與者的思考過程中擴大商業利益。

（Milano/lift-2010.htm）

的資料庫，這些資料並非整齊劃一的一群人，而是劃分為許多類型的會員。

由於協會網站是（或者說應該是）其傳播作業的中心，因此有相當多有創意的可能性可透過連結和外在形象呈現出其他的好處。遇見人們、享受款待、大快朵頤、遠離俗務、成為團體中的一份子、享有親近的感覺、遊覽名勝，並且造訪一個有趣的城市，這些全都是協會活動的各個面向；它們顯然跟成為一名協會會員的好處有所差異，而且應該要將其編製成網站的外觀與風格。當然，在困難的經濟條件下，應該要帶有一些敏感度做這件事，因為協會並不希望冒險讓自己看起來不務正業。

商業協會的活動是嚴肅、以商業為焦點的集會，其重點為組織改造。然而這並不是說參與者並非不想在出席過程中體驗有趣的事物。瞭解任何特定協會的傳統思維可以讓活動行銷人員知道應該要強調這些附加利益到什麼程度。值得問的一個問題是：這些究竟是附加的利益，還是只是在官方目標保守的面具背後假裝如此。

在商業協會中的會員身分意味著該協會的資料庫，而且瞭解會員是最重要的事，就像行銷人員必須瞭解消費者一般，而這樣的瞭解必須轉換成全心全意從會員認為適合自己的角度來與會員溝通。

關於商業協會大會出席利益的五大問題

1. 你傳達哪些好處給你的會員？它們有夠強大的說服力嗎？
2. 如何將好處傳達給會員知道？傳達方式讓人觀感如何？
3. 出席一場協會活動的好處跟成為一名會員的好處有何不同？
4. 透過資料庫的區隔能夠適當地接觸到會員嗎？你有在進行會員招募與維繫計畫嗎？
5. 你的活動所促進的面對面、人對人的接觸對於協會的會員有多重要？

聯誼會

從20世紀開始，在歐美各地勞動階級的社交協助、健康照護以及保險的主要來源之一就是聯誼會，在英國稱為互助會。這些都是義務性質的互助團體。它們演變至今，以協會的形式存在，譬如聖地兄弟

圖8.2　互助團體通常代表特定族群的利益

共濟會是典型的聯誼會，秉持他們共同的核心價值舉辦活動。

會（Shriners）、麋鹿會（Elks，北美地區的慈善俱樂部）與共濟會（Masons）。在20世紀早期，大約有四分之一的美國成年人是聯誼會的成員。聯誼會的角色是要扮演一群勞動階級民眾的代表，他們組成一個協會或是加入一個現有協會的分部或地方分會，並且付月費給協會的帳房，那些有需要的人就能夠在需要的時機利用共用的資源。這種社會福利團體的合作模式讓聯誼會流傳著慈善和社會責任的文化，其動機被認為是利他和崇高的。

聯誼會通常代表特定族群的利益。在美國，許多人都有所謂的祖國，因此就有代表國家和種族群體福利的團體出現，譬如挪威之子（Sons of Norway）。利他的協會往往帶有宗教面向，無論是公認的正統宗教，像是附屬於天主教教會的兄弟會，或是譬如共濟會所展現的深層的宗教觀。協會有可能限定性別，譬如女性壽險協會，或是秉持特定的理念，譬如人道協會（Humane Society），他們主要致力於保護動物。沒錯，聯誼會具有形形色色的形式與規模，但是首要的原則就是幫助他人，因此值得我們的尊敬。

近年來，共濟會為了讓內部會員注入新血，並且扭轉大眾文化中對他們的目標與目的普遍存在的偏見，已經削減該協會特有的神秘光環，其與正統有組織的宗教權力中心分離，因而招來過度渲染的猜測。為了強調他們的社會與慈善角色，共濟會形成其他數個次團體，公開執行利他計畫。但諷刺的是，此舉造成更多的懷疑，因為人們將其視為是隱藏在他們真正意圖背後的一個掩護。即便如此，這類聯誼會組織顯然參與許許多多的善行。最知名的莫過於古阿拉伯神秘聖殿的貴族秩序（Ancient Arabic Order of the Nobles of the Mystic Shrine），或是俗稱的聖地兄弟會（Shriners）。這個著名的組織從事許多善行義舉，並且投入籌辦活動，目的為

募款以及作為宣傳工具，而且負責主辦活動，儼然成為專業的活動會場機構。

　　聖地兄弟會的運作中有一個特別著名的面向就是「聖地兄弟會兒童醫院」機構，他們經營了超過20個非營利性質的小兒科醫院。事實上，當某個機構投入在兒童的慈善健康照護上，尤其又是如此專注的程度，要去造成負面的觀感是不可能的。2010年，他們的網站包含了一個在入口即啟動的社交網絡式帳號，適用於當年將籌辦的所有活動。他們積極參與以藝人為首的高爾夫球活動、音樂會、社交活動以及各式各樣的事件來支持該基金會。活動是該協會主要的行銷手法。那是聯誼會的體現，因為為了更多人的利益而聚集在一起的概念與在贊助活動上聚集在一起的人們剛好吻合。以下是其中一個健康照護團體活動的網站描述。

> 曾獲得葛萊美獎殊榮的歌手、作曲家、唱片製作人及演員賈斯汀・提姆布萊克（Justin Timberlake）與聖地兄弟會兒童醫院攜手共同主持美國職業高爾夫球巡迴賽（PGA TOUR）在拉斯維加斯的活動——賈斯汀・提姆布萊克聖地兄弟會兒童醫院開幕。「能夠共同主持這場錦標賽並且參與聖地兄弟會兒童醫院讓我開心極了。」提姆布萊克說道：「我們保證會讓這場活動獨樹一格且令人難忘，並且當參加這場史上最棒的球賽的同時，我們也將為慈善目的募款。我要感謝PGA TOUR以及聖地兄弟會兒童醫院提供了這個絕佳的機會。一邊打高爾夫一邊募款讓兒童過更好的生活？這真可說是消磨時光最好的方法了。」在錦標賽週裡，提姆布萊克參與了名人職業與業餘混合賽，並主持一場演唱會。聖地兄弟會兒童醫院是這場活動的受惠者，這場活動將在高爾夫頻

道（Golf Channel）實況轉播，並且在130個國家播出。「賈斯汀‧提姆布萊克能夠參加這場錦標賽讓我們欣喜不已，」聖地兄弟會兒童醫院信託委員會主席道格拉斯‧麥斯威爾（Douglas Maxwell）說道：「賈斯汀的參與讓這場活動得到空前未有的關注與興趣，因而有助於我們幫助孩童免費獲得應有的優質醫療服務。」

　　上述的例子說明了就如同協會必須為他們內部的運作行銷出席率一般，協會也必須利用活動作為一個方法，來行銷將他們聯合在一起的理念。這類特別的聯誼會經營醫院，而且是出於一股特別的社會責任風氣。因此善因是聯誼會的核心概念，這在吸引共同贊助人的參與方面將會很有用，他們將會有共同的機會讓自己與所指稱的善因有所關聯。例如，很難想像有哪個企業不想要公開支持兒童醫院的。

　　不過，聯誼會可能同時也會含括只想與志同道合的同儕享受社交網絡型聯誼會的會員，而且他們進行的內部活動就像所有的協會一樣在這方面遭遇到相同的難題，不過會員資格是基於社會風潮的主動選擇，所以內部的聯誼活動會受到一定程度的潛在動機所影響，這是需要培養的，並非原本就是如此。

■ 宗教協會

　　宗教協會包含了各式各樣的慶典、會議、集會以及大型會議。就如同前面所述，活動的歷史發源於宗教儀典，並延續至今。宗教的市場代表活動界中一個主要的組成部分，尤其是在美國。

圖8.3　宗教協會的各式慶典

教會服務在美國是最專業化和機構化的活動。

全美國的宗教界最擔憂的就是會員人數，因此許多宗教都採取主動積極的方式來吸引和維持會員數，或者從企業的觀點來看，宗教界很積極地投入顧客招募與維繫的工作。企業擔憂衰退的現實，宗教組織也受到類似的壓力所影響。無論宗教市場看起來有多健全，組成該市場的組織仍不斷地全力增加人數，並且對他們的會眾將會員利益發揮到最大。假如宗教的核心利益是精神上的，那麼附加的利益便深植在社會凝聚力與認同的基礎上，活動便是在此發揮作用。在最基本的程度上，出席教會或是任何教派的活動是要求信徒參與宗教生活的一個層面，否則空蕩蕩的教堂不會有人奉獻。儘管如此，該領域仍持續不斷地享有大量的支持。

在21世紀初期的美國，每10個成年人就有大約7人是宗教團體裡面的成員，而且超過一半以上的美國成年人在他們的生活中相當注重宗教的意義。這表示宗教協會具有廣大的市場，而且也象徵非常巨大的

狄偉恩‧伍德林（DeWayne Woodring）是宗教大會管理協會（Religious Conference Management Association）任職多年的理事，因此在該領域有豐富的經驗。他說明宗教大會最初的起源。

> 亞當和夏娃相見歡，因而造就出人類歷史上第一次的會面。從那場在戶外花園舉行的……活動之後，逐漸發展出我們的會議產業中一個特別的部分，亦即每年在世界各地的會場舉行了成千上萬場的宗教集會。為了吸引人群到他們的活動中，宗教組織長久以來便利用各式各樣的傳播工具。從古代的莎草紙卷以及隻身騎馬的巡迴牧師，到現代的社交媒體，教會努力地利用各種可行的方式在傳教。

活動產業。此外，美國是一個宗教大熔爐，包含大規模支持猶太教、天主教、新教和伊斯蘭教的族群，加上其他世界主要宗教的明確市場，例如印度教和佛教，還有許多其他較不普及的宗教。有些不太容易解讀為實際的宗教，譬如山達基教，然而他們取得官方許可，因此被視為是一種宗教。甚至連電影《星際大戰》（*Star Wars*）裡的絕地（Jedi）哲學在我們的銀河系的若干英語系國家中也已經被認為是一種後現代的宗教，其實也不算太遙遠。

　　大多數的宗教團體均是透過一群有共同理念與信仰的人們奉獻來募集資金，因此很顯然地，會員的規模就相當於收入的多寡。在本世紀初，會員人數前五大的宗教團體就占了大約全美信教人數的60%。舉例來說，天主教教會在美國是最大的宗教組織，有超過6,000萬的信徒和超過3萬所教堂。這是一個有廣大顧客群的龐大組織。在美國，宗教團體獲得半數以上的個人慈善捐款。雖然估計值有所不同，然而或

2010年，影星約翰・屈伏塔和他的家人參加一場在洛杉磯舉行的盛會，這場活動是山達基教會暨名人中心41週年慶祝大會。屈伏塔和他的名人家庭在宣揚山達基教會方面受到大眾的矚目。名人中心是讓知名人士從事宗教活動不受干擾的環境。在這場活動中其他名人包括南西・卡萊特（Nancy Cartwright），她是為卡通《辛普森家庭》（*The Simpsons*）裡的霸子・辛普森（Bart Simpson）配音的聲優。另一名信奉該宗教的重要人士，不用說，就是湯姆・克魯斯（Tom Cruise），他經常宣揚該宗教的理念，而且利用他的高知名度引起人們注意該教會，這招非常有用。在許多的市場中，名人背書證實是能起作用的，而且顯然山達基教會因為其高知名度的會員而受惠，無論是吸引媒體關注或是激勵崇拜名人的群眾仿效這些名人所選擇的信仰皆然。

（www.ocala.com）

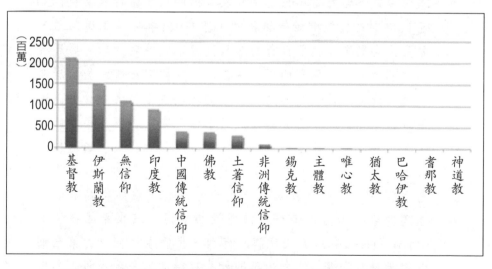

圖8.4　全世界最常見的15個宗教信仰（依信仰人數排序）

許約有10%的美國人認為自己無宗教信仰，使得他們處於相對少數的地位，不過確有無信仰協會的存在，而且他們也試圖行銷自己以招募成員和支持，從以下取材自網路的例子中可見一斑。

關於該協會有趣的事在於他們選擇將協會聚會的時間與其競爭對

> 阿拉巴馬自由思想協會（Alabama Freethought Association）是脫離宗教基金會（Freedom From Religion Foundation）的地方分會。我們是一個非宗教性的社團，致力於過著沒有迷信、教條與神祕主義的生活。顧名思義，自由思考者就是對宗教有個人的看法，不受傳統、權威或是已經被認可的信仰的約束，而傾向支持理性的探究。我們的成員皆由不可知論者、無神論者、懷抱世俗想法的人們、一些尚在尋找答案的傑佛遜型的自然神論者以及來自各行各業的人們。我們共同的想法就是我們有權相信自己所選擇的事物，贊成憲法上政教分離的原則，並懷抱包容他人的人道主義哲學觀。活在當前「上帝狂熱」的時代，這種氛圍從1950年代中期就已經開始侵襲我們，並在911事件時急速加溫，當別人企圖要以他們自身的宗教觀點來毀滅我們時，要展現出包容他人是最困難的事。這在美國中西部正統派教徒居多的地區尤其如此，這裡是基督教基本教義派的大本營，該地區政治與宗教密不可分的情況嚴重違反憲法與憲法第一修正案。因此我們要投書給教育工作者以及民意代表，透過教育社會大眾來抗爭，和其他與我們具有相同理念的機構合作，並且採取合法的行動來保障我們的權益。假如你是一名自由思想者，而且準備好要過理性的生活，請來希帕提婭湖（Lake Hypatia）加入我們的行列。我們在每個月的第三個星期天舉辦聚會，上午11點開始交誼時間，午餐由每人各出

一道菜，下午1點開始演講會。之後，會眾可以繼續在12畝
大的湖邊聯誼、散步、釣魚或者划船。你不須成為會員也可
以來作客。欲知詳情，請洽阿拉巴馬自由思想協會。

（www.Alabamafreethought.org）

手撞期，然而他們的行銷觀點卻考慮不周，因而給人發牢騷的印象，
認為他們只是飽受非議的少數人，對抗一股非憲政正統性的潮流。這
種特別的手段可能會嚇退可能的參與者，因為這種鄙視的情緒容易讓
人們察覺有點不屑宗教信仰的無神論。或許用一種較為包容和接受的
語氣會對他們比較有利。不過，他們訴諸於以協會舉辦活動的觀念，
試圖凝聚支持的群眾，因而也仿效了競爭對手的模式。

　　福音派教會的宗教活動在廣播和電視節目的宣傳中有最多人收
聽和收看，而該教派在利用計劃性活動以籌募資金方面最為積極。這
個教派很遺憾地因為醜聞而受到動搖，而且因為他們許多最著名的牧
師表現出惡名昭彰的偽善而形象受損，特別是在他們的性與金錢行為
上。這些醜聞大大損害該教派，而且為福音派教會的活動行銷人員製
造了難題，他們必須設法讓他們的活動遠離瀰漫整個教會的金錢與道
德敗壞的觀感。他們想要淨化福音教派的努力獲得世界福音教派協會
所舉辦的一場活動的協助，語重心長地就他們的組織現況及其在世界
的角色發表言論。

　　藉由一個分布全世界的協會，這個全球性的行銷行動計畫是可行
的，而且有助於在受到真正的福音派教會所擁護的氛圍中恢復一些信
心，雖然它曾經被江湖術士所敗壞。假如我們將福音派想成是一個全
球品牌，那麼就能發揮全球活動的作用，以強調這個運動的全球風潮
以及降低因特殊情況而造成的負面觀感。

　　行銷在何種背景脈絡下執行也是必須考慮的面向。全球性的環保

　　2010年10月22日在南非的開普敦，哥斯大黎加的神學家茹絲‧帕蒂拉‧狄波斯特（Ruth Padilla DeBorst）力促來自全球198個國家大約4,200名神學家和基督教領袖齊聚一堂，期盼「勿使教派與機構之間的成見變得比人更重要」。據聞這是該教會有史以來，最多不同教派的基督徒大集會，茹絲‧帕蒂拉‧狄波斯特闡述了一個展望，呼籲該教會要成為「友好的社群，破除由於我們的貪婪、傲慢與偏見所形成的自我防衛、安全與榮景的藩籬」。她將這個新型態的友好社群定義為「基督和平運動」（Pax Christi），依照她的意思，這是「一個秉持上帝盼望人們和諧的旨意將人們聚集在一起的社群，在基督的懷抱裡，並且藉由聖靈的力量傳送到世間，以體現上帝為全宇宙所帶來的善意。」

　　第一屆大會於1974年在瑞士的洛桑舉行，由比利‧葛萊漢（Billy Graham）召開。接下來第二屆於1989年在馬尼拉舉行。2010年的大會地點選在南非，因為許多理由而別具意義。從第一屆大會開始，基督教就不再是「西方的」宗教。在2010年，大約有60%的基督徒分布在亞洲、非洲和拉丁美洲。到2025年時，預計有70%的基督徒都住在全球的南方。

（www.conversation.lausanne.org）

運動已經對活動界造成顯著的效應，透過合作及贊助方式。在20世紀初期全球性的經濟衰退影響了人們對於企業會議的態度。全球性社交網絡成形的現象也已經對於活動行銷人員執行任務的方式產生全面性的影響。同樣地，福音教派的全球觀感也會影響活動行銷人員在該領域中如何傳播訊息，因為真的有必要強調「誠正」二字。

　　這表示他們與利用電視來宣傳福音協會是不一樣的，因為「電視

傳福音」（TV evangelism）帶有不正當的協會色彩，而且可能會被視為是維繫一些顧客的手段，但是它在招募新成員方面是有問題的，尤其是在年輕人當中，而年輕人對於任何宗教的長期存活肯定是必要因素，因為假如某個世代中斷了，復興大業即難以達成。那麼福音派基督教在21世紀應該要如何試圖去吸引年輕的顧客呢？以下的記述說明了試圖對美國年輕人宣傳福音教派誠正性的置入性行銷活動。

　　思想健康的年輕人被訓練成舉止有禮，並且容易與民眾互動，這點對於人們對福音教派的活動產生尊敬之情助益良多。諸如此類的現身說法行銷本身就創造了一個活動，不限場地，再加上結合社交網絡，即可讓年輕的目標族群感覺遠離電視上名聲敗壞的福音派信徒，

　　　不像在人們刻板印象中好萊塢的福音派信徒一般，傑森‧鮑威爾（Jason Powell）並非身穿西裝站在一個箱子上在半空中揮舞著《聖經》來引人注意。他知道這樣會嚇跑許多可能想要改變信仰的人。他對年輕顧客採取一種隨性的方式，努力地加入年輕人的對話中。鮑威爾帶領「學生見證」（Students with a Testimony, SWAT）團隊，每週五、六晚上，他與大約30名的年輕人，大多都是十幾歲和二十出頭的學生，一群人在一家購物中心展開討論上帝的對話，並且拯救路過的人，主要是高中生，並發送邀請函，請他們參加南加州的豐收佈道會（Southern California Harvest Crusade）。豐收教會協助訓練都市裡的年輕福音派信徒，以散播關於活動的訊息，並安排整年的對外推廣計畫，類似於鮑威爾的SWAT團隊。在從豐收教會出發前往購物中心之前，鮑威爾會訓練志工展現應有的身體語言，以示歡迎，以及如何回應路人常問的問題或是他們的堅持己見。

（www.springharvest.org/events）

這些人是上述的活動主辦單位極力要撇清的對象。

狄偉恩・伍德林談論世代的議題：

雖然宗教會議與集會吸引有共同信仰的人，然而針對不同世代的目標群眾調整傳達的訊息卻是始終存在的挑戰。對於如此歧異的群眾進行行銷可能會出現難題。每一個世代都有其偏好的溝通方式：例如電話對談、親自接觸、直接郵件、電子報和電子郵件等可能是針對某一族群，然而當與另一族群接觸時則是透過社交媒體網站，例如臉書和推特，並使用客製化的手機應用程式可能也是適當的方式。

　　宗教協會可能給人的印象是對於人們應該要相信什麼以及為什麼其他的信仰是錯誤的，立場很堅定。假如其他品牌以這種方式行事，那麼我們會認為他們堅稱只有自己才是貨真價實的說法是不可靠的傳播者。他們可能表現得比較關心堅持他們的世界觀是正確的，而不是關於投入善行義舉，那才是他們聖書中的基本教義。當在行銷這類協會時，何不將重點放在它所幫助的人們身上、它帶給這個世界的善念與幸福，以及它減輕人們所受的苦難呢？假如宗教是正面和具有同情心的，年輕的顧客就會覺得宗教比較吸引人，但如果宗教被認為是負面和愛批判的，年輕人就會對它敬而遠之。

▄▄ 專業協會

　　所謂專業協會就是尋求改善某一特殊行業的環境，並且提供服務給從事該行業的人們。它通常也會扮演權威和指導的角色，為的是堅守其全體會員行為的某些標準與規範，以增進他們的聲譽以及社會利益，不過專業協會的忠誠度取決於其會員。這類協會的活動面向重點在於安排專業教育課程以及技術訓練，往往與某種形式的資格認證或證照有關。許多協會與專業教育的學術面密不可分，因而可能對於教育課程的規劃具有影響力。因此，可想而知，專業協會有一定的地位，從他們與成員之間的交流方式來看，這是很重要的。如同以下範例所述，專業協會也會將他們的全體會員視為是一個商業資產，可以被用來從潛在的活動贊助商身上產生利益。

　　其交流的方式包含了協會網站和發送電子郵件給協會成員，這就是說擁有一份明確的會員名單以及從會員的資料庫中進行活動的直接行銷是一個作業標準。以下範例摘自英國牙醫協會（British Dental Association, BDA），闡述了 BDA 為了他們的活動積極尋求贊助商，讓牙醫師注意到供應商，以及讓供應商接觸其會員作為贊助的回報，提議讓贊助商取得他們的行銷資料庫，從這個角度而言，該贊助是相當直接的。這對於牙科供應商而言是具有吸引力的提案，不只是他們的贊助帶入了協會活動，而且他們後續的直效行銷也獲得協會的許可，由於 BDA 本身就是一個可以為其他品牌增光的品牌，因此給了供應商的行銷傳播一定的地位。

　　無論是與他們的會員交流或是與為了商業目的希望接觸其會員的機構而言，下述的專業協會範例說明了活動行銷是協會業務中一個發展成熟的面向。

　　你想要與牙醫業中重要的決策者認識嗎？贊助活動是接觸你期望的目標群眾最有效的方法。作為活動贊助商，你可以從BDA的品牌行銷影響力中，還有我們鎖定目標的直接郵件與電子郵件行銷活動，以及我們的網站中獲益。我們可以配合您量身打造特別的贊助與展覽組合，與您整體的行銷策略相輔相成。藉由參與對的活動、瞄準對的目標族群，我們可以幫助您達成您的目標。贊助方式有各式各樣的選擇，從會場資料袋的夾報和記事本的贊助到白銀、黃金、白金級組合皆有。意者請與我們聯繫，我們將協助為您的公司設計最佳的組合。

（www.bda.org）

　　瓊安‧艾森史塔特（Joan Eisenstodt）成立了艾森史塔特聯合事務所（Eisenstodt Associates），這間公司總部設在華盛頓特區，主要業務為會議諮詢、輔導，以及培訓諮詢服務，她在該領域已有超過30年的經驗。她對於會議產業以及終生學習持久的熱情讓她對於該主題累積了豐富的經驗與知識。瓊安在此發表了她對於協會會議領域的看法。

　　許多的協會會議是為了他們的會員要獲得進修教育的點數而舉辦，有些是強制性的，譬如律師或會計師。這表示要確保協會的人員聚會並不總是像要確保非會員集會或者是不需要進修課程的人們集會那樣困難。在我的經驗中，協會在適應新技術以及善用它來從事行銷與傳播方面的腳步較緩慢。舉例來說，就在去年，當我為某個專業協會與重

要會員面談以判斷一場特殊會議的可行性時，我問到關於會員及他們的業務使用科技的狀況。許多人都為了他們的商業模式在適應特定的應用軟體（不見得是我們所知道的「app」）。許多人並未使用科技與其他人交流，因此並未建立虛擬社群，因而須仰賴面對面的會議以確保他們能與同業互動。另一個客戶，某醫學協會，已經開始出現在虛擬世界中，並且透過他們的網站及有限制的群發電子郵件來推廣他們的會議。他們發現他們的「資深會員」（這些人往往最活躍）並不太熱衷以電子方式收到協會的訊息。該協會正不斷進步，希望發展出更多的途徑，以吸引一群較年輕的會員來參加他們的會議。各協會都在尋求更好以及不同的方式來吸引會員參加他們的會議，一般是加入他們的組織。在某些情況下，經濟因素也必須考量，過去曾經來參加過會議的人如今可能無法籌得旅費。許多協會正在發展不同的策略——短期和長期——以判斷推廣哪些內容最好，還有在哪裡舉行以及原因為何。舉例來說，在推特上，我看到愈來愈多關於協會及其會議的主題標籤，並且更加善用這個媒介。

線上協會

社交網絡提供了新利益團體形成的機會，因為志同道合的人們會發現這個網絡自然而然地讓他們彼此產生聯繫，而且從前因為地理因素而不熟識的人也能夠根據引起他們動機的議題利用聯誼會而有所聯繫。不過，我們要再次強調，在這類社群內，社交網絡對於現場活動

的看法既能帶來好處也會產生問題，因為許多都是線上社群，而其會員將社交集會看作是發生在虛擬世界中的事件，對他們而言，親自聚會是沒有必要的。

　　協會裡的人們都有共通之處。有可能是一項專業、宗教信仰、社會關懷，或個人愛好。關於後者，網際網路將擁有類似信念的人們聚集在一起，他們聯合起來並組織成一個協會。除了透過社交網絡、電子郵件以及網路攝影機之外，他們或許未曾謀面。他們可能分散在世

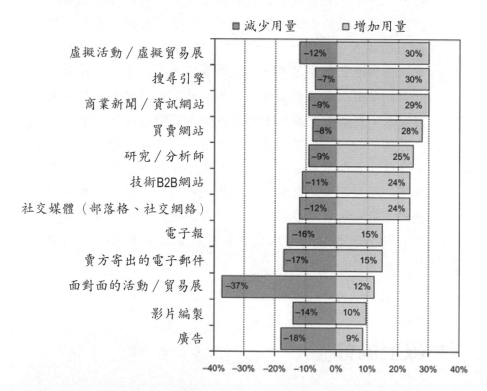

資料來源：MarketingSherpa and TechWeb Business Technology Buyer Survey
研究方法：取樣時間2009年5月11-26日，N=1,491

圖8.5　進行B2B貿易時應考量的統計數據

當想到企業對企業（B2B）的貿易時，我們應該考慮諸如此類的統計數據，以及思考網路預算移動的部分。

界各地，並且尋找有相同理念的人們所組成的線上協會，象徵在他們的生命中一個有意義的關係。

在這個脈絡下，我們可以從另一個角度來思考協會行銷。網際網路傳播可以讓我們在虛擬世界中即時連接各種事物，並且讓人們找到其他具有共同特徵的人。網際網路僅僅藉由它的存在，就能將人們推銷給其他人，而且能夠成立協會，有時候甚至是正式化的協會。新的協會隨時都在形成。

線上協會體驗的五個有趣面向

1. 過去的社交集會都一定要親自現身，然而它日趨變成一個線上的行動。
2. 透過聊天空間就能在虛擬世界安排會議，而且不須親自現身就能夠完成討論。
3. Skype和網路攝影機形成在線上親自現身的假象，而且這種以科技的方式與另一人置身同一空間的情況將日益普及。
4. 傳統的協會將仿效新興的線上協會運用科技，並且思考虛擬會議的益處。
5. 協會活動行銷人員必須與協會的線上措施競爭並利用之。

結語

無論是為了共同、專業、聯誼、宗教或是商業利益，協會隨時都會提供協助。這是與協會領域合作或是尋求合作的活動專家必須具備的態度。這類的活動都有一個目的，而且它們所達成的結果必須是活

動執行人員的焦點。你只是促成一場集會,還是為了協會的目標而努力,提供一個有效協助達成任務的活動呢?協會活動是一個達到目的的方法,當然你應該要注意提供活動的方式,同時活動行銷應該要關注傳達活動的結果,或是活動的成果效益。因此你的活動是一個提供利益的手段,而潛在客戶能否瞭解你充實而完整的觀點將是你成功與否的關鍵。協會市場的每一個領域對於要讓每筆花費發揮其最大功用都倍感壓力。一如既往,瞭解你的客戶,找出他們想要的以及他們所需要的,並且讓你的活動呈現出它就是提供這些事物的方法。

假若沒有協會,我們就會被孤立。人們為了前述形形色色的理由會想要與其他人產生關聯。協會乃奠基於共同的利益與優勢,而且長期以來不須擔心人數問題。活動行銷人員正努力要在真實世界中讓人們齊聚一堂,然而卻有與虛擬世界競爭的壓力。你必須為協會成員提供哪些無法在線上獲得的事物?你如何將線上的機會融入到你的協會活動行銷策略中?

Q&A 問題與討論

1. 你是否注意到有哪些類別的協會提供了活動介入的機會?

2. 你是否曾思考過協會活動的網際網路傳播所帶來的機會與威脅?

3. 你如何評估協會的組織動機與其會員的個人動機?你如何將這些動機融入到你的活動行銷中?

4. 你如何推廣你為貿易協會舉辦的活動,你是否注意到他們所參與的活動範圍?

5. 聯誼會必須為了活動的出席率而大力宣傳,並且利用活動來推廣他們利他的理想,請問你將如何向他們行銷你的活動?

6. 你如何推廣你為宗教協會舉辦的活動?你是否注意到在這個領域中顧客招募與維繫的需求?

7. 你是否注意到宗教協會募集資金的強烈需求，以及他們利用活動來進行募款？

8. 你是否注意到福音派活動行銷內在固有的問題？

9. 你如何為專業協會推廣教育與商業活動？還有你是否注意到不出席的問題呢？

10. 你是否曾思考過並非基於親身集會的概念所組成的線上協會的崛起？你是否注意到藉由它們的演進與形成，活動專業人員在此發展中可利用的機會？

實用網站資源

1. **http://www.pcma.org**
   專業會議管理協會（PCMA）的網頁包含了一系列免費使用的資源。PCMA將焦點特別放在會議產業上。

2. **http://www.themeetingsindustry.org**
   會議產業（The Meetings Industry）是全世界所有會議與國際大會協會的綜合組織，PCMA也包含在其中。

3. **http://meetingsnet.com**
   Meetings Net是一個探討會議、獎勵旅遊、大型會議與展覽（MICE）市場的部落格，該部落格對於該產業現今的趨勢提供深刻的見解，並定期更新。

4. **http://business.visitlondon.com**
   VisitLondon Business是各大城市如何推動會議舉辦以及提供免費服務以方便你在他們的城市籌備下一場活動的絕佳範例。類似的服務在全球各大城市都可以找到。

第9章

社交活動行銷

「幸福婚姻的不二法門？就和住在加州的生活準則一樣：就算發現缺點，也別老是記掛著它。」

報刊發行人　傑・崔屈曼（Jay Trachman, 1939-2009）

當你讀完本章，你將能夠：

- 透過有效的活動行銷技巧，瞭解並利用在社交活動中生產與消費的重疊概念。
- 明白在各社會階層中，社交活動行銷範圍的擴大、專業介入角色興起的必要性及自製活動的增加。
- 發展社交活動行銷的新技巧，加上e化行銷和口碑（例如代言、鼓吹）來提升參與率。

　　傳統社交活動的種類非常多（譬如，婚禮、猶太男女成人禮、週年慶和生日），而且愈來愈需要專業的活動管理。這些活動組成了家庭生活的典禮，在文化認同上扮演了重要角色。因為人口老化的現象，辦這類活動的機會也增加許多。由於該現象充斥整個西方社會，社交活動的規模變得更大、更複雜也更具競爭性。社交活動是一種基礎結構，它在計畫性活動中最不具人為形式，因為它是從人與人之間產生出來的，雖然專業活動管理在這多變的領域裡已發揮作用，但活動本身無論如何都會發生。就這層意義而言，社交活動對於帶動氣氛和一同共度典禮的人，以及經驗分享這件事來說相當重要。就算這類活動往往規模相對較小，也不代表不須花大量的心思來管理。

　　此外，所有活動行銷人員必須密切注意一個新興現象。基本上，社交活動有一定程度的自主性，由參與者自行規劃。這類活動最核心的部分當然是家族特性，不過外圍部分則是重要的社交活動，基本上是那些需要我們密切關注的遊行及改革運動，由於行動主義者和熱衷於政黨文化人士提倡的活動民主風氣，讓我們能夠洞悉未來的樣貌以及新興的消費者行為模式。

　　社交活動還有一個勢不可擋的行銷手法就是網路。社交活動的推

廣和社交網絡及線上傳播簡直一拍即合，同時還能運用在家族和社會運動的活動中。

生產者與消費者

　　20世紀的行銷正統觀念是強調生產者和消費者之間的差別。這是根據觀察行銷傳播流程後得出的結果，再由業界提供產品與服務給社會大眾。但是這個觀點中有某種程度的抽象之處，因為企業是由一群身兼生產者及消費者的人們所組成，然而當我們想到消費者這個名詞，並不是指它固有的特質，而是指代表一個經濟體系裡的角色時，我們還是能完全瞭解這個範例。由於所有的行為都和消費的某一種或是其他形式有關，因此「消費行為」這個詞幾乎是贅述的。要生活就要消費。不過在這個發展成熟的消費者社會中，我們通常不會去生產我們要消費的物品。

　　但活動就不同了，因為活動的消費就是活動。不論是不是買來吃的，湯罐頭就是湯罐頭。不論有沒有人光顧，商店就是商店。舉辦活動可不能像這樣，除非有人來消費。從人們瞭解服務行銷的方式中大大展現出這個道理。這只是一個通則，活動的生產及消費之間還是有模糊地帶。所有的活動企劃人員能做的就是設置舞台；舞台上的演員才是創造活動的人。尤其當社交活動出現在聚光燈下時，這條界線就變得模糊了，因為活動的生產者通常也是消費者。

　　我們所說的社交活動，其範圍非常廣泛。要細論這些由專業活動企劃人員所籌備的活動，列也列不完，況且這也不是我們所要採取的策略。

　　內部規劃和舉行自製活動是一種新興趨勢，因為這類活動很容易就能透過網路及無線通訊傳播。首先，讓我們來接觸一些推翻你固有想法的懷疑論型人士，看看他們如何享受他們自己選擇的活動。

酒吧聚會

社交活動具有各式各樣的形式與規模。多數活動都是小規模的，通常就是一群人一同投入某件事及某個觀點而形成一個制度鬆散的組織。由少數人籌辦的迷你活動數量難以計數，可想而知，這樣的一個聚會通常參加者都是經由友誼及社交網絡而相聚在一起，並決定要找些樂子、聚會和做他們要做的事才辦活動的。交際應酬和參加計畫性活動的差異處在這個程度上就變得模糊了。

下次你打算去酒吧喝一杯時，也許會遇到一群特別抱持懷疑論的人，高聲爭辯著要對人類與生俱來的權利存疑。

圖9.1　酒吧聚會在倫敦的集會

酒吧聚會（Skeptics in the Pub）是一個懷疑論者及批判型思考人士之間促進情誼及拓展人脈的社交集會。該聚會讓懷疑論者有機會在隨性輕鬆的氣氛下分享看法，以及討論任何臨時想到的主題，從提倡懷疑論中找到樂趣。常見的形式是，講者受邀為一個特定主題發表演說，後面緊接著就是問答時間。這個集會通常為每月一次，地點選在當地酒吧。現今全球有50個不同團體讓這些熱愛聚會的人們，慶祝自認為自己比其他人知道得更多，而且陶醉在理性和有憑有據的分析之後伴隨而來的智能優越感。

（www.skeptic.org.uk/pub）

從搖籃到墳墓 —— 人生活動的管理

如果有人不喜歡一群萬事通挑戰自己捍衛的信念，那麼他或她不可能喜歡這類社交活動。因此有些活動會自動排除那些對於活動的目的沒有共鳴的人。但並非所有的社交活動都是排外的，而且大部分都是人生中某些重要時刻的典禮——出生、死亡、婚禮和成年禮。從我們出生到死亡，都有家庭社交活動相伴，這些活動需要規劃以創造最佳印象，花些心思讓人們來參加。失了顏面就和損失利益一樣要緊。

人生活動是人們選擇要慶祝的重大時刻。孩子誕生時會舉行新生兒派對，而且經常會舉行宗教活動，例如施洗禮。時光飛逝，轉眼間來到了成年禮，接下來你就會看到高中畢業舞會，幾年後就是大學畢業典禮。再來就是婚姻，可能很快就能看到下一代的誕生，包含後續的活動在內。人們也許會有另一段婚姻和更多孩子、生日派對及家族聚會。週年紀念日是最具紀念性和讓人開心的節慶。這樣的循環一直

持續下去，直到我們迎來自己最後的社交活動，可惜的是我們無法親自參加，但前來齊聚一堂的都是我們的至親好友。這些活動是我們人生的里程碑，全世界每個文化和每個宗教之間，參加這些活動的人們都帶著同等程度的喜悅和莊嚴。

傳統上，這些活動都是由人們自行舉辦。有錢人會聘請活動籌辦人員，然而這只是反映出他們傾向由其他人打點好一切，這樣較為方便，也可凸顯出社會差異。今日，為愈來愈多人籌備人生活動的產業從市場上崛起，曾經一度是有錢人的專利現在已成為一種大眾消費的方式。最能代表這種現象的就是婚禮產業。我們不需要一一處理家庭生活範圍的活動，因為傳播的方式大致上都相同。也就是說，洗禮或猶太成年禮呈現出的是相似的籌備過程及場合。為了認識家庭取向的活動動態，我們以婚禮為例，因為婚禮都是經過精心安排和宣傳的。

婚禮

婚禮企劃人員提出婚禮應花費的預算上限及活動會伴隨產生多少價值。然而有些家長發現到自己小孩的婚禮得負擔這麼大一筆費用時，或許會很想落淚，尤其在這年頭，離婚又是這麼簡單的一件事。不過無庸置疑地，婚禮企劃人員是公認的專家，範圍依熟練程度從熱情的半職業人士到全方位的活動企劃人員都有，對他們而言，每個細節都應該引人注目。

婚禮的行銷就是活動前的準備。婚禮企劃人員通常會先和準新人及雙方父母開會，瞭解他們想要什麼以及告知他們這樣做會需要花多少錢。有可能雙方的想法有些落差，因此最初的會議屬於收集研究資料以及協商的情況。開始著手進行籌備活動之前，知道雙方預算及內容是很重要的。一旦達成共識，婚禮企劃人員會列出預定的管理時間表及核對清單，有些大型的上流社會婚禮從活動當天一年多前就開始進行這兩項工作，將訂婚的概念也放進活動內容中。

　　因此婚禮行銷是整個工作流程中最重要的一環，要認真地進行，並有系統地部署。這個市場需要的專業程度愈來愈高，也因為不同社會階層的人皆採取同樣舉措而產生了人口結構的涓滴效應。

　　婚禮宣傳最主要的工具就是喜帖，範圍從放在信封裡的傳統卡片到更精緻且新穎的方式都有。近來，回覆的方式通常都是在線上進行。若是你將注意事項和細節考慮到喜帖設計中，就等於是將新人結婚的訊息轉換成一種密碼。人們希望喜帖能給他們好印象，營造出即

　　　　賓客收到郵差送來的包裹。外包裝的地址標籤上寫著一句引文：「雪花是大自然最脆弱的創造物之一，但當結合在一起時，看看它們能做什麼。」打開包裹後，每個收信人會發現一堆如雪花般的保麗龍球一下子從盒子裡灑出來。接著在盒子裡面，雪堆底下有一張喜帖，上面附了一張冰雕愛心的照片。喜帖一打開就會看到兩道訊息——一個是在冰上飯店（Ice Hotel）舉行的婚禮，另一個是在沃本（Woburn）舉行的喜宴。再打開則會看到新郎新娘從孩提時代到現在，多年來的照片剪輯。其他細節則是擷取披頭四歌曲裡幾句適合的歌詞，利用局部上光精美地印在卡片上，這樣一來，當光線照在正確的角度上時，才能顯示出字來。這麼做的理由是，我們為了喜宴請來翻唱披頭四歌曲的樂團，但一方面也想要將這個橋段當做一個驚喜。（這個主題也會貫穿整場活動，譬如桌卡名稱就會用出現在披頭四歌曲中的名字：愛蓮諾、莎蒂、麗塔、露西、普魯登絲和瑪莎！）

　　　　雖然收信者會因為幾個禮拜後還會發現小雪球而抱怨我們一頓，但他們的反應非常好，收信者很喜歡這種獨特又時尚的婚禮喜帖。

（www.weddinginvitationshop.co.uk）

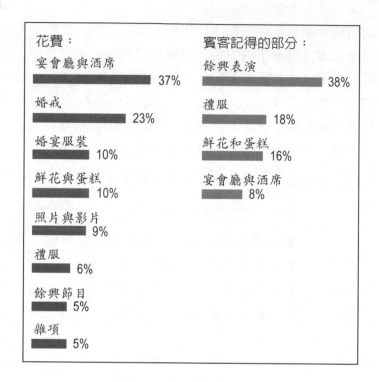

花費：

宴會廳與酒席 37%

婚戒 23%

婚宴服裝 10%

鮮花與蛋糕 10%

照片與影片 9%

禮服 6%

餘興節目 5%

雜項 5%

賓客記得的部分：

餘興表演 38%

禮服 18%

鮮花和蛋糕 16%

宴會廳與酒席 8%

圖9.2　賓客對宴席的印象

雖然人們花最多錢在宴會廳和酒席上，但並不表示賓客最欣賞這部分。

將到來的活動氛圍。這裡有個從線上喜帖商店摘錄下來的案例，說明宣傳婚禮活動時，若要讓收到喜帖的人對婚禮懷著有品味、有魅力的印象，應該注意哪些面向。

　　喜帖不只是一種通知方法，也是活動行銷人員讓活動看起來與眾不同，以及傳達新郎新娘希望在婚禮上能展現其價值的機會。雖然不清楚保麗龍球這個主意好不好，但它們灑出來的瞬間一定令人難忘。這張喜帖仍然讓人印象深刻。就這個意義而言，喜帖的作用就像廣告，社交網絡的作用就是回應廣告的口碑。上述這個例子使用的手法需要較多花費，然而如果你有這筆預算，就有可能讓人印象深刻。下面這個案例不是喜帖的代表性例子，但卻是一個社會地位的證明。

> 　　近代史上最昂貴的一場婚禮是由拉克希米‧米塔爾（Lakshmi Mittal）所舉辦。米塔爾擁有一家鋼鐵公司，被視為是全世界最富有的人之一。2004年，他的女兒凡妮莎的婚禮是當年的盛事。讓人覺得這場婚禮與眾不同的第一個象徵是結婚喜帖。米塔爾的喜帖可不只是普通的一張信紙。每張喜帖長達20頁，家族的每個成員還題了詩在上頭。但真正讓人驚艷的是，這些喜帖都是鍍銀的！一個普通家庭可能只負擔得起一、二張，但米塔爾的賓客名單可是有1,200人。婚禮其他部分同樣也令人難忘。婚禮整整持續了5天，甚至請來寶來塢電影產業的大人物札夫‧阿克塔（Javed Akhtar）撰寫劇本，重現這對新人的求婚過程。婚禮舉行的地點在法國羅浮宮。婚禮的其他活動則在法國一座最漂亮的莊園內舉行，活動其中有一部分是煙火秀，施放地點就在艾菲爾鐵塔。
>
> （www.myexpression.com）

　　藉著將20頁的喜帖鍍銀，富裕的價值就包含在訊息中。由於通常某一人口結構的族群才會聘用婚禮企劃人員，因此無論相對有多樸實，都要在素材使用及設計上表現出質感及價值。婚禮是個特別的活動，因此喜帖必須精雕細琢，以傳達出那種特別的性質。除了上述這些考量之外，婚禮漸漸設計成能表現出新郎和新娘的獨特性，而喜帖可以被當做一種品牌宣傳的工具，強調其獨特性質。

　　在這網路發達的年代，發現婚禮還有網站用來傳達活動價值及提供資訊給出席者一點都不令人意外。專業的婚禮企劃人員可為新人架設網站，但不打算讓專業人士策劃活動的新人們，也可以輕鬆地規劃網站，自己做也比較可靠。到google.com/weddings網站上就能清楚看到一般人皆會使用的婚禮套裝軟體技術有多純熟。

　　婚禮企劃人員同時也會找尋可能的活動地點並聘雇婚禮專家和服務供應商（例如，外燴業者、攝影師、錄影師、美容師、花匠、烘焙師），除此之外，他們還負責婚禮當天運輸與服務的協調工作。甚至應該還有備用方案以備不時之需。若婚禮是在國外舉行，那麼婚禮企劃人員須負責準備法律文件及翻譯。假如這場婚禮欲吸引社會大眾注意，那麼企劃人員還要負責通知適合的媒體。

　　就跟活動大致上的情況一樣，婚禮規劃代表籌辦一場活動和行銷一場活動之間的關係，因為對社交活動來說，這兩者差不多是一樣的事，在服務行銷原理中，服務提供和服務行銷沒有區別。雖然喜帖是一種合情合理的宣傳工具，但整個活動的製作過程本身就是將新郎新娘行銷到社會上，從此以後他們兩人將以夫妻的身分出現在社會中。

　　再次強調，在消費者社會中，如果我們思考人們利用品牌來行銷自己，那麼我們就會瞭解家族社交聚會活動成為家庭在其社會脈絡下行銷自己的一種方法之前，這個概念已經無所不在。行銷婚禮、生日、畢業典禮、猶太成年禮等等的專業方法就是盡可能瞭解客戶越多越好：對他們來說什麼是最重要的，他們希望別人如何看待他們，他們的社會地位是什麼，為什麼他們會選擇由專業人士來管理他們的活動，以及他們希望透過活動的舉行達到什麼結果。

　　另一種說法是，考量到行銷人員的工作就是增加品牌價值，因此家族社交活動的客戶就是利用活動讓其家族增加價值，作為行銷其家族的機會。這種價值不盡相同。在某些情況下，家族希望宣傳的是相對比較低調、以友誼為基礎的價值，只邀請親友共度節慶。在多數情況下，都會有必須遵守的傳統。家族活動中可能包含商業動機，因為賓客名單可能也有客戶及供應商。你會和一個邀請你去參加她女兒婚禮的女士做生意嗎？在遵循社交規範的家族中，專業管理家族活動往往有一個社交分級的面向，這些家族會利用家庭活動來顯示他們的財富及教養。這些都是嚴肅的考量、傳統及自我表述，若是活動行銷人員滿足客戶這方面的需求，那麼就能適當地主導活動製作過程中無數的細節。

家族活動行銷的五個普遍原則

1. 社交活動行銷人員最終的責任就是為他們的客戶建立商標，向他們的家人、朋友和相關人士推廣，因此他們要執行的是非常重要的任務。
2. 為了能夠傳播關於他們客戶最適當的價值，社交活動行銷人員必須執行深入的資訊調查。
3. 熱心的業餘人士是專業的社交活動行銷人員必須正式的競爭對手。
4. 藉助線上服務的套裝軟體，自己也能夠籌辦和行銷精緻的社交活動，對潛在客戶來說，這些方法具有成本優勢。
5. 活動本身可評判社交活動行銷人員的功力，連最小的細節也能當做指標，而且靠著口碑推薦就會使業務增加。

■ 與社會有關的活動

　　有非常多的社交活動不屬於家族和傳統活動。漸漸地，社交活動不斷演變，正好反映了社會的變動。社交網絡連結了獨立個體，並凝聚眾人的心志。現代性的首要原則就是人們不需要其他人為他們籌辦活動；他們可以自己來。對活動管理界來說，這是一個必須掌握的重要觀點，因為人們不能只是假設未來會如過往一般。以下的社交活動案例大多都是年輕人一手包辦，塑造未來的正是這群年輕人。看看他們以科技為基礎的活動行銷手法，還有他們辦活動的概念。我們將自我管理及自我宣傳解釋成具有現代性的本質。當我們想到專業的社交活動宣傳曾經也被認為具有現代性的本質時，那麼很明顯的可以看

到，活動專家真的必須保持高度警覺，瞭解該如何塑造未來。在下一章我們就會深入探討。

自發型派對運動

年輕的活動消費者運用推特、臉書和簡訊參加自發型派對，他們必須藉由獲知自己能否參加該活動以維持社會地位。基本狀況是，參加者只在活動舉行不久前才接到通知，但他們瞭解自己是圈內人，不論何時，只要一通電話打來，他們也隨時準備好要立即回應。這個觀念是從不合法的狂歡活動中產生，籌辦者希望避免引起警察注意，

圖9.3　狂歡派對源自於不合法、臨時和自發性的倉庫派對

而且為了要保持隱密，所以前置作業的訊息愈少人知道愈好，以期有驚喜的效果。當活動開始退燒時，自發性的概念依然是刺激感和排他性的一個面向。值得注意的是，這種形式的社交活動只運用社交網絡來行銷其存在；不然就消失無蹤了。有個特別的發展就是利用官方活動，作為之後一系列非官方活動的基地。這裡有個來自2008年西南之南（SXSW）網站上的部落格，可作為該現象的例子。

> 　　2008年西南之南互動式多媒體節（SXSW Interactive 2008）的週五晚間，許多人問我當晚會如何進行。除了官方派對外，沒有太多其他的活動。我偶然碰到我的好友……在會議中心的走廊上。當下我們兩人決定要組織另外舉辦一場自發性活動，以去年在2007年西南偏南互動式多媒體節最後一晚於「薑餅人」（Ginger Man）酒吧所舉辦的「推特眾和自發性微贊助活動」（Twittermob & Spontaneous Microsponsorship）的成功為基礎。我們兩人在推特上貼文，表示我們大約晚上10點要在「薑餅人」碰面。結果「薑餅人」裡太過擁擠，到最後一刻我們才將派對地點改到「六號沙發吧」（Six Lounge），於是店家開始記酒帳。這個體制再次奏效，很多人出席，塞爆了整間酒吧。
>
> （www.laughingsquid.com）

　　這個活動沒有設定時間，沒有固定地點——它的概念以及籌備具有自發性及易變性，透過以手持裝置就能在移動中管理動態的即時通訊，一切都成為可能。若是人們想獲得體驗，那麼自發性能夠讓人無比興奮。如果人們想獲得最大的刺激感，有些人可能會跳脫專業計劃性活動的想法，而自發性派對運動即展現出一種消費者培力的形式，除卻了生產者與消費者之間的區別。

就像之前提過的，傳統上在生產及消費之間會有一個模糊地帶，自發性派對現象從科技的成熟度和即時通訊中誕生。這些都是由參加者本身一時興起的情況下舉辦的活動。當然，發起人得起個頭。這些人都是社交領頭羊、活動創新者和核心人物。尤其自發性派對運動不具有任何條件；它只是讓人享受歡樂時光，不需要合理化一連串的行動。派對的目的就是派對本身。

社區活動

不過，許多社交活動特別和某些事相關，譬如人生中重要的時刻，如生日或週年慶，或是關於社區感興趣或關心的事物，如淨河活動。還有更多活動是關於共同的經驗，如團聚。有很多社交活動則是因為人們有關心的事物。這些活動都有人管理，經由所謂的行銷爭取出席率，這類活動大致上還是在網路、朋友和家族團體內傳播。比方說淨河活動可能是由學校舉辦，主辦單位會嘗試鼓勵家長出席。市政機關可能會聘請活動專家製作範圍更大的傳播，進行大規模的作業。以下就是一個典型的例子。

2010蘇城密蘇里河清掃活動

我們連續第3年參加愛荷華州蘇城（Sioux City）的蘇城志工團，清掃密蘇里河下游的疏通道。夏天帶來了暑氣，當我們在小帳篷和小木屋裡睡覺時，每天晚上都會突然下起一陣大雷雨，閃電像閃光燈一樣，如雷的聲響降下，挾著強勁的暴風和節節升高的雨量！但這並不妨礙小組的清掃成果！這樣的天氣顯示白天會是涼爽多雲，而我們在這個以划船和垂釣聞名的小鎮河堤旁收集垃圾，度過美好的時光。

（www.riverrelief.org/event/siouxland-missouri-river-clean-up-2010）

　　這類型的活動富有社區精神，而且活動行銷的行動計畫與共同的價值觀密切相關，再者也有機會參與某件事。這些活動可能是社區所企劃的募款活動、為當地需求籌措資金的慈善活動或其他各式各樣類似的活動選擇。通常這些活動都是自行籌辦，如果活動行銷人員涉足並主動採取行動時，它們會變得更正式。社區活動可被塑造成一個社區的象徵，活動行銷人員應該將其視為可能的慶典活動。哪種社區活動擁有能擴大化及正規化的潛力。哪種活動對市政當局和當地企業來說最具有吸引力？別忘了，大型的音樂節是從隨性、小型的集會開始的。人們過去習慣籌備自己的婚禮。活動行銷人員應該思考實際的狀況，調查在何處以及是如何擴大社區活動才是可行和受歡迎的。

　　有些社會議題對大多數人來說非常重要，他們會因此變得積極採取行動，以言行挑戰社會基準，為了改變而奮鬥。人們無論何時因共同目的而聚集在一起，那就叫做活動。

行動主義活動

　　支持社會議題並為此採取行動即為行動主義，而且有個活動區塊為這個社會面向提供服務。社會議題範圍從主流的，像是環保行動主義，到奇特的主題，譬如關於幽浮以及外星人綁架事件的陰謀論。

　　行動主義的絕對真理就是，需要有能訴說的對象及要做的事情，參加這場盛會的人們會感覺到這是一件嚴肅的事情，應該揭露真相和引起辯論。平心而論，當初人們也認為環保運動是很怪異的，然而現在它已經成為公認的主流觀念，因此行動主意這個詞的使用不再有輕蔑的意味，只是代表在一個議題上缺乏共識。

　　行動主義試圖吸引人們關注某件重要或有害，但卻遭到傳統媒體和當權者忽略的事情。它與改革、資訊自由及啟蒙有關。在這資訊發達的時代，社會上的人很容易以你做事的方式來看待你。有什麼運動比停止戰爭所帶來的毀滅災害更令人欽佩呢？

321

國際UFO大會：IUFOC成立於1991年，每年都會針對幽浮及相關現象召開年度大會。該大會在內華達州的勞夫林（Laughlin）舉行，直到2011年才移至亞利桑那州鳳凰城開會。這個大會以擁有超過20位講者及眾多來自世界各地的參展者自豪，涵蓋大量與幽浮現象相關的主題，包括科技、政府所掩蓋的真相、星際政治學、絕密計畫、麥田圈、外星人探訪等等。天體物理學家、核子物理學家、遭劫持者及前最高機密軍情局相關人士組成的小組只是這群亮眼且極有影響力的講者中的一部分。第20屆國際UFO年會由大開眼界製作公司（Open Minds Production）主辦，於亞利桑那州斯科茨代爾（Scottsdale）的福特麥克道爾賭場度假飯店（Fort McDowell Resort & Casino）舉行。請在你的行事曆上將2011年2月23日到27日標記起來；這將是一場你絕對不想錯過的盛事！

（www.ufocongress.com）

有鑑於和平主義者缺乏影響力，所以他們期望能夠結束戰事可能是不切實際的，但早期的環保運動人士也是同樣的境況，他們想方設法最終影響了工業巨獸管制排放污染物。主流媒體及時前來，大力支持其行動計畫，終止無節制的污染，而且政界也立刻跟進。反戰人士也能夠期盼他們的努力會有個好結果嗎？近年來，伊拉克戰爭引起行動派人士發起反戰運動，多年來讓全世界目睹了他們組成一個極具凝聚性和熟知媒體操作的活動。

因此行動主義活動的重點在於範圍及規模，不過還有很大一群行動主義人士居於社會意識中非主流的地位，他們普遍使用線上網絡及網路傳播來籌辦活動。有些在大多數人心目中是非常次要的，但是拜

　　2003年2月15日，全世界多達1,000多萬人（也或許有2千萬人），參加大規盟反戰抗議行動，在世界各地一同努力籌劃許多活動，目的是為了喚起人們注意即將發生的伊拉克戰爭。舉例來說，在羅馬的抗議活動，共計有3百萬人，被視為史上最大的反戰集會，普遍說來，歐洲經歷了行動主義大規模激增的情況。諷刺的是，中東的抗議活動在規模上並不算大。這些活動的行銷基本上就是舉辦活動，一旦發起，全世界的媒體就成了宣傳者。少數政治人物公開承認支持戰爭，雖然在人類漫長血腥的歷史中，確實顯示了某種特定的傾向。因此，這是個主流的行動主義形式，期望能以此讓支持聲浪迅速高漲。然而，大規模毀滅性武器的恐怖陰影不知為何，很容易讓群眾熱情大幅消退，無論活動立意多良好或是組織多完善，都證明了無力影響決策。

全球通訊之賜，要是有足夠的人因某個觀點而聚集在一起的話，他們必定會希望一同增強彼此的信念架構。

　　2010年，美國有一場大型的行動主義運動與共和黨結盟，也就是眾所皆知的茶黨運動，目的是為了反對提供醫療補助給較窮困的人（所以這個團體絕對不是慈善基金會），並且普遍反對民主黨所支持的自由／社會主義的議題。他們的許多活動吸引了來自世界各地大量的個人支持以及媒體的注意。這種形式的行動主義是出於政治動機，然而它擁有基層民眾對小型政府、金融責任、個人自由的支持，並堅守傳統的憲法觀點。這些理想驅使非常多沈默的保守派人士變得主動積極，行動主義人士選擇透過活動傳遞他們對未來的關心和希望。在活動進行時，人們會在部落格、推特、臉書和主要的傳播媒體定期報導為茶黨做宣傳。然而都市的自由風雅之士並未被茶黨所吸引。

對於茶黨運動的反應衍生出更大量的活動，例如喬恩‧史都華（Jon Stewart）發起了「恢復理智大集合」（Rally to Restore Sanity）。史都華在他的電視節目中推銷該活動，並由線上網絡負責後勤工作。下面的範例摘自活動籌劃者的官方網站，值得注意的是其輕鬆愉快、帶點揶揄的口氣。這篇文章說明了社會主義行動份子代表一種觀點，以及在傳播時應該透過語言的使用反映出他們的觀點。

「我快抓狂了，我不想再忍受了！」我們之中誰不會想要打開窗戶，聲嘶力竭地大吼？說真的，有誰不會？因為我們正在尋找這種人。我們正在尋找認為大吼大叫很惱人、會產生不良後果以及對你的喉嚨很傷的人；覺得並不是大聲才能讓人聽見的人；以及認為當這個人真的是希特勒時才適合畫上希特勒的鬍子的人。或者當查理‧卓別林（Charlie Chaplin）在飾演某些角色時才畫上。你是這種人嗎？太棒了，那麼我們歡迎你在10月30日到華盛頓特區來參加我們這個毫無重要性的約會──《每日秀》（Daily Show）的「恢復理智大集合」單元。我們的聚會是為了那些忙到無法前往參加群眾集會的人、現實生活中要忙家庭和工作的人（或是正在找工作的人）──與其說是沈默的多數，不如說是忙碌的多數。如果要將我們與會者的政治觀點用一句話來總結……那是辦不到的。看法有點多。想想我們的活動，例如，仿胡士托（Woodstock）音樂節，只是我們以帶有尊重的反對意見取代裸體和毒品；百萬男人大遊行，只不過規模小很多，而且比較不像男人趴；或是嘻哈迷大集會，但是我們不會朝提拉‧特基拉（Tila Tequila）丟糞，而且是主動「不」丟喔！來華盛頓紀念碑的陰涼處加入我們。記得帶著你的室內音量來。或是什麼都不帶。如果你寧願待在家、去

工作、或帶你的小孩去練習足球……說真的，還是來吧。問問你的褓姆能不能多留幾小時，就這麼一次。我們會讓你感到值回票價。

(www.rallytorestoresanity.com)

結果證明，這個集會每天都吸引了20萬人。這些人都是從沈默的溫和派轉變為行動派，他們的行為舉止有教養且理性，這就是活動的重點。然而沉默的溫和行動較不可能像鬧哄哄的極端主義吸引到相當多的注意力。

2010年在英國，政府立法表示將會刪減大學的資金，而且大學所能收取的費用上限會更高。這件事立即性的影響就是有成千上萬名高中畢業生無法就讀大學，預期有人會頓時陷入更大的債務中。這應該被解釋成，英國擁有為考到入學合格成績的人提供免費大學教育的悠久傳統。在多年的沉默後，英國學生恢復成行動派，全國學生展開抗議行動，包括許多群眾踴躍參與活動，讓警方措手不及，以及以某種程度的民眾失序及輕微的混亂讓媒體高度關注。下頁中從《衛報》（*Guardian*）上摘錄下來的一篇文章，說明了現代傳播技術產生何種改變，以及這個改變如何影響他們的反應。

這篇文章說得對，社交網絡是有機且自然形成的，不僅如此，還沒有領頭者的存在，因為互動傳播的廣大網絡讓人難以預估資訊的源頭來自哪裡。

並不是每個人都滿意世界運作的方式。當然，第三世界必定極度不滿意，開發中國家也許覺得他們遭到剝削。在我們的社會中，許多人——大多都是年輕人——想要透過籌劃用來分裂和激辯的抗議活動，表達他們的不滿。這個浪潮的前線是自我風格式的無政府主義者運動，包括具備某種專業知識的活動企劃人員和行銷人員。他們的活動非常混亂，參加者也做好承擔法律責任，必要時會面臨牢獄之災的

　　在兩週前發生了兩場混亂的學生抗議行動發生後，警察可能會問：誰是新的抗爭領袖？對他們來說，很遺憾的，答案是沒有人。不像1960、1970年代的學生運動，因為有了社交媒體，尤其是臉書和推特，提供一個理想的平台給基層組織，因此行動快速成形。這點完全出乎警察的意料之外，在第一次示威運動時，最初只有225位警察被派往倫敦中區，去維持事後證實為數萬名抗議者的場面。然而與這些示威運動有關的所謂無政府主義者似乎日漸增多，而且跑在運動前線的都是蒙面人物。

(www.guardian.co.uk)

圖9.4　即使是安靜的溫和主義者也能透過活動表達異音

心理準備。這裡有份報告是關於在溫哥華的一場無政府主義活動，目的是要抗議2010年冬季奧運。

> 　　我們很高興帶給您來自溫哥華的即時新聞，當地居民以及無政府主義者聯合起來抵抗，在奧運開幕典禮上瓦解了資本主義及民族主義必勝的信念。想知道更多關於為何人們反對這些競賽的原因，請上no2010.com和olympicresistance.net網站查看。這「不只是另一個高峰會」，這是由當地居民、無政府主義者、反貧窮行動份子、環境學家及其他反對2010奧運的人數年來直接行動的最高點。此集會其中一個最發人深省的面向就是其組織架構。當地居民呼籲他們的盟友一起幫忙捍衛他們的領土，以對抗更深一層的殖民地化，而團結的行動份子也回應了他們的訴求。一份反資本主義的分析報告影響了整場活動，而且它在更廣大的行動主義份子社群中形成一股激進的力量。這不是被束之高閣的當地議題最後一次決勝負；就發起人而言，這是北美首次完全關注當地議題的高峰會。這個抗爭行動也是相當在地化的。雖然動員的人數相較歐美來說似乎有點少，但溫哥華本來就是個比較偏遠的城市，不易到達。
>
> (www.crimethinc.com)

　　對很多人來說，冬季奧運只是在電視上播出的運動賽事，且看起來沒有危害。但對這些行動份子來說，傷害性很大，而且是企業霸權的象徵。不論事實為何，活動行銷人員的重點在於注意完全不同的行動主義團體如何能在這場運動盛事上協調他們的工作以及活動本身成為反活動焦點的程度。這個例子說明了網路動員的力量以及公眾意圖和喜好的多元性。企業和大型活動並非普遍受到歡迎，而且有鑑於過

往這些心生不滿的人只能獨自憤怒，現在他們可以在線上召集一群志同道合的人們，並且自己也很積極地在支持他們的價值觀。這是自由發展的結果，因為毋庸置疑地，自由表達最終是為了更多人的利益。

這些是意味更深遠的社交活動，因為他們和改變社會有關，或者至少是因為他們無力改變世界的挫折而製造麻煩。他們最明確的目標是世界上最富有的國家，這些國家的領導者每年鋪張浪費，在極為奢華的地點召開一年一度的高峰會議，於是成了點燃全球無政府主義運動的導火線。雖然行動偏向極端，但這類社會活動的意義就是，活動長期以來就是民眾用來表達其改革需求的一個方式。

2011年阿拉伯之春（The Arab Spring）事件最能生動說明科技的力量，它能連結、教育及傳遞人們迫切需要改變的訴求，而且往往是在報復威脅之下。由線上科技所形成的傳播與組職，創造了一個行動主義的新時代，在其中新崛起的世代瞭解活動的力量可吸引全世界的目標群眾支持他們的理念。

圖9.5　最能生動說明科技力量的自發性傳播

在埃及的抗議政府事件中，抗議活動的主辦人瞭解在自發性活動中傳播的力量。政府的回應就是關閉網際網路。

活動行銷人員必須關注行動主義與政黨制度

重點不是他們做了什麼，而是他們做事的方式。這也是身為活動行銷人員的我們必須注意的事。這些活動並不是由專業活動團隊來管理，專業人員的角色是瞭解、接案，並將事情安排好，然後按部就班進行。最重要的是，它們大多是年輕人發起的，他們發現e化傳播使自行籌辦活動變得容易許多。

自行籌辦的議題對活動業界來說應該是相當重要的。在這個時刻，計劃性活動的正統定義依然與20世紀的生產／消費模式密切相關。在下一章，我們會再深入探討這個議題。

對社交活動的五個反思

1. 社交活動傾向看似為自發性事件，但背後還是需要用極短的時間籌組。
2. 純粹為了娛樂的社交活動也許是自行籌辦而且無標記，事情就這麼發生了，不需要理由，也不需要主題正當性。
3. 另一方面，社會行動主義活動顯示出，即使是大型活動也會藉由社交網絡的傳播而串連在一起，而且當參加人數夠多時，就能保證會有媒體報導。
4. 活動行銷人員可以將自發性的社區活動視為找出哪些有潛力成為正式活動的一種方法。
5. 社會活動一般都和讓世界變得更好的觀念有關，可以被視為是一種支持新理念的可能來源。

結語

　　專業的活動專家應該涉入社交活動多大程度？有些市場，像是婚禮，很明顯地樂意由專業介入，然而還有很多自發型的社交活動，而且新興趨勢指向自組活動及透過e化傳播來行銷，這些完全都是可能的，甚至大型、複雜的集會也是。就像我們看到的，針對製作正式活動的活動行銷也要依賴e化的解決方法，而且如同本章所述，消費者的學習曲線針對非正式製作的活動也產生同樣的e化解決方法。然而，社交活動企劃及行銷凸顯出地位，而且能區別正式及非正式活動，只要人們依照地位來區分自己，就會有社交活動專業管理的市場。不過對活動行銷人員來說，同樣也要注意不斷改變的標準，尤其是年輕消費者那一部分。

　　活動領域的未來毫無疑問會受到今天的年輕人影響。關鍵就是不費力氣的互動傳播、盤根錯節的社交網絡及隨處可見的手持裝置。至於自發性活動的崛起，問題多過於答案，然而確定的是，它不會出自老年人或富人之手。重要的是，要能判斷自製活動吞噬固有活動產業到何種程度，假若它被視為是一個市場區塊，那麼該如何界定它以及要用什麼方式來滿足其需求？

Q&A 問題與討論

1. 社交活動如何為文化認同做出貢獻，為何瞭解這一點對活動行銷人員來說十分重要？
2. 小規模社交活動為何應該要受到細心管理及宣傳？
3. 網路如何變成行銷社交活動的重點？
4. 社交活動的企劃與行銷是如何變成自發型的？

5. 網路如何擴增社交活動的範圍及領域？

6. 為何婚禮活動會與專業的活動管理介入特別相關？

7. 家族要如何運用計劃性活動的製作與行銷來提升其社會地位？

8. 在專業籌劃及隨性產生的情境下，社會變革的擁護者是如何運用活動的？

9. 活動行銷人員應該從自發性派對運動的現象中學到什麼？

10. 活動要如何提供機會以達到社會凝聚力及社會進步的目的？

11. 那些參與社會行動主義的人如何策劃與籌備活動？

12. 為何社會行動主義的活動是自然的發展過程？

13. 利用網路來舉辦自發性活動如何展現活動行銷未來的本質？

實用網站資源

1. **http://www.google.com/weddings/**
   Google讓我們清楚看到如何運用他們的產品來規劃婚禮。這是網際網路如何促進DIY活動興起的絕佳案例。

2. **http://www.meetup.com**
   Meetup是一個用來籌辦自發性社交集會的網站。該網站可以籌辦集會，或者有興趣的人也可以在此找尋想參加的集會。

3. **http://www.ning.com**
   Ning是一個促進微型社交網絡產生的網站，同時也有助於現實生活中的社交團體聚會。

第10章

活動行銷的未來影響力與趨勢

「說到未來，我們可以看到三種人：任由事情發生的人、使事情發生的人，以及想知道發生什麼事情的人。」

國際發展學者 約翰·理查森 (John M. Richardson, 1938-)

當你讀完本章，你將能夠：

- 發現和利用過往活動行銷發展的模式，並發覺現今與未來的成長機會。
- 瞭解在影響活動行銷人員最深的消費者文化中主要的動力。
- 預期當今年輕消費者的演進以及活動在他們的生活中不斷改變的定義與角色。
- 透過趨勢與循環的角度來思考長久以來的活動生命週期。
- 預測對於活動與活動行銷未來的影響因素。

■ 活動行銷的發展軌跡

在過去處理事情的方式如何影響現今與未來處理事情的方法呢？回顧計劃性活動剛出現時，我們發現它們一開始就包羅萬象，與日常生活息息相關，是認同感的展現。它們將有共同目的或世界觀的人們緊緊聯繫在一起，或是由握有控制權的人發起以組織群眾。就某種意義而言，它們的功能未曾改變，但是變得更加多樣化，並且在消費者的社會中採取供群眾消費的角色。

活動行銷發展的其中一個面向就是傳播技術的發展，其中的訊息大致上仍雷同，然而播送的方式已然改變。行銷訊息一直以來都是關於創造利益與製造社會論述，無論是在古羅馬時期釘在牆上的羊皮紙或者是在今日充分利用多媒體、社交網絡和搜尋引擎的宣傳，皆具有同樣的功用。無論使用何種媒體，訊息不外乎是提供資訊、營造美感以及引發興趣與動機。活動行銷的發展一直都是關於這類型的活動由誰舉辦、為何舉辦，以及傳播相關訊息的方式。

　　目前的趨勢是有更多人在製作活動，但是他們基本的形式維持不變。大型活動向來都與我們同在，而且不斷地力求迅速發展，然而在這個趨勢之下，志同道合的人們可在網路上找到彼此開心聚會。所有的媒體通常都是如此，活動正化整為零，進入愈來愈專門的領域中。人們參與活動的理由依然沒變——集會、分享以及集體體驗。

　　活動行銷的發展軌跡就是繼續製作與宣傳愈來愈多元化的集會，利用任何最適當的方法將有關對的活動、對的訊息傳送給對的人。活動的基本本質並未改變，而且傳播的原理依然不變。所以說，正在做的事並未改變，而是做事的方法改變了。

21世紀活動行銷的趨勢

　　本節的重點在於提出對於影響活動行銷特別相關的種種因素，包括生態學在影響消費者行為模式的年輕消費者當中造成的影響、正在改變的人口結構，尤其是人類有活力的壽命延長，以及科技力對於活動行銷的影響。我們也將思考在活動與其他行銷組合因素之間的關係，因為我們不能期盼活動對於消費者和行銷人員的角色將會維持不變。當我們考量活動在行銷實務中的角色時，應該要小心謹慎地評估未來會與過去相同的程度。因為社會規範與生活方式而產生的消費行為改變以及人口結構的改變，也將影響活動產生與被消費的方式。

時間壓縮

　　現在每件事都發生地如此之快。我們生活中有許多事物都具有即時性。人們透過網際網路就能立即取得全世界所有的資訊。我們常聽人說今天的人類過著忙碌的生活，並且需要快速地獲得想要的事物。或許應該說我們可以注意到人們變得愈來愈沒有耐性。想想我們對於

雷吉‧阿格瓦（Reggie Aggarwal）是全球活動行銷科技公司Cvent的執行長，該公司提供活動管理、網路調查以及電子郵件行銷用的線上軟體，以及全球活動會場目錄，裡面包含了10萬個以上的會場。雷吉說明了科技對於活動產業的影響。

科技已經成為活動生命週期中每一項元素的基石，包括建立活動網站、寄發電子郵件邀請函，以及在線上收受報名表和款項，社交媒體行銷、手機app、虛擬活動等等皆是。拜科技之賜，活動行銷人員比過去更容易影響以其他方式接觸不到的目標族群。科技也使得花時間的工作自動化，行銷人員因此得以發展出更具效率且目標更明確的戰略。電子郵件行銷尤其如此，雖然技術創新，例如手機以及社交媒體應用程式使得人們宣傳和分享活動的方式產生典範轉移，然而電子郵件行銷在活動行銷人員的工具箱中仍然是一個效力強大的途徑。電子郵件也具有簡易的目標群眾區隔、有效使用圖片，以及容易追蹤點閱率和開信率等優點。

不同的傳播方式最適合不同的媒體，而且毫無疑問地，新科技的興起象徵活動行銷人員的大好機會。舉例來說，社交媒體給了行銷人員前所未有的機會，獲得他們能夠用來塑造他們的活動與行銷策略的談話與意見，而且很適合自發性、簡短的訊息。它也有助於引發討論、建立一個粉絲團，並維持參與率，而且使得口碑行銷變得比從前更具有影響力。對於活動行銷人員來說，這樣一個統合的線上策略將會帶來更多忠誠的參與者以及品牌擁護者。

過去幾年來，活動科技以快速的腳步在進展，而活動企劃人員現在擁有他們所需要的活動行銷與管理工具，讓他們不需挹注大筆資金就能執行成功的活動。

寬頻速度的執迷。資訊傳輸究竟要多快才能滿足現代消費者呢？儘管如此，人類正活在一個時間已經變得壓縮的時代。媒體的排程傾向於這個現象。例如，對於利用社交媒體的活動行銷人員而言，現在必須要管理訊息何時輸入網絡的微調工作。網路空間是一個繁忙的地方。要規劃一個月中最佳的時間或是一週當中最適宜的一天已經不夠。被時間壓縮的即時革命意味著一名活動行銷人員必須分析一天當中輸入傳播訊息到系統中最佳的時間。

　　目前，我們有眾所皆知的電子平台，好比臉書、推特以及領英（LinkedIn）。這些網站均在非常短的時間內就成為屹立不搖的媒體。它們不再是初生之犢。

　　很快地，有一天它們就會過時。更新、更即時的變化將會出現，而時間將變得更壓縮。即時的概念與壓縮的媒體排程符合許多消費者對於快速的期待。手持裝置，目前是由iPhone和其他同時代的產品所主導，提供消費者即時新聞、即時聊天、即時的一切。我們正朝向「一天就是一個媒體排程」以及「時間安排被策略性地放入一個愈來愈忙碌的24小時中」的時代前進。網路媒體空間將在經過壓縮的時間內被販售。活動行銷人員別無選擇，只能跟上時代潮流，才能趕得上現代人對於立即性的固著。俗話說：「去年的東西就已經過時了。」如今被取代成「上個月的東西就過時了。」以及「上週的東西就過時了。」不知何時我們會說「前一個小時的東西就已經過時了」？一個新的媒體企劃產業將要誕生，目的是要處理時間壓縮的問題。考慮到活動行銷愈來愈依賴電子傳播，因此21世紀的活動行銷人員必須趕上這個領域的發展。

網路技術發展成熟

　　在短短的10年到20年間，電子行銷經歷不同程度的技術發展而突飛猛進。一開始的重點在於使用性，就如同這個詞所傳達的，它是

關於使用者在瀏覽網站時有多簡單明瞭，路徑標示夠不夠清楚，以及網站是否容易使用。這個重點無疑是因為網際網路傳播對於許多人而言比較新奇，以及這個新媒體固有的學習曲線所致。對於行銷人員而言，下一個里程碑就是互動性，回應的靈活度是顯而易見的，而且讓使用者有機會參與網路的內容，無論是知性或感性的層面。隨著網際網路的新鮮感褪去，人們使用時愈來愈熟練，這層關係改變了，使用者的要求也愈來愈高。

接著，社交媒體到來，網路傳播變成一個錯綜複雜的流動網絡，與電子行銷網站混合在一起。這個極為複雜的系統，這個資訊流的整體地圖學，就是今天發展成熟的網路。在一個網站功能中加入社交網絡的入口無疑有其重要性，而且未來也是如此，但是它已經有點變成是先決條件，許多活動行銷人員或許太過強調社交功能，卻忽略了網路用途其他重要的層面。大多數的創新均受到報酬遞減法則所苦，但是因為它愈來愈普遍，所以擁有社交功能並不會提供太多的優勢。這有點像是認為你的車子裝了安全氣囊將會賣得比其他車款好一樣。它或許曾經是一個受人矚目的優勢，然而當它變得平凡無奇時就不是了。身為一名活動行銷人員，你想要仰賴平凡的事物來吸引人們的興趣和參與嗎？我並不是在鼓吹浮誇的裝飾，好讓你的網路行銷或多或少讓使用者更滿意，而是你應該要牢記一些基本要求，這是許多活動行銷人員因為太熱衷社交網絡而掩蓋掉的。假如所有的網站都有臉書的連結，那麼你也有就不算是優勢，不過如果沒有就一定是劣勢。

要小心的是，別讓網站使用者的期望與你所提供的資訊之間產生落差。在這個多媒體的時代，我們很容易假設所有造訪某個網站的訪客將能夠找到他們想要的東西，只因為你知道那裡面有什麼。研究網站內容並建立你自己對於搜尋資訊的難易基準，確切說來，應該是在網站裡有什麼樣的資訊。許多的網路使用者都是媒體達人，他們會根據使用活動網站的經驗來評價你的活動。換言之，你的活動網站就是一種虛擬的包裝，告訴消費者裡面是什麼產品，假如它不符合標準，將會對於你的活動產生負面的觀感。

　　要記住，消費者是沒有耐性而且需要立即獲得滿足的。一個設計不佳的網站會讓人惱火，進而可能遷怒到活動本身。多媒體的發展成熟度以及圖片的呈現均有應該遵循的公認標準，這也是一個先決條件，但是除非你提供給網路使用者最新的資訊，而且線上流程執行起來快速又流暢，否則他們不會對你的網站留下印象。因此網路商業的未來是精準而迅速的。假如你所負責執行的市場部門標準配備是必須有網路視訊，那麼那就是你至少應該要提供的，但是它本身並不是目的所在。

　　考慮到你的活動是顧客生活宣言的一部分，所以你應該包含各式各樣相關主題的連結。當他們與你的活動網站內容互動時，他們應該像照鏡子一般，看見他們心中聯想到的事物。因此你應該努力建置好一個網站，讓你的客戶在你的網站中預期能找到一面行銷鏡。這點可以擴大到你的顧客預期可找到的資料以及他們未預期能找到但是卻樂於接受的資料。實際上，這表示使用側邊工具欄（Sidebar）是基本要求，並且要與標示你的網站的關鍵字有關的其他網站相連結。再次強調，這種發展成熟度很快地成為公認的網路規格標準，而且並不是那麼被渴望追求的事物，反而只是必須要準備就緒以符合期待的事物。

讓你的網站不落伍的五個方法

1. 在你的領域內外對於網站功能進行不間斷的標竿學習，並定期更新。
2. 提供各種相關主題的連結；你的網站應該是一個資訊中心。
3. 設計你的網站，使它成為你的活動的虛擬化身，作為直接體驗活動的邀請函。
4. 確保你的網站流暢，並且反映出使用者的思考過程。
5. 花錢投資使你的網站快速又準確，並且密切注意社交網絡領域的快速進展。

莫忘過去的經驗

在許多方面，未來將與過去非常相似。許多事情會改變，但是有更多的事情維持不變。我們往往會忘記基本要素而犯錯。身為一名活動行銷人員，一個實用的準則應該是莫忘過去的經驗。不過，你也應該記住，去年讓人振奮的事可能隔年就變得枯燥乏味。你要掌握構成一個經驗的要素、感覺時代的脈動，並確定你瞭解人們在追尋什麼。

最佳的行銷就是提供歡樂與滿足感給你的客戶，他們之後會與他們的社交網絡以及面對面的朋友分享他們的滿足感。這就是口碑行銷，對於活動行銷而言非常重要。有些事真的不會變。你要確定你製作了很棒的活動，無論你投身於何種活動類型中。假如你要安排座談會讓員工接受更多的工作量，那麼你要確保活動本身備妥這些人所需要的資訊。假如你要製作一場娛樂嘉年華會，你要確保出售的每樣商品都讓人們感覺良好，樂意到現場去享受每一分鐘。服務機構認為服務的提供就相當於是服務的行銷，對於行銷人員而言應該就是這麼回事——經驗是關鍵。活動的行銷訊息將會隨著參加者的經驗而有起有

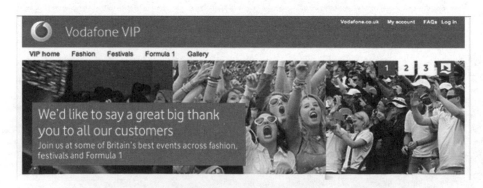

圖10.1　提供歡樂與滿足感給客戶是最佳的行銷手法

提早贈送門票或減少門票數量是沃達豐（Vodafone）電信公司近期主要的創新策略。

落，因此在大肆宣傳與經驗之間必須名副其實。不斷地創新讓經驗跟上潮流，絕對不要停止取悅你的顧客、絕對不要視為理所當然，而且永遠都要當個無懈可擊的主辦人。

部落客與超級部落客

無論社交網絡變得多麼主流，它們對於口碑的影響力都是無遠弗屆的。部落客的圈子可能是有趣的，但是他們的影響力肯定會減弱，因為有愈來愈多的部落客出現，而且有愈來愈多的意見在流通。這麼多的意見變成了嘈雜聲。美國歌手哈利・尼爾森（Harry Nilsson）就曾寫道：「大家都在談論我，但是他們說的話，我一個字都沒聽見……」部落格圈愈來愈充斥著人們的意見，他們對多數的目標群眾而言並不重要，因此人們不予理會。雖然他們曾經象徵標新立異的傳

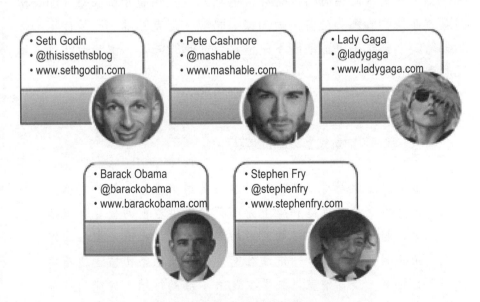

圖10.2　部落客與推客的關係

幾位最具有影響力的部落客和推客——值得注意的是，他們並非每個人都是有影響力的領袖。

播者，而且有些在某種程度上依然是，但是隨著傳播串連到交友網絡，這個角色正逐漸失去優勢，因為在交友網絡中，意見是經由自然淘汰而發展，在這裡人們英雄惜英雄，而輿論就是從數量驚人的傳播流量中產生。那麼超人氣部落客又是如何崛起的呢？

你的活動所找的超人氣部落客必須是對於你所提供的該類事物有真正熱情的人，他們是出了名對於流行必備元素特別精通。一般的部落客並非流行時尚大師，但是超人氣部落客是──他們是何者熱門以及何者不熱門的最終決定者。想想傳統上為一家城市報紙撰稿的餐廳評論家，他們對於一家餐飲機構的名聲成敗具有影響力，或者一位劇評家也能讓劇院座無虛席或空無一人。這些就是從部落格圈和推特王國中逐漸演變成大師的人。有些可能是演藝圈的藝人，或是記者，或是一般人，他們逐步建立一批支持者，然而網際網路是他們的疆界，而且他們是新的評論家、書評家以及八卦專欄作家，幹勁十足地要穩固江山，成為我們這個時代的社會晴雨表。這些並非新現象，而是永遠圍繞在我們周邊的社會角色的線上體現、意見領袖，以及在未來，活動行銷人員必須確認他們不只是滿足他們的顧客，也要瞭解超人氣部落客的觀點。

雷吉・阿格瓦討論線上頻道的應用：

線上頻道絕對可以被活動行銷人員用來當作他們的利器。部落格、社交網絡和線上論壇不只提供空前的機會，讓活動行銷人員比從前接觸更多的人群，它們也讓目標群眾能夠公開發表意見──透過社交分享以及網路傳播迅速蔓延的特質，發言權就增強了。這表示活動行銷人員能夠更容易地利用他們試圖要影響的那群人的想法，並且利用社交網絡的力量來創造品牌傳教士，這將有助於推高活動的曝

光率。

假如活動行銷人員的目標人口族群在線上頻道很活躍的話，那麼他們可能會發現，假如他們加入對話並且以聆聽、回應以及與線上其他的人分享資訊等方式來參與的話，結果將會是正面的。活動行銷人員可以利用社交網絡與線上論壇來向出席者詢問問題、研究目標市場的好惡、收集反饋意見、接觸更廣大的目標群眾、衝高出席率——好處真的多到數不清。

社交網絡也是活動行銷人員的自然平台，因為它們結合了兩個通常能吸引人們來參加活動的因素——拓展人脈的機會以及教育內容。現在差別就在於，你不必再個別打電話給所有的報名者、寄發電子郵件問問題，或是在你的現場活動中等著評估回應，你可以提早在線上開始拓展人脈和收集教育資料。線上群組使得出席者在活動之前就相互合作，因此在整場活動中，產生更投入的參與者以及有意義的對談。

透過部落格、社交網絡以及論壇的口碑行銷是活動行銷全新時代的開端。活動行銷人員可以動員已報名的參加者聯繫他們的社交網絡，邀請他們的朋友與同事一同參加活動。出席者只要按個鍵就能夠與成千上萬的連絡人分享一場活動。同時，活動行銷人員也能主動請出席者分享或是在推特上轉發一則訊息給他們的連絡網，或甚至藉由舉辦一場獎項誘人的比賽鼓勵人們分享這場活動。

部落格圈、社交網絡和線上論壇與直接郵件、新聞稿以及其他傳統的活動行銷方法不同，它們為你的活動製造出不斷進展的對話，最後將能夠提高報名率並且讓出席者更加滿意。

回到離線行銷的未來

諷刺的是，快速的網際網路以及每個人都能利用網路的現象造成一個平等的行銷比賽場域，在這裡，傳統的活動行銷技巧應該要被重新部署才能創造出差異性。在盲人的世界中，獨眼龍就是國王。在臉書和推特無處不在的傳播中，超越它的活動才能創造差異與優勢，而且在無法想像的龐大線上資料中，與眾不同才能真正獲得關注。

上述關於一個使用流暢的網站須具備的條件仍然適用：確認你的網站流暢又美觀，並且確認你的社交網絡的呈現非常完善。以各種方法運用線上廣告並且善用網絡意見領袖。現在已經變成如果你不這麼做就會失去優勢，但問題是做這些事會獲得優勢嗎？除非你的競爭對手不這麼做，然而我們可以合理地假設他們不會忽略做這些事。當然，假如你在管理網站方面比別人更吸睛、更清晰易懂以及更有創意的話，那麼你或許就能脫穎而出，對於許多預算並未包含網路應用以外的活動行銷人員而言，這是必要的策略。另一方面，較大型或較小型的活動將從一些非網頁式的介入中獲益。

因此，理論上，線上行銷應該是行銷組合的一部分。說得更精確一點，它可以被想成是宣傳可以集中於消費者興趣的所在地。在大量的一般傳播中，許多臉書的使用者在他們的網頁上體驗了大量的活動資訊。此外，也有人憂心臉書陷入行銷產業的情況，並擔心用戶正被臉書當做可利用的消費者行為模式的程度。想想以下的文章，其對於臉書演變的方式表達了許多的擔憂。

重點應該放在選擇性加入，而不是選擇性的退出是大家都知道的人生道理。但臉書似乎不瞭解這小小的智慧。他們看似瞭解，因為你在他們的網站上 —— 你可以任由他們

擺佈。先不說放在臉書網站上的照片遭到盜用的情況有多嚴重。現在臉書還在預設值中主動洩漏你的資料，而且你必須選擇性地退出。這還不是最糟的，因為選擇性退出並不像你想的那麼容易。你必須透過三個不同的部分來搜尋，進入到這些部分的細項裡，才能找到那個小小的單選鍵，按下之後就能讓你的線上生活保有隱私。這並不好玩。在一個從線上就可以查詢房價的世界中，或許你只要按一個鍵就可以知道薪水的數字，你的家透過網路瀏覽器就能夠拉近看，你的手機可以依據你的習慣收到折價券，網路廣告以有點過於隨便的方式鎖定你，試問一個會將用戶線上生活片段主動販售給出價最高者的網站，有多少用戶還會樂於保留這個帳號呢？

真實生活中的事物以及真實世界中的友誼是有分等級的。坦白說，有些人是我們會保持距離以及在朋友圈之外的。有了這層秩序，世界才不至於混亂。在臉書上，情況可就不同了。你是朋友，否則就不是朋友。假如在真實世界中，你只在某些場合、某些時間可以忍受某個朋友，但是你可能發現你在線上無法忍受他們，他們可能在臉書中張貼你說過的任何話、他們可以戳你一下，並且在你的塗鴉牆上張貼留言或照片，讓每個人都看見。

由於公司企業習慣上網評鑑目前與未來的員工，因此必須保有線上隱私權的現實問題更是當務之急。曾經有人因為在臉書上張貼留言或照片而丟了工作或遭到停學處分。雖然他們在帳號裡設置了隱私功能，但不是很難找到就是沒用。假如臉書繼續證明因為它接連不斷的安全漏洞、缺口和小差錯是一個不利條件，那麼它還能不能滿心期待用戶冒著可能丟了差事的風險，留下來分享他們的線上生活呢？

（www.Laptoplogic.com）

　　這篇文章對於臉書的發展是相當負面的抨擊。然而在本書撰寫之際，臉書卻持續蓬勃發展，而且已經成為巨型企業。針對大多數未選擇退出的用戶所從事的行銷研究顯示，有些用戶的看法與上述文章的作者一致，他們戒慎小心地接受似乎與他們的興趣非常相關的目標式行銷。這並不是說每個人都一定有這般感受，而是這種態度可能像病毒般擴散。這只是推論。我們能夠肯定地說，社交網絡的網站充斥著愈來愈多的行銷，而且活動行銷人員應該用臉書上標示「請回覆」的功能來思考傳統的宣傳形式。

　　因為含糊不清的來源識別所造成的線上傳播系統的複雜性、祕密調查，以及身分與隱私權等問題，皆使得傳統的行銷廣告顯得誠實又簡單。傳統行銷不會表裡不一，而且它存在於一般群眾的外在世界中，也不在受資訊壓迫的線上網絡使用者所屬的個人網頁空間中，這群網絡使用者可能會覺得疲於應付網路行銷，然而當他們每天早上騎自行車上班時，他們其實可能注意到並欣賞著一個色彩繽紛、設計精美的廣告，或者當他們在翻閱他們所精挑細選的生活品味雜誌時，他們會注意到這些廣告。

　　傳統媒體廣告被描述成是一個誠實的中間商（代理人），此乃時代的表徵。即便如此，在競爭激烈的市場中，它與市場的領導者相關，或者至少跟尋求提高成功機會的品牌相關。它為品牌提供某種程度的地位，並且讓它與眾不同。不過，最重要的是對於活動而言，它會因為媒體不同而有所差異，並且不只在網路上創造曝光率。行銷人員總是在為他們的品牌尋求差異性。社交媒體事實上是一個傳播的革命，其基本原理不變，但是如果線上行銷未提供差異性的話，那麼別忽略傳統的媒體管道。廣告可以利用活動作為其創意訊息的基本元素，就如同以下第一個例子一般，而且也適用於第二個例子。此處的廣告做法就是擴及更廣大的目標群眾，讓現有的顧客安心，並開發新的顧客。

　　以下就是英國的兩家電信公司利用活動與廣告來宣傳其優惠方案的例子。

T-Mobile利用快閃族電視廣告來描繪團結的樂趣,譬如數百人在熙來攘往的火車站突然開始跳起大型的舞蹈動作,然後鏡頭停留在過路人驚喜的表情上。很顯然他們是要引起好奇和獲得關注,但是人們很快地就變得對這個形式習以為常,就像大多數的創新事物一般,容易受到收益遞減的影響。既然這個世界已經習慣了有計畫的活動,那麼它們可被察覺的獨特程度就變弱了。

另一方面,沃達豐(Vodaphone)電信網投入大筆資金在音樂節的贊助上,並且打出電視廣告,宣布沃達豐的客戶將可比一般大眾早48小時購買音樂節的門票。這對它們的客戶有實質的價值,並且在電視廣告上宣傳,如此一來,非沃達豐的客戶就會瞭解專屬於該電信網的好處,然而T-Mobile的好處卻比較抽象。

虛擬活動

虛擬活動究竟是什麼,它們在未來將會變得很重要嗎?無論你的想法為何,假如消費者認為虛擬活動有價值,那麼它們在未來就會占有一席之地。虛擬活動是以多媒體互動網際網路平台為基礎,它試圖在虛擬的環境中重建一個活動的樣貌,宣稱能提供參與者一種出席一場活動的感覺。這一切聽起來非常令人讚嘆,但是基本上它意味著人不在現場。假如不要求親自出席者認為自己是在參加一場活動,那麼它只是意味著我們賦予這個詞一個新的意義。

如果我在電視上觀看一場現場直播的美式足球賽,這算是虛擬的活動嗎?呃⋯⋯我們通常會說在電視上看一場比賽,但是假如是透過網際網路觀看一場現場直播的比賽,就變成虛擬的活動了。因此這個詞源自於科技,而且在很大程度上是虛構成的。線上活動透過網際網路來播送,參與者經由活動連結進入到一個虛擬的活動環境中。

實際活動與虛擬活動也有地位的差別。重要人士可能會參加實際活動,不重要的人就必須湊合著利用虛擬活動。這可能反映在企業界

雷吉・阿格瓦談虛擬活動：

有時候當舉辦一場虛擬活動較實際且較符合成本效益時，並且當說到擴大現場活動和品牌的影響範圍、從出席者身上擷取行銷資料，以及延長活動內容的壽命時，整合虛擬元素無疑會是非常有價值的。不過，虛擬科技畢竟是現場出席活動的補充物，而不是替代品，而且現場的會議與活動對於建立促進商業往來的關係最具成效。

舉例來說，對於在全國各地有超過1萬名員工的大型公司而言，舉辦虛擬活動會比全國各地的員工親自飛來聆聽總裁的一場演講要來得理想。在許多情況下，若以參加者要經過舟車勞頓來參加你的活動，或是舉辦一場現場活動從一開始就要投入的時間與成本來考量，這種做法太不切實際。有人說，活動的意義就在於社交，參加者在虛擬活動中所缺乏的就是與其他人的親自接觸，並且因為你所有的感官都沈浸在活動內容中，因此能夠獲得完整的學習經驗。

人們在二維環境中學習效果較差（亦即只靠閱讀資料、看影片或甚至在網路上聆聽一場現場表演）。這是事實。當你身在一場活動中，你所有的感官都會一起作用，幫助你完全體驗那場活動的內容。現場活動以人類最佳的學習方式——真實生活——傳遞內容給他們。

此外，雖然社交媒體與虛擬技術能讓參與者互動，然而親自與一位客戶或同事會面所產生的活力與連結是無可取代的——這些連結建立了信任感與親切感，而人們會選擇與他們喜歡和信任的人做生意。此外，因為透過線上管道所產生的行銷訊息讓人們愈來愈應接不暇，我們的生活也跟

> 虛擬空間愈來愈脫離不了關係，因此現場的會議就變得比從前更有影響力。
>
> 所以雖然虛擬技術在傳遞一場會議與活動中扮演愈來愈關鍵的角色，然而你無法複製「人在現場」所產生的親身互動與體驗，而且虛擬活動無法取代「人」這個因素的影響力。這就是為什麼即便有比從前更多不需要親自面對面的傳播方法，但現場活動產業仍持續興盛的原因。
>
> 面對面的活動有最高的投資報酬率。科技無法改變人類的天性以及人們互動的方式。

中，關鍵的人物要親自參加，地位較低的人就只能透過網路連結來互動。同樣地，實際出席音樂會的人都是第一等的活動參與者，而那些在手機上體驗現場活動的人則是次級的參與者。身為一名虛擬活動的參與者本來就缺乏地位。

儘管如此，如果虛擬活動這個詞遍布存在社會中而且成為一個對世界的尋常思考方式，那麼虛擬出席活動將變成一種可被接受的模式。團體機構若舉辦虛擬或半虛擬的活動肯定能降低成本、能源消耗以及碳排放量。視訊會議早已為這種傳播模式鋪路。就娛樂界而言，一般人無法負擔得起參加各種活動的費用，尤其票價相當昂貴，所以虛擬參加未能親身出席的活動的想法讓他們也身在其中，而親自出席就成為了活動季的盛事。科技讓我們的心智參與了不計其數的活動，然而我們的荷包限制了我們的身體參與的程度。

再者，透過網絡的虛擬通訊也改變了人們彼此互動的方式。感覺與其他人有所聯繫不一定要親自接觸。假如我們將此模式擴大到活動上，那麼不見得需要參加也能「親自出席」一場活動可能變得司空見慣。這全都可以說是用詞的問題。虛擬活動或許是科技融合以及人類對於所謂參與某件事物的期待改變的自然作用。

就實務面而言，活動行銷人員將會對他們所提供的事物設法增加虛擬的面向。我們可以從宣傳的角度來看。假如一場活動一辦再辦，那麼增加虛擬功能的作用就是讓人們在未來實際參加之前就先體驗正在發生的事。這就是購買前先試用的道理。

另一方面，人們可能發現自己情願與虛擬活動互動，因而影響了出席率。因此你有必要密切注意虛擬活動便利性的進展，以判斷它看起來對於你的特殊需求是否有用以及到什麼程度。

DIY活動企劃與行銷

就如同我們在上一章所看到的，透過線上服務的使用，每個人都可以成為婚禮規劃師，就像每個人經由一番努力以及找來親朋好友幫忙，都可以準備專業的宴席一般。當說到社交活動時，人們都可以自己包辦。我們也已經看到了行動主義者和享樂主義者帶動一股自創活動的趨勢，這些活動與其說是籌辦，不如說是生蛋。這些現象對於小型與中型的活動規劃與行銷造成了有趣的問題。哪種活動容易受到自我管理和行銷的影響呢？活動專家該如何介入以強調專業組織的優勢呢？

一般而言，何種情況下人們會為他們可以自行提供的服務而付費呢？當牽涉到專業知識技能時，譬如汽車維修，人們就會衡量自己學習去做的優點與完成這件事所付出的成本，以及考量涉及的難度以及投入這件事所必須花費的時間。此外，這個活動對於人們具有多大的吸引力也將考慮在內。在利用某個服務方面有成本／利益的評估，還有時間／資源的考量。

人們何時會需要服務呢？他們可以負擔得起是一個考量點；他們沒有時間自己做則是另一個考量點。換言之，人們沒有時間是因為他們要掙錢，因此我們可以說活動對於那些有能力付費的人就是一個便利措施。

圖10.3　Twestival的DIY活動企劃

Twestival是一個DIY和虛擬活動的混合物，在這裡全世界的人爲了募款藉由推特相連結以籌備當地的活動。

　　專辦社交活動的活動專家所提供的服務將與身分地位更加相關。任何人都能夠舉辦生日派對，但是社交新貴可能覺得辦一場由專業人士籌劃的活動將能贏得聲望。這個觀點在某種程度上闡明了上述的問題。重點不是哪種活動，而是哪些主辦人會被DIY活動吸引？假如業餘的方式是可靠的，那麼尤其是在經濟困頓的時期，缺乏資源的活動主辦人可能會自行籌劃。這點同樣適用於社交活動與機構活動。經濟困難的家庭可能會自己規劃和宣傳一場婚禮。成本削減的機構可能利用自己內部的人來籌辦活動，而不會花錢請專業的管理人員來做。

　　投資金錢在專業的活動管理上是自信、地位以及富裕的象徵，所表現出的態度是假如某件事值得去做，就值得將它做好。活動企劃人員的行銷應該要反映出這一點。

會議成本與獎勵旅遊

面對面會議的成本以及獎勵旅遊業務的商業持續發展性將繼續受到關注。內部開銷的壓力、節節上升的交通與食宿成本，以及股東對於合理節約的期待均對於看似奢豪或華麗的商業生活方式有所抑制。

如同前述，虛擬活動正形成一個被認可的概念。實際會議的龐大成本將使得管理階層渴望有科技的替代選擇。努力工作的思維模式被聰明工作的風氣所取代。在總公司的會議中增設虛擬參與是更加聰明的做法，如此一來，分散各地的員工也能加入討論與做決策，而不須花一大筆錢租用一間會議中心、買機票、包辦費用和提供餐點。這些聽起來全都非常昂貴和浪費，除非能斬釘截鐵地宣稱它對於生產力有實質的助益，而且終將獲利。

傳統上會花大筆經費送員工到處飛去開會的機構或許會認為這是值得縮減的預算。因此對於支持機構會議文化的各行各業而言，價格可能變成一個重要的行銷策略。人們要在一個地方舉行會議的需求已經消失，所以為什麼機構還要這麼做呢？這似乎是一個適合虛擬活動管理專家的市場。

同樣地，獎勵旅遊市場，即便它依舊是酬賞業績的慣常作法，然而它也漸漸感受到沈重壓力。還要經過多久，它才會被認為有經濟上的疑慮，而且相當腐敗呢？護士會因為救人而獲得旅遊補助津貼嗎？我們應該要獎勵碳排放的活動嗎？這些問題或許在此刻看起來不尋常，但是由於經濟拮据，而且全球都在關心氣候變遷，可被接受的思考方式將會被新的思考方式取代，就看屆時的當務之急為何。

獎勵旅遊產業準備要反擊，怒斥毫無根據和荒謬可笑的認為它是浪費的行為。前述的辯解摘自「拉斯維加斯有話說：2009年產業反擊會議」——在這種情況下，這是一個相當不明智的會議標題，因為會讓人將它與星際大戰中邪惡帝國的名稱聯想在一起。

對於會議以及企業的商務行程的公開辯論持續進行，而且沒有降溫的跡象。雖然普遍的焦點都放在由銀行與問題資產紓困計畫給予資金協助的中小企業所舉辦的「公費旅遊」活動上，然而卻幾乎沒有人去思考如何辨別浪費時間和金錢的活動和合理的商業會議。由於這個概念不明，結果在會議產業以及已經鎖定的特定目的地便出現了連鎖反應。來自許多產業的公司都取消了會議、獎勵旅遊以及其他計畫，努力迴避可能的輿論指責。並非所有的取消行動都對國家的經濟復甦有利。有前瞻性的公司明顯認為會議無論在經濟好或壞的時期對業務而言都是重要的。絕大多數的公司會議都有合理的商業目的並創造投資報酬。集思廣益的會談、銷售會議、教育訓練及發展座談會、策略會議、產品發表、專業會議，以及客戶活動都讓人們齊聚一堂來創造銷售量、增強競爭優勢、刺激更大的獲利，並且讓一家公司具有長久的價值與成長。甚至連被惡意中傷的獎勵旅遊也有合理的商業目的：激勵與獎賞超越既定的獲利目標，以及在公司的投資計畫之外創造遞增利潤的優秀員工。雖然在這個困頓的時期，人們對於什麼適當、什麼不適當仍持續唇槍舌戰，然而我們必須承認，會議對於商業的進行以及提升我們每況愈下的經濟空前重要。而這些是我們有志一同的期盼。

（www.successfulmeetings.com）

這確實是試圖要保障會議產業的利益，只是論點不夠有說服力。它的意思大致上是說，會議有助於讓我們的國家變得更強大，所以讓我們保有它。但這不是一個有前瞻性的論點。

假如獎勵旅遊和會議文化要堅守它現在所享有的一切，那麼它就必須想出一個策略來傳達它為未來的經濟繁榮提供了哪些好處，坦白

說，科技的替代方案切實可行，而且最重要的是，接下來進入企業界的世代並不認為面對面的會議對於有意義的溝通是有必要的。

在撰寫本書之際，現場會議產業繼續加速發展，有人認為這是受到社交網絡革命與線上傳播的影響才增強的，因為親自與某人碰面、握手、四目相交、與他們交流，加上人們通常樂於交際應酬，這些優勢被認為是可以修正虛擬關係中「缺乏人情味」的缺點。這種想法能引起共鳴，而且直覺上似乎是正確的，然而只有時間能證明。

環保活動

氣候變遷的辯論仍在進行中，而且儼然成為最重要的生態議題，事實上生態議題又多又廣。碳排放量搶了生態關懷市場的光彩，而且許多值得追求的目標都被遺忘了。但即便如此，它走的是親民路線，而且吸引全世界媒體的報導，大多數的媒體均支持這個理念。

環保意識從一個幾乎完全不被重視的領域進展成為非常多人生活的重心，尤其是年輕人，對於他們將接手20世紀過度開發的世界，他們非常適度地展現出關心。青年文化與環保意識緊密相連，最重要的就是利用活動來宣傳訊息。世界各地的小學舉辦環保活動來促進一個更永續的未來，並且讓孩童養成資源回收的習慣。他們正發展成為負責任的世界公民，因為他們認為他們必須這麼做。行銷的世界也藉由在他們的品牌中加入環保認證來回應環保的訴求。有時候這個做法是誠實可靠的，但有時候其實只是所謂的「漂綠」。1

---

1. 「漂綠」（greenwash）是由「綠色」（green，象徵環保）以及「漂白」（whitewash）所合成的一個新詞，用來說明一家公司、政府或是組織以某些行為或行動宣示自身對環境保護的付出，但實際上卻是反其道而行。漂綠一詞通常被用在描述一家公司或單位投入可觀的金錢或時間在以環保為名的形象廣告上，而非將資源投注在實際的環保實務中。通常是為產品改名或是改造形象，例如將一片森林的影像印在一瓶有毒的化學物上。

　　把環保的符號附加在並沒有環保實質內容的品牌上，這個現象是全球性的行銷手法。例如，某造紙廠大肆宣揚說他們致力於植樹，表示對環境盡一份力，因此是某種對地球友善的組織，然而事實上，他們種樹是為了造紙。就像所有的農夫一樣，他們種了一種作物，然後又種另一種。漂綠就是讓你所做的事看似環保。這種事非常普遍而且容易讓人混淆，因為它使得消費者無法在資訊完整的情況下在這件最重要的事情上做出選擇。

　　假如我們將活動視為品牌，生態存續肯定愈來愈不可或缺，而且必然成為標準的活動準則。因此有必要讓你的活動「綠」起來。以下的例子是當你在瀏覽環保活動類別時會發現的一個相當典型的手法。這個特別的服務針對活動的本質提供了永續的方法。這種處理方式聽起來就好像一場活動可從中獲益，因為它強調活動主辦單位刻意避免表現出只做表面工夫，這可以被解釋成「他們知道如何避免看起來很膚淺」。

讓你的活動更環保

　　在十七活動公司（Seventeen），永續發展不只是明顯的環保色彩，例如資源回收或是提供有機茶飲和咖啡。我們更在乎一個成功的事業應具備的本質，而且我們並未將我們的永續方法視為是一個噱頭；我們非常認真看待此事。在英國，我們特別之處在於為各式各樣的知名客戶籌備活動時承諾確保我們所籌辦的每一場活動在本質上都採用永續的方法，而不是後見之明。

（www.seventeenevents.co.uk）

　　「永續發展」這個詞對於行銷人員而言證明是非常有趣和有用的，因為它只是意指能夠持續下去，所以假如能夠持續經營，那麼稱每個活動都是永續發展是有可能的，也就是說在未來是有可能複製的。就如同上述網頁廣告所宣稱的，活動行銷人員必須採取一個永續的方法，但是如何著手進行就操之在己了。假如你是一名真心關懷環保的活動行銷人員，想要減少對環境的衝擊，並支持有環保意識和有道德感的供應商，那麼就會有一個以環保為優先考量的現成市場在等著你，確切地說，這個市場裡的人會依此來評判你。另一方面，假如你只是想要搭上環保的順風車，除了提供以再生紙杯盛裝的公平交易咖啡外不想要改變其他事情，那麼你也可以將你的活動描述為永續發展，但這根本就是說一套、做一套。假如這聽起來憤世嫉俗，那麼請三思。行銷講的就是增加價值，假如消費者重視環保，那麼你大可決定或多或少以抽象的方式將這個價值附加在你的品牌上。難就難在如何辨別真正的環保和只是漂綠。

　　　綠能會議（Green Power Conferences, GPC）是全世界唯一致力於永續活動的公司。我們橫跨生物燃料市場、碳市場、可再生能源以及企業氣候因應，我們每年在全球各地舉辦15場活動，並且對來自綠能領域超過4,000名的代表發表演說。我們的團隊專心致力於純環保會議，並為我們廣受好評的活動出席的演講者與代表建立全世界最即時的資料庫。我們有各種選擇以配合任何預算、人力以及時間問題。透過在GPC活動中的贊助、展覽、廣告以及演說，將可增加你的品牌與產品的能見度。

　　　在為期二天的會議商務與建立人際網絡的過程中，GPC活動提供理想的平台，讓你宣傳你的品牌、發表新產品、找到新客戶、並且讓你自己與GPC的品牌結為同盟。

（www.greenpowerconferences.com）

　　對於活動行銷人員來說，瞭解你的目標市場對環保的期待是很重要的議題。企業的商譽管理將愈來愈傾向其事業體投入宣揚永續的活動中，甚至尋求活動贊助作為達到他們所預期的形象主要的媒介之一，活動行銷人員讓自己立場一致是明智的做法。有些活動曾特地安排給予贊助商支持環保議題的機會，如以下案例所示。

　　毫無疑問地，這場活動也有它自己的重要議題，亦即在新興的替代能源市場中推動串連與討論，然而在這個組合中，有企業氣候因應，允許公司企業能夠主動與能源創新者合作，這對於規劃未來以及為永續事業創造現有商譽都非常有用。雖然這個例子是名副其實的環保活動，但是它也可以很容易地被設想成只要漂綠的活動在管理與行銷上獲得人們的信任，就算是他們也能夠提供類似的優勢。

　　活動在本質上會比其他形式的消費更環保，即使通常需要包含交通運輸在內。污染環境的工廠不會被要求製作活動。全球的航運業不會被要求提供配送服務。就本質上而言，他們通常是乾淨的。活動產業可以將自己宣傳為是一個環保的消費選擇。遺憾的是，活動產業各自為政，沒有一個中央樞紐來協調各產業間的溝通交流，好比說，不像汽車產業那樣。

　　譬如，運動競賽的主辦單位就不會將自己視為與音樂節的主辦單位是同一個產業，如此一來，他們的集體影響力就減弱了，坦白說，它們都是計劃性活動。活動是一個環保的消費選擇，這個觀感相當程度得益於集中化的方式之助。這將是最有利的未來發展。照目前的情況來看，各個活動產業均有權強調他們的環保認證，無論他們的態度是傲慢或謙和。

活動行銷未來將改變的五個面向

1. 在活動行銷實務的演變中，電子媒體發展已經而且也將繼續成為主要的變革推動者。

2. 由於社交網絡型的利益團體達到足夠的數量，因此有更多
   形形色色的目標性活動得以發展。

3. 隨著已被認可的社交媒體愈來愈普遍，利用已經成為活動
   先決條件的社交媒體將無法獲得太多競爭優勢。

4. 虛擬活動與線上傳播將影響面對面集會的必要性，尤其將
   對企業與協會活動界造成影響。

5. 人口組成結構將推動提供活動體驗給日漸老化的消費者。

活動與老年人口

就像其他國家一樣，英國的人口也正在老化中。65歲以上的人口
比例預期會從2008年的16%上升至2033年的23%。這是今日生存人口的
年齡結構不可避免的結果，尤其是在二次大戰後以及1960年代嬰兒潮
出生的大量人口正邁入老年。當我們有四分之一的人口為退休或將屆
退休時，將會面臨許多的問題，特別是如何能夠負擔提供有尊嚴的照
護之費用。然而以超過65歲來定義所有的老人在許多方面是一個容易
產生誤導的統計數據，因為一個68歲的人可能年輕又有活力，然而一
個88歲的人很有可能年老體衰，所以我們必須思索老年人口代表的是
很大一群依賴人口一系列的活動。諷刺的是，成為老年人意味著人們
有許多空閒時間，而且希望有事情可做，希望與社會保持聯繫而且有
參與感，維持活力與興趣，依然是世界的一份子，並繼續認為自己是
積極活躍的公民。老年人口的意涵讓計劃性活動的領域相當感興趣。

首先，全球的老年人口是全世界都必須要逐漸瞭解和處理的問
題，這意味著有為數眾多的會議與專題研討會。以下是來自智利的相
關範例，這是一場討論關於老年人口特殊面向的國際會議。

> 　　2010年在智利的聖地牙哥舉行第三屆國際會議：老年人、公民權與培力：從研究到行動。由智利天主教大學和REIACTIS[2]主辦，含括下列會議主題：「權力、知識與情緒：發揮老年人參與政策與研究的潛能、讓老年人有發言權的行動計畫；對照護／深思熟慮的照護有發言權：老年人參與決策；提高能見度：老年人成為社區與長期照護環境中的積極參與者。」
>
> （www.Brighton.ac.uk）

　　隨著老年人口變得與我們的生活愈來愈相關，它將包含許多在醫療與社會照護方面的花費、因此將得到來自醫療、財政、政府、學術界，以及居家照護產業的關注。在未來這將產生許多會議活動事業，跟環保議題一樣，它也是21世紀的重大議題之一。這是活動行銷人員應該探索的領域。

　　對於活動產業的某些領域而言，活躍的老年人口是一個有實力的消費群。考慮到有不少年長的搖滾樂手，因此有一個為年長消費者留存的音樂活動市場。老年人只是上了年紀的人，他們仍繼續享受在他們一生中曾經享受過的許多活動。結果，愈來愈多老年人口往往只是轉化為活動年齡層的改變，但未必有專為老年人設計的活動，不過這種情況通常在年輕人身上不多見。假如你的活動有這般變化的人口結構只是因為人口改變，那麼你應該將它列入你的目標以及你的附加服務中考慮。另一方面，已有特別針對老年市場的活動，網路上可查詢相關資訊。

---

2. REIACTIS是關心年齡、公民權與社經整合的國際行動網，由來自法國、西班牙、加拿大和美國的研究人員所組成。

　　老年人口是一個不斷擴大的人口結構，行銷人員將會把它們視為愈來愈重要的目標，而且因為其模糊性與規模，又將被切割成許多區塊。以下的活動訴求廣泛，因為它與老年人一般的生活議題相關。會場選在大眾運輸方便到達的地點，而且通常特定年齡會有興趣的古董也被用做宣傳設計。因此並不是這些人的年紀吸引行銷人員，而是他們是一群重要的人口族群。專為這個族群所舉辦的活動因此受到期待，而且應該被活動專家視為一個正在擴張的市場。

　　「人老心不老」（Young at Heart）於1997年成立，這是在北愛爾蘭公認的退休生活品牌。2010年在貝爾法斯特市（Belfast）聖喬治市場的展覽大獲成功，接下來我們2011年的活動將慶祝「人老心不老」14週年慶，並且將再次以北愛爾蘭最棒的退休生活為號召。這場獨一無二為期2天的展覽，對象為北愛爾蘭所有的退休人士，並且邀請與他們生活方式相關的廠商參展。2011年4月的其中2天，位於貝爾法斯特市中心的聖喬治市場佈置得美侖美奐，第14屆一年一度的「人老心不老」退休生活展將在此展開。同樣地，這場獨特的活動宣傳範圍為全北愛爾蘭，他們以直接郵件的方式將邀請函寄給他們「人老心不老」郵寄名單上的每一個人。在《人老心不老退休生活》（*Young at Heart Retirement Living*）雜誌中也針對該活動刊登了特輯，這本雜誌也分送給全區10,000名的退休人士。「人老心不老」展也將包含非常受歡迎的「古董巡迴秀」（Antique Roadshow），參觀者可以帶來傳家之寶和古董讓我們的專家免費幫你鑑價。「人老心不老」退休生活展的開放時間為上午10點至下午4點，所有人均免費入場。從貝爾法斯特中央火車站短暫步行即可抵達會場，也可搭公車至市政廳後再步行前往。

（www.youngatheartni.com）

線上行為人口結構的改變將影響人們交易與通訊的方式，而且由於老年人口因上一代的中年人老化而迅速膨脹，於是產生了在未來如何利用線上傳播以傳遞訊息給不同年齡族群的問題。下方專欄的文章是由PSFK（個人知識搜尋，這是一家專精於趨勢與創新領域的公司）所發表，內容闡述與評論各年齡族群對於網際網路的使用情形，而且對於線上行為的未來提出一些有趣的觀點。

我們注意到最近由「普優網際網路與美國生活計畫」（Pew Internet & American Life Project）所發表的一份報告，詳細說明了在美國依年齡區分的網路使用現況的研究發現。這份研究的標題為「2009年的網路世代」（Generations Online in 2009），它證實上網仍然主要是年輕人的遊戲——18至44歲的人口群，占了總使用者人數的53%——不過近年來，老一輩的人開始拉近這項差距。下表摘自該報告，它依照年齡顯示整體的分類。

世代名稱	出生年代，在2009年的年齡	占總成年人口的%	占網路使用人口的%
Y世代（千禧世代）	1977-1990年出生，18-32歲	26%	30%
X世代	1965-1976年出生，33-44歲	20%	23%
晚期嬰兒潮世代	1955-1964年出生，45-54歲	20%	22%
早期嬰兒潮世代	1946-1954年出生，55-63歲	13%	13%
沉默世代	1937-1945年出生，64-72歲	9%	7%
G.I.世代	1936年前出生，73歲以上	9%	4%

圖10.4 網路變得愈來愈無世代差異

雖然有些見解可能並不令人意外，但是有趣的是，可以注意到在大致區分的兩個族群之間（一群是在某種程度上跟著網際網路一起長大的，一群則否）界限分明，而且他們在日常生活中使用網路的方式也不同。

在年輕的使用者當中，傳統的電子郵件就不具有即時訊息的立即性之優勢，而且社交網絡應用軟體也提供了更豐富的體驗，然而使用這種聯絡方式的老年人口族群其實正在增加。此外，較年輕的世代更可能將網際網路看成是一種類型的娛樂——影片分享、玩遊戲、下載音樂以及閱讀部落格；然而年長世代把網際網路當做是一個較實用的工作，如銀行業務，購物以及研究他們的健康。

確實，這個趨勢就是世代所需要的功能以及對他們重要的議題，但是它也意味著對科技某種程度的熟練度。這讓我們不禁想問，假如網路無法進步得夠快速以符合年輕世代——尤其是青少年和兒童——不斷擴張的期望，導致他們出現「網路倦怠」，而促使他們回到網路外的世界，然而他們的父母親卻全神貫注地盯著發光的螢幕嘗試要上傳照片到他們的臉書頁面上，這是否只是時間早晚的問題呢？

（www.psfk.com）

老年消費者變得愈來愈習慣使用網路，而且愈來愈傾向實用性，他們利用網路與家人朋友通訊，以及進行交易。老年人使用網路跟其他人沒什麼兩樣。當然，隨著時間的演進，現今年輕人的線上習慣也愈來愈適用於老年人。同樣值得注意的是，今天的中年人將成為明天的老年人。對於老年消費者的思考最重要的一點就是，他們會變成日益重要的人口族群，在大多數的活動型態中，他們的人數會增加，而且以年齡為取向的專業活動而言，他們本身就可以自成一個市場。

結語

世界不斷在改變,而推動改變的就是科技。活動的未來可以被視為是對這種改變的反應:定義空前嚴格的目標、媒體介入、發展中的社交網絡系統以及前所未有的即時傳播。然而,這並不是說活動的本質與角色將會非常不同。對於活動的整體而言,網站將變得技術更純熟以及包羅萬象,某些方面的虛擬投入是必須的。活動的籌備與行銷將走向自行製作,網路將使得人們有可能創造與行銷他們自己的活動,而不需要專業人員的參與,這點將改變活動市場的本質。

雖然企業獎勵旅遊市場依舊堅稱它是管理體系中不可或缺的一環,然而成本壓力與虛擬替代物的影響將不斷對這個傳統的活動市場施加壓力。儘管如此,親身接觸所產生的親近感是不可忽視的力量,而會議商務持續讓人們齊聚一堂,並且目標是持續進行。不過,在較年輕的社群中,面對面的溝通已經逐漸被社交網絡所取代。它們也是環保意識和永續經營的需求背後的推進力,而這兩大議題儼然成為活動企劃的目標與活動行銷的品牌推廣面向。同時,老年人口持續成長,而且變得愈來愈重要,他們將影響活動的提供。

問題與討論

1. 計畫性活動的提供將會如何隨著時間改變?它又會如何保持原狀?
2. 科技的創新如何影響計畫性活動的規劃、執行與行銷?新興的趨勢為何?
3. 對於專業活動企劃人員與行銷人員而言,自製活動的新興趨勢將如何影響市場?

4. 時間壓縮如何改變活動行銷人員的宣傳時程表？它將如何繼續產生這個影響力？

5. 哪些新的社交通訊平台準備要發展成被公眾認可的媒體？

6. 活動網站應該如何在未來壅塞的網路環境中脫穎而出呢？

7. 活動行銷人員能夠如何瞭解最具吸引力的創新形式，讓他們的活動經驗得以不斷滿足未來的目標群眾？

8. 線上活動行銷人員將如何利用超人氣部落客的興起？應該如何將他們整合在行銷傳播中呢？

9. 活動的線上行銷有哪些限制？以傳統的宣傳介入手法來輔助會有哪些優點？

10. 虛擬活動的概念被大肆宣傳成何種程度？活動行銷人員如何能夠運用這個概念？

11. 活動專業人員要如何才能夠和由線上功能與服務所提供的DIY活動產能競爭？

12. 在新興的虛擬傳播世界中，活動產業要如何才能夠為面對面會議的優點（事實上是必要性）提出有力的論證？

13. 環保意識與永續發展將如何影響活動市場？它們如何運用才會有利於活動產業？

14. 正在改變的老年消費者人口族群對於計畫性活動的提供與行銷將產生何種衝擊？

實用網站資源

1. **http://www.wired.com**

2. **http://www.wired.co.uk**
   美國版與英國版的*Wired*雜誌讓你知悉網路的趨勢與發展，尤其是社交媒體。印刷版也值得一讀。

3. **http://.mashable.com**

   Mashable是社交媒體的最佳資源。這個部落格每天更新數次，對於社交媒體界中所發生的事提供真知灼見，應該作為你每日的讀物。

4. **http://www.wfs.org/futurist**

   The Futurist是世界未來學社（World Future Society）所出版的期刊，致力於闡述與預測未來的趨勢。

第**11**章

活動行銷個案研究

在本章，我們將檢視活動行銷的成功案例，包括：

- IMEX與EIBTM
- 邁爾康・富比士的慶生活動
- 奧林匹克運動會
- 《運動畫刊》雜誌
- 星巴克
- Gap 與(Product) RED
- 可口可樂
- 維京銀河計畫
- 專業會議管理協會
- 美國國家美式足球聯盟球迷嘉年華會
- Fjällräven經典包
- 猶太人博物館
- 愛丁堡體驗

　　為了總結我們對於策略性活動行銷的探討，讓我們來看看一些個案研究，它們都是目前正在運作的活動行銷的重要案例。我們將從兩個競爭對手的案例談起，它們在一個特殊和專業領域中設法透過市場定位共生共存。

■ IMEX與EIBTM國際商業觀光貿易展

　　EIBTM就是「獎勵商務旅遊與會議展」（Exhibition for Incentive Business Travel and Meetings）的簡稱，每年11月底或12月初在西班

牙的巴塞隆納舉行。EIBTM宣稱是「全球性會議與活動產業的首要活動」。EIBTM是由里德旅遊展覽公司（Reed Travel Exhibitions）製作，這家公司也在美國、中國、澳洲以及波斯灣地區籌備了與EIBTM同類型的活動，以及許多較小型的觀光產業活動。

IMEX是國際會議展（International Meetings Exhibition）的簡稱，這個展覽每年都在德國法蘭克福舉行，近年來在美國也設展。美國的IMEX是在10月舉行，法蘭克福的IMEX則是在5月舉行。IMEX將自己視為「全世界會議與獎勵旅遊最重要的展覽。」

EIBTM與IMEX每年吸引了大約3,000名參展廠商。兩者的目標都是小型會議（meetings）、獎勵旅遊（incentive）、大型國際會議（conferences）以及展覽（exhibitions）產業（MICE），而且兩者都在歐洲大陸經營。此外，許多的參展商經常光顧這兩個展覽。基本上，IMEX與EIBTM的目標是相同的市場，不過兩者都是歐洲最成功的展覽會。它們兩者要如何彼此區隔與互補呢？為什麼一方不會被納入另一方呢？

首先，IMEX與EIBTM都瞭解地點的重要性。西班牙與德國在地理位置與文化上相距甚遠，因此不會影響各自的活動。雖然西班牙對於摩洛哥、葡萄牙、西班牙和義大利的觀光市場比較便利，還有與南美洲的關係密切，但是在德國的法蘭克福則為奧地利、瑞士、丹麥、北歐三國以及東歐國家服務。德國是旅遊支出最多的國家，然而西班牙是歐洲旅遊收入最重要的國家。同時，法蘭克福是歐洲大陸的經濟中心，而巴塞隆納則是最受歡迎的旅遊目的地之一，兩者都提供了絕佳的交通網和舉辦國際會議與展覽的專業技術。

時機是另一個重要因素。11月底和5月都是淡季：五月是介於復活節假期與暑假之間，而11月底則是在耶誕假期開始前短暫寧靜的時期。目標族群很可能找出時間參加IMEX與EIBTM或參展。兩場貿易展在時間上的差距也讓參展商和參觀者方便規劃以及參與這兩場展覽。

最後，即便我們注意到EIBTM與IMEX非常類似，然而它們的賣點

卻是服務不同的區域市場。這對於與國際參展商混合的區域參展商而言，例如微軟供應商，至關重要。此外，EIBTM還提供了「受邀買家計畫」（Hosted Buyer program），相當於是一個幫你敲定會談時間或規劃參訪的個人購物專家。

EIBTM與IMEX所瞭解的是它們必須留在它們的利基市場中，並利用之。讓我們用演化來做比喻。當達爾文解剖他在加拉巴哥群島（Galapagos Islands）所蒐集到的雀鳥標本時，他發現雖然是同一個物種，然而牠們全都有些微差異。假如有一個以上的物種利用相同的利基，譬如吃相同的食物，那麼較強的種類就會消除較弱的種類。不過，無論是占據不同的地理空間或者擅長利用環境中的某一個特性，牠們都會設法存活。

這其中有不同的涵意。某些活動的市場並非無限大，而且活動辦得愈大，市場就會變得愈小。一場區域性或是全國性的旅遊展可能會與國際旅遊展互別苗頭，但是兩個國際性展覽在一個國家可能行不通。為了讓同一種活動能夠生存，他們必須鎖定一個利基，或者彼此之間在地理位置上保持距離。假如一間公司的營運範圍是國際性的，那麼他們可能會希望為他們的活動選擇一個與其他同質性活動離得夠遠的地點。不過，這並非永遠都是可能的。假設你想要在紐澳良開辦一場爵士樂嘉年會，你就必須思考你要如何賦予它競爭優勢，如此你的活動才會特別。假如機構的領導階層未考量這點，那麼他們很可能會被一個更強大或更有實力的競爭對手消滅。

生存競爭以及互補共生不只能應用在生物學或動物學上。公司企業、商業或是藝術家也在一個利基中競爭，並且藉由侵入其他人的利基相互摧毀。在活動中，這表示你必須要不斷地監控你的活動有多獨特，而且你必須在地理環境、美感或是人口結構的目標考量上去規劃你的活動。

你能從IMEX與EIBTM的例子中學到什麼？

- 研究在你的目標範圍領域內類似的活動。如果你正在製作一場社區活動，那麼範圍可能是你的社區；如果你正在製作一場大規模的活動，那麼範圍可能是你的國家；或者如果你正在製作一場招牌活動（hallmark event），那麼範圍可能是整個大陸。
- 詳細規劃地點並考慮這些活動可能會如何影響你的活動。
- 如果你的活動似乎距離另一個競爭的活動太近或太類似，那麼就要重新選擇地點，或是改變你的活動特性，讓它變得更有競爭力。

■ 邁爾康・富比士的慶生活動

1957年，邁爾康・史帝文森・富比士（Malcolm Stevenson Forbes, 1919-1990）的父親柏諦・查爾斯・富比士（Bertic Charles Forbes）將引領風騷的富豪榜交棒給他，並發行了《富比士》（*Forbes*）雜誌。1964年，他的哥哥逝世，於是他一人完全獨力掌控這家公司。《富比士》是一本商業雜誌，它最特別的內容就是富比士排行榜，這是將全世界的富豪排名的名單。邁爾康・富比士出身豪門，所以他過著奢華的生活型態，包括蒐集歷史文獻、熱氣球、藝術品和摩托車，並擁有遊艇、飛機，以及位於法國的一座城堡。他的另一個愛好是慶祝他的生日，其中最著名的就是他在1989年所舉辦的70歲生日會。

富比士毫不避諱地承認他的生日宴會花費了將近200萬美元。他邀請了大約800名賓客，大多數的客人都曾經上過一次或多次富比士億萬富豪榜。這場宴會的合辦人是影星伊麗莎白・泰勒（Elizabeth Taylor）；賓客名單上的人包括亨利・季辛吉（Henry Kissinger）、卡

文‧克萊（Calvin Klein）、安‧蓋蒂（Ann Getty）、李奧納多‧史登（Leonard Stern）。為了接他的賓客來參加宴會，富比士包下了數架飛機，包括一部波音747以及赫赫有名的協和號客機。宴會在摩洛哥丹吉爾市（Tangier）的一座宮殿裡舉行，他在1970年代就買下了這座宮殿。當天請來超過600名鼓手、600名肚皮舞者以及許多藝人表演，還有300名北非的柏柏人（Berber）騎士對空鳴槍。許多的賓客都發現這場宴會稱得上非常豪奢，雖然他們自己的標準很高。整場宴會的最高潮是一位知名的歌劇女伶對邁爾康唱「生日快樂」歌，以及16分鐘的煙火表演。這場宴會或許無法跟鋼鐵大亨拉克希米‧密特爾（Lakshmi Mittal）為他女兒辦的婚禮媲美，那場婚禮據說耗資6,500萬美元，我們在討論社交活動的那一章曾經提及，但是當富比士在僅僅半年後過世時，據說他其中一個兒子在他父親的葬禮上說：「老爸，那是一場糟透的派對。」不過，富比士的宴會不只是一場宴會，它也是一個非常有效的行銷動作。

首先，許多受邀的人士都是顧客或潛在顧客。由於《富比士》是一本商業雜誌，所以富比士前500大公司中，有許多都會在這本雜誌上登廣告。富比士告訴媒體說他其實可以將宴會預算當做業務費用，屆時將回收大半。即便沒有，這場宴會也成功地吸引和維持客戶，並增強他們的忠誠度。

此外，這場宴會有助於強化邁爾康‧富比士的形象──人人都知道他過著奢華的生活，而他的豪華生日宴就強調了這一點。細節方面尤其重要：協和號是全世界飛行速度最快的客機；747則是當時最大的民航機。由於《富比士》雜誌從一開始就是由家族所經營，所以發行人的個人形象也反映在雜誌上。因此邁爾康‧富比士不只將富有的形象附加在自己身上，也附加在整家出版社上。

邁爾康‧富比士本身是出版商的事實，以及他的生日宴會的規模與奢靡，都極力要創造出他們預期的媒體報導。藉由《紐約時報》、《時代》雜誌以及其他報導這場派對的媒體，即使未參加派對的人

也知道發生了什麼事。這場慶祝會引起許多議論，尤其是所選擇的地點，因為摩洛哥在當時是比較貧窮的國家。不過，有一句老話說：「任何一種宣傳都是好宣傳。」這句話雖有爭議但是卻很適用。

　　對於非出席者而言，這場宴會創造了欲望和嫉妒，這是行銷人員可以喚起的強大反應。對於大手筆的花費，嫉妒會造成擁有奢華生活的人產生一種優越感，而較弱勢的一方則會產生想要體驗這種奢華的渴望。但這並不適用《富比士》雜誌，因為封面價格並不高。然而，購買《富比士》雜誌卻會讓讀者感覺像是擁有雜誌中的一部分和所有包含的影像。藉由舉行一場200萬美元的派對，富比士為雜誌增加了價值；讀者可以成為季辛吉、克萊以及富比士社交圈的一部分。

你能從邁爾康‧富比士的例子中學到什麼？

- 當你在製作活動時，試著安排利益關係人，以及思考你的活動要如何展現他們。
- 當規劃活動時，考量利益關係人，並嘗試將他們的形象投射到你的活動上。
- 公關是便宜又有效的，但是你的活動卻必須奢華或特別才會受到媒體的關注。
- 人們不一定要出席活動才會被影響。名聲就是工具；一場活動的訊息所造成的回響並不只限出席者。

奧林匹克運動會合作夥伴活動行銷

　　奧林匹克運動會創始於古希臘，它是在王國與城邦之間的競賽，目的是向希臘眾神致敬。1859年，希臘首度恢復了比賽，從1896年之後，國際奧林匹克委員會（IOC）就在世界各地舉行賽事。剛開始奧林

匹克運動會的經費來源是由主辦城市籌募，還有財力雄厚的贊助者出資，再加上售票和特殊郵票蒐藏的收入。這種情況一直都大同小異；1976年，蒙特婁發行了一種特別的彩票，而其他國家則推出紀念幣或其他的紀念商品。

1984年，當奧林匹克運動會在洛杉磯舉行時，這種情況產生了根本的改變。洛杉磯是第一個大規模利用贊助以募集這場大型活動資金的城市——這是由於IOC不再排斥運動會變得商業化。事實上，以較小的規模贊助，譬如廣告或是餐飲攤位的授權在1984年以前就已經出現，然而那一年在奧林匹克史上卻是一個轉捩點。主要的贊助商，如麥當勞和可口可樂（其實從1926年就開始贊助），都在1984年出現，而且到2012年倫敦的奧林匹克運動會都持續贊助。這數十年來，他們是如何編列預算將每次數百萬的金額投注在一場活動中的呢？

奧林匹克運動會是全世界最大而且最多人觀賞的活動之一。光是北京的開幕典禮據說就有來自超過200個國家，大約8億4,200萬名的觀眾。奧林匹克廣播公司（Olympic Broadcast Service）負責賽事的轉播，提供了超過5,000小時的現場高畫質內容，可能在各大洲所有的網絡被重複轉播數千次。因此，像可口可樂和麥當勞這類品牌亦獲得了高曝光度。不過，這可能不是每個品牌都適用。從幾乎人人都對奧林匹克運動會有某種程度的興趣來看，它是一個相當不具區隔性的市場。可口可樂和麥當勞大體上也是一個無區隔性的品牌——幾乎人人都使用過他們的商品，而且幾乎每個人都知道他們販售什麼商品。

贊助奧林匹克運動會也將奧林匹克的價值反映在他們的公司上。奧林匹克精神係指三大價值，其為奧林匹克運動會和相關活動所尊崇的精神。這三大價值為卓越、尊重與友誼。假如一家公司與奧林匹克運動會有所關聯，那麼它也將設法與奧林匹克的價值產生關聯。這些價值可能反映在公司的內部與外部。就公司內部而言，人力資源管理的員工可能從奧林匹克贊助中獲益，因為能夠激發他們努力的動機。就外部而言，公司有權利使用五環的標誌——這是眾所皆知而且受到

崇敬的品牌。對顧客而言，它將奧林匹克品牌的價值反映在贊助商的品牌上。

　　贊助奧林匹克運動會也給予贊助商在現場直接販售商品的機會。IOC擅於培養獨家的合作關係，而且對於伏擊式行銷（ambush marketing）採取非常積極的做法。所謂伏擊式行銷係指一家公司並非活動的正式合作夥伴，但是卻利用該活動來宣傳其商品的手法。IOC擁有強勢的做法來處理伏擊式行銷，他們保證贊助的合約將具有最大的影響力。

　　最後，奧林匹克運動會也增進了與當地社會的互動。奧林匹克運動會也帶動了教育、社區或其他活動的外圍計畫。贊助商可能參與這些活動，進入新的市場，並且在新市場中讓更多人認識他們的產品。奧林匹克運動會是高知名度的品牌能夠如何互惠的好例子。不過，活動行銷人員必須為爭議做準備。因為種種原因，奧林匹克運動會經常要處理麻煩的公關問題。奧林匹克運動會藉由授權贊助商品以及利用他們的高曝光度和知名度也可以增加銷售量以及增強形象。

你能從奧林匹克運動會的例子中學到什麼？

- 活動贊助可以提供品牌注入活動本身的形象與性格。
- 活動提供了品牌能在媒體上曝光的機會。
- 活動的商業化已經將活動轉變成一種媒體，可用來接觸現有以及潛在的消費者。

《運動畫刊》50週年

　　《運動畫刊》（*Sports Illustrated*）是美國最重要的運動雜誌，每週有超過1,800萬名讀者閱讀這本雜誌。它隸屬於時代華納旗下，而且

或許最著名的就是它一年一度的泳裝特輯。此外，《運動畫刊》可以被認為是在平面產品行銷中創新的領導品牌之一，譬如率先在他們的雜誌中使用彩色照片，附上運動交換卡的插頁，或者是近期他們設計規模宏大的iPad app軟體。

在2004年，《運動畫刊》以「美國運動畫刊：50年、50州、50項運動」的標語來慶祝創刊50週年。在他們的計畫中，有一部分是開始一趟巡迴之旅，這段期間他們走訪了25州，每州歷時3天至1週。這趟巡迴之旅有部分是由Jack Morton Worldwide規劃與執行。每一場活動都有成千上萬人參加。這個巡迴之旅包含兩個不同的元素：常設的「運動體驗」區以及特定地點的附加活動。

常設元素包含下列各項：豐田足球場，這是一個封閉式劇場，主要是播放由《運動畫刊》編輯精選的「一部原創影片，展現過去50年最精彩的運動時刻」。遊客在豐田足球場還可以成為「封面人物」，亦即遊客可以在豐田的納斯卡賽車用越野車（NASCAR Truck）前擺姿勢，並獲得一張由佳能（Canon）公司製作的免費紀念照。另一個展覽稱為「劇場中最佳座位」，這是由電子消費零售商百思買（Best Buy）所贊助的活動；它「展示了最新的電子消費新產物，讓你（遊客）看見你最喜歡的隊伍。」有個常設展稱為「參賽者」（Starter），它介紹了來自全美各州的青少年參賽者（該計畫是由「參賽者」與《運動畫刊》共同挑選優秀的青少年運動員參加）以及與棒球、籃球、足球或美式足球相關的各種展覽或是互動式體驗。附加活動包括兒童活動區、體育表演、音樂表演、名人簽名會或是其他展覽。

這些活動大多都在可使用的知名體育館、運動場或是其他適合辦活動的場地舉行，譬如會展中心，而且全都免費入場。雖然這一系列的活動主要是靠《運動畫刊》的出版品進行內部行銷，但結果證明出席率相當高。

這些活動最令人印象深刻的是《運動畫刊》對於合作夥伴關係的運用。由於是時代華納旗下的事業體，所以《運動畫刊》有財力獨

資籌辦巡迴展。但是他們選擇與大型公司和品牌合作，例如豐田（汽車）、百思買（零售）以及「參賽者」（運動服飾）。利用活動來慶祝週年主要目的並非提高發行量。但是一本雜誌利用巡迴演出卻能產生多重效應。它的目標群眾是整個家族，這表示家中的每個成員都會對這本雜誌擁有某種認同。而且眾多媒體爭相報導。由於媒體報導是免費的，而且比廣告擁有更多的真實性，因此可以從活動中獲益許多。活動也更可能留在人們的回憶中。奧斯卡‧王爾德（Oscar Wilde）曾經說過：「回憶……是我們每個人隨身攜帶的日記。」與其每次都要靠購買電視的廣告時段、平面廣告或是路牌廣告來努力讓人們想起這本雜誌，不如用雜誌的名稱和外觀與感覺來為活動塑造品牌更能將這樣的連結無限期地留在人們心中。

　　《運動畫刊》顯然非常清楚瞭解活動以及合作夥伴關係能夠產生的協同作用。他們也證明活動可以被用來當做一個較大型、差異化的行銷方法中的一小部分。最後，合作夥伴關係的應用也解釋了如何降低成本，利用公關作為一種免費廣告以及維持和增加品牌形象的方式。

你能從《運動畫刊》的例子中學到什麼？

- 在活動中運用合作夥伴關係，顯然能夠降低成本。合作夥伴必須在金錢和基礎建設方面有所投資。這表示除了挹注資金外，他們也提供其他的特別節目，譬如展覽或是播放電影的劇院。
- 在活動中運用合作夥伴關係，你能夠接觸到外部的專業知識與技能。百思買顯然是比雜誌本身更可靠的電視機零售商，而且運動與電視根本就是絕配。
- 在活動中運用合作夥伴關係，你就能夠利用他們的行銷。合作夥伴關係不只意味資產與金錢的交換，更意味著認同感的交流。一方面，豐田、百思買和「參賽者」都能夠將他們的名稱

與《運動畫刊》連結；另一方面，《運動畫刊》也能夠與豐田（當時）的信用可靠、百思買的價格意識以及「參賽者」的時尚感與其品牌串連在一起。

- 在活動中運用合作夥伴關係，即可利用他們的傳播管道。《運動畫刊》能夠使用其合作夥伴的資源，因此或許能夠在他們的直效行銷傳單中、在他們的網站上，或是在他們的實體商店中做廣告。

■ 星巴克的風潮行銷

對我們許多人而言，它可能已經變成早晨的儀式。就在我們走下巴士或走出我們的車子要去上班前，我們會先走進一家星巴克咖啡店。對許多人而言，這變成了他們工作日的開始，事實上，星巴克成了他們工作生活和認同的一部分。無論是小城鎮或是大都會區，星巴克處處可見。星巴克是全世界最大的咖啡連鎖店並不令人意外，光是美國就有超過11,000家店。這包括了傳統的獨立咖啡店面以及設置在購物中心、飯店、書店裡以及近來開設在郵輪上的直營店。

假如我們思考品牌，我們會想要看看它們如何代表自己。這會讓我們理解到它們希望我如何看待它們，而不是它們如何看待自己——事實上，是它們如何行銷它們自己。

看看美國星巴克網站及其主要的導覽列，我們就能清楚地知道對星巴克而言重要的事項：它們的咖啡、菜單、咖啡屋、商店、顧客忠誠計畫，以及它們的責任。前四項較不引人注目，因為它們係指星巴克的核心事業：煮咖啡。顧客忠誠計畫在這方面就變得十分有意義：煮咖啡沒有什麼特別，所以將顧客與品牌綁在一起變得更重要。讓我們知道星巴克希望它的顧客有什麼想法與感受是企業的責任：星巴克是一家有責任感的咖啡店。

　　它們的企業責任有很大部分是關於處理最常見的批評——它們的員工與咖啡農之間明顯不公平的工作條件，以及減少它們的生態足跡。此外，它們也參與善因行銷活動。當代行銷學之父菲力普·寇特勒（Philip Kotler）描述善因行銷是為了有意義的理由或是慈善機構而將購買公司的產品或服務與募款做連結。行銷顧問布魯斯·柏區（Bruce Burtch）說過一句名言：「種善因得善果」（"doing well by doing good"）。被選中的慈善機構往往獲得曝光率和現金，而以營利為目的的公司也可以加強它們的品牌形象並提高銷售量。

　　「風潮」（Ethos）一開始是一個瓶裝水品牌，肩負著「幫助兒童喝乾淨的水」的使命。它是在2001年由彼得·桑姆（Peter Thum）所創立。其商業模式為每賣出一瓶水就捐出一部分給慈善機構，以幫助在貧窮國家的兒童能飲用乾淨的水，主要是非洲與東南亞國家。在2005年，星巴克購入「風潮」，並開始在美國和加拿大供應「風潮」水。每賣出一瓶水，「風潮」就會捐出5美分給特定的專案計畫。星巴克承諾會保持「風潮」的庫存量，直到他們募得1,000萬美元。雖然他們一開始想要達到這個目標，但是由於經濟衰退，他們必須將該計畫延展到2010年之後。

　　(Product) RED是由愛爾蘭的音樂人兼U2合唱團的主唱波諾（Bono），以及記者兼行動家羅伯特·施萊佛（Robert Shriver）所創立的一個品牌。各個品牌都可以改成他們的規格，以販賣「(RED)－品牌」的商品。盈餘的一部分將撥入全球基金（Global Fund）裡。全球基金是一個支持對抗HIV/AIDS、肺結核和瘧疾的組織。不過，(Product) RED一般只跟HIV有關。星巴克以不同的方式參與(RED)。首先，他們推出「(RED)－品牌」版的顧客忠誠卡：（星巴克）RED卡。每次用（星巴克）RED卡消費，就會有5美分撥入(RED)。此外，他們還推出一款「(RED)－品牌」的咖啡、玻璃咖啡杯和可重複使用的水瓶。每筆消費均提撥1美元給(RED)。星巴克表示他們的(RED)活動每年讓3,800名HIV的患者獲得免費的醫療。

2008年，星巴克徵召超過1萬名店經理擔任志工，加入美化與重整紐奧良部分市區的計畫。星巴克的行動被認為是救助2005年卡崔娜颶風的災民最大規模的企業支援計畫之一。星巴克的總裁霍華·舒茲（Howard Schultz）在當地某個地區粉刷房屋時接受新聞媒體的採訪與拍照。

這些慈善機構的共同點就是他們的能見度很高，人們比較可能認同他們。舉例來說，(Product) RED對於降低影響非洲大陸甚鉅的HIV/AIDS傳染病產生莫大的作用。波諾投身許多的公益事業，像是Band Aid慈善演唱會或是蓋茲基金會（Gates Foundation），讓他成為一位角色典範和富有同情心的人，而他的價值觀也反映在品牌上。同樣地，卡崔娜颶風在紐奧良所造成的可怕災難是一個世人皆知的事件，許多美國公民都直接或間接得到關切。這讓星巴克有機會建立可信度，因為他們的努力被廣泛地看見，而且容易產生共鳴。此外，星巴克也援助小型的當地社區。這有助於他們提升當地消費者的支持度。

在星巴克的案例中，善因行銷證明它可以被當做是一個提升品牌商譽有效率和有效能的方法。

你能從星巴克的例子中學到什麼？

- 身為一名活動行銷人員，你可能會想要利用這個機會來支持募款活動和根據你的公司價值來塑造你的品牌。
- 慈善機構常常會利用巨大的志工網絡，以具有成本效益的方式來行銷和宣傳活動。如果謹慎規劃行銷，這對於以營利為目的的企業和非營利的組織而言，能夠創造強大的利益協同作用。
- 身為一名活動行銷人員，假如你代表慈善機構，你可能會希望獲得一家大型公司的支持。你或許可以利用他們的廣告管道（譬如店內的海報展示或是在他們的郵寄廣告中夾帶你的傳單）來宣傳你的活動。不過，你要謹慎考量你要讓哪一家公司參與你的活動。

Gap (Product) RED產品發表

　　直到目前為止，(Product) RED是全球基金最大的捐助者，捐助金額超過1億6,000萬美元，有超過20家公司共襄盛舉。參與(Product) RED活動最受矚目的其中一家公司就是Gap。這家公司是於1969年由夫妻檔唐諾・費雪（Donald Fisher）和朵莉絲・費雪（Doris Fisher）所創立，Gap成為最知名的美國服裝品牌，截至2011年為止，過去42年來，它從在舊金山沒沒無聞的一家店擴大為擁有超過3,100家分店行銷全球的品牌。Gap是國際服裝市場中的佼佼者，他們強調品質與普及率。

　　Gap是繼美國運通公司（American Express）之後參與(Product) RED活動的第二家公司。Gap (RED)的產品項目包括T恤、外套、圍巾和各式包款，公司盈餘的50%皆捐給全球基金。他們在原來的T恤上運用括號加標語強力塑造品牌，例如INSPI(RED)（啟發）、ADMI(RED)（欽佩）和DESI(RED)（渴望）。

　　(Product) RED曾經被批評為了販售產品及行銷他們的品牌而利用疾病和人類的苦難，因此在慈善捐助者與受惠者之間多出中間的零售商是沒有必要的。然而，這就是(Product) RED全部的重點：將一種新的慈善形式帶進一個迷戀購物的資本主義、消費者的社會中。Gap的行銷活動在多大程度上不具有慈善事業的真實性並將行動主義轉變成消費者的時尚是令人質疑的。依照時尚的定義，它是短暫而且無法持續長久的，所以當這種富有同情心的消費不再時髦時會如何呢？對於(Product) RED的另一個批評是它的成效遠遠不及傳統的直接慈善捐助。此外，在廣告成本與投資報酬率之間有很大的差異，有些估計值指出，(Product) RED的整體行銷預算超過1,000萬美元，然而從產品中所產生的慈善盈餘卻低很多。

　　不過Gap並未因此卻步，他們主張這些捐助仍然多過任何一個慈善

企業的捐款，而且為慈善機構提供了穩定的收入。此外，人們應該直接將善款交給慈善機構，而不需要經過身為第三方的Gap的論點在現今的經濟氛圍中也站不住腳。由於人們的手頭並不寬裕，所以又能做慈善捐助又能獲得實物的想法是非常吸引人的：透過花錢在自己身上，做對世界有益的事。這種慈善形式也剛好符合消費者的日常生活，而且也不會逼迫他們要刻意去捐錢做善事。

　　Gap (RED)的行銷十分倚重名人背書，因此投入由一位世界知名的流行音樂巨星所想出的一個計畫也不令人感到意外。在最初的計畫中，名人包括史蒂芬·史匹柏（Steven Spielberg）、珍妮佛·嘉納（Jennifer Garner）、克里斯·洛克（Chris Rock）、潘妮洛普·克魯茲（Penelope Cruz）、克莉絲蒂·杜靈頓（Christy Turlingon）、唐·奇鐸（Don Cheadle）、瑪麗·布萊姬（Mary J. Blige）、達柯塔·芬妮（Dakota Fanning）和阿波羅·安東·大野（Apolo Anton Ohno）。他們廣泛出現在報章雜誌中的平面廣告，直接看著鏡頭，並試圖與觀者產生連結，然後傳達在非洲關於HIV/AIDS傳染病嚴重的現況。這種做法讓消費者參與這個善舉，並讓他們與名人有所連結，而且是在一個比較個人的程度上反省這個情況的嚴重性。此外，在一個由名人文化所主導的世界中，你所擁有的事物就代表你的身分，因此著重名人背書對於消費者購買該產品具有更大的說服力。

你能從Gap (RED)的例子中學到什麼？

- 你可能希望透過合作夥伴來宣傳你的品牌或是支持募款活動。善因行銷對於慈善機構和品牌都能夠製造共同利益。不過，重要的是，合作夥伴關係必須是正確的。找出要支持與合作的慈善機構，其性質能與你的品牌價值相配合。例如，宗教慈善機構不可能參與以酒類飲料為主的活動，或是宣揚性自由的活動。假如有一家公司富有感情地投資在他們真正在意的公益事

業上，那麼行銷與最後的結果將會成功，而這個結果又會反過來建立其信用、顧客忠誠度，以及品牌商譽。

- 在目前的經濟環境中，支持慈善機構對於活動籌辦者而言也是對財政有益的措施。藉由利用這個機會，你讓你自己更容易透過贊助來募集資金，因為品牌希望獲得信用和宣傳他們的商品，而政府機關希望為了工具性的目的（例如，舉辦體育活動來促進社會融合及宣導健康的生活型態）提供活動資金。此外，這在人力資源上是一個具有經濟效益的方法，因為假如活動是為了行善，那麼會有較多人可能在活動中擔任志工。

■ 可口可樂產品發表

它是全世界最知名的飲料之一，而且其品牌形象的知名度也相當高。在二次大戰前，它就已經從美國擴展到全世界超過44個國家，並且在21世紀於全球超過200個國家持續主導全世界的汽水飲料市場。它之所以能成為奧林匹克運動會的贊助商乃基於其高知名度的地位，這種做法能影響消費者將奧林匹克的團結、融合、健康與活力的形象和產品聯想在一起。

2006年，可口可樂公司進行了22年來最大的產品發表：零卡可樂（Coke Zero）。可口可樂最初的願景宣言是產品銷售無遠弗屆，希望世上每個人都將可口可樂當做是他們最喜愛的飲料。不過，這家公司注意到有兩個趨勢正影響他們的產品銷售：察覺該飲料不健康，以及大部分的男性會將低卡飲料與年長的女性消費者聯想在一起，因此基於它「太女性化」的理由而不飲用其產品。為了在健康市場與男性市場中挽救下滑的銷售量，可口可樂公司推出零卡可樂，成為零卡路里的可樂替代品。

零卡可樂砸下超過800萬英鎊的預算，其行銷在全球發揮了影

響力。當它試圖在英國重新打進18-25歲的男性市場期間，零卡可樂被稱為「小伙子可樂」（"bloke Coke"），它請來流行音樂歌手雪洛（Cheryl Cole）代言，她深受男性的歡迎，就像該產品的外觀一樣。零卡可樂也推廣兩項活動，一個是稱為「生活就應該是這樣」（"Life as It Should Be"）的電視廣告活動，它以戲劇手法呈現數種日常生活的情境（例如在路上撞見你的前女友和她的新男友），讓喝零卡可樂的主角掌握局勢。另一個活動「街頭前鋒」（"Street Striker"）則是利用傳統的男性休閒足球運動，由當紅球員韋恩‧魯尼（Wayne Rooney）擔綱主角，以刺激銷售量。根據市場調查公司Mintel的報告，這劑行銷猛藥讓零卡可樂在英國增加了2,400萬英鎊的營業額。

巴西是可口可樂市占率最高的地方。為了在另一個健康市場以及年輕族群中鞏固其地位，可口可樂公司推出零卡可樂工作室。這是一個創新的計畫，目的是要讓人們更注意到近期發售的產品。它將兩位巴西藝術家所創作的不同音樂融合在一起，錄製後載入到特別版的諾基亞（Nokia）5310手機中。後來該手機賣出超過30,000支，同時增加了諾基亞和可口可樂的銷售量。

你能從可口可樂的例子中學到什麼？

- 可口可樂公司能夠正視一個無法被重要目標市場認同的產品，然後重塑品牌形象來增加它的吸引力，並且順應健康飲食的全球趨勢，並在其年輕族群中提升銷售量。在一個全球趨勢不斷變化的世界裡，活動經理人不間斷地觀察它們是必要的——不僅是為了健康的生活，還有傾向環保活動或虛擬活動的全球趨勢。唯有持續觀察市場需求，你才能真正供應人們所需。
- 可口可樂最大的優勢之一就是它的全球知名度。就這方面而言，一名活動行銷人員若正在構思籌辦一場舉世聞名的活動，可以考量與這類隨處可見的品牌合作的可能性，以獲得全球的關注。

- 隨著現代科技日新月異，傳統的行銷管道正面臨愈來愈多的競爭。可口可樂與諾基亞的合作夥伴關係經由手持行動媒體的普及性讓可口可樂公司與它們的目標市場——18至25歲的消費群交流，並且讓人們注意到新產品。對於活動行銷人員而言，科技的進步象徵一個絕佳的機會，可以每週7天、每天24小時向目標市場宣傳，以最新的活動消息讓他們獲得最即時的資訊。

■ 維京銀河計畫發表

　　1971年，維京剛開始只是位於倫敦牛津街上一家沒沒無聞的唱片行，但過去30年來，維京集團獲得一次又一次的成功。它現在旗下擁有全球超過300家以維京作為品牌名稱的公司，主要是為成千上百萬的顧客提供高品質的音樂、娛樂、健康、旅遊和通訊服務。維京集團因為其事業體創辦人理查·布蘭森爵士（Sir Richard Branson）而成為最廣為人知和最可靠的家用品牌，這要歸因於它體貼的顧客服務以及不斷創新的產品和品牌發表，今日該公司的市值已經超過約60億英鎊。

　　維京最近期和最新的事業之一鎖定在長久以來人們想要征服太空旅遊的期盼：讓普及的太空旅遊成真。布蘭森陸陸續續投資了大約2.5至5億美元在這個事業上。這個新事業的前提是讓付費的大眾或是「未來的太空人」（布蘭森喜歡這樣叫他們）有機會欣賞在他們腳下21公里處旋轉的地球全景，並同時體驗真正無重力的感覺。雖然這個獨特的經驗每次飛行價格為20萬美元，訂金為一成，但這家公司已經收到300位可能的太空旅客的訂位。即便這個品牌的前總裁之前聲明維京銀河公司「這個商業飛行計畫何時開始沒有確切的時間表」，但是卻已經引發了關注與投資。

　　2009年12月7日，在美國加州的莫哈維沙漠（Mojave Desert）所舉辦的一場眾星雲集的活動中，維京集團掀開維京太空船（Virgin Space

Ship, VSS）的面紗。在特別邀請來參與盛會的800位來賓中，包含了好萊塢的影視名流、旅行社、媒體以及其他可能參加的太空旅客。這場活動的製作與籌劃是標準的布蘭森奢華風，在啟用典禮上包括了在VSS亮相前，有一場非常震撼的燈光與音樂表演，再由好萊塢演員兼加州州長阿諾·史瓦辛格（Arnold Schwarzenegger）以及新墨西哥州的州長（Bill Richardson）展開啟用儀式。雖然這場活動因為賓客要克服莫哈維沙漠夜晚的低溫與寒風而稍嫌美中不足，但是它仍然大大的成功。這要歸功於布蘭森高明的手腕，包括將賓客的帳篷變成魅力十足的雞尾酒沙發吧，還有史瓦辛格州長的致詞，他表示：「我做過最酷的事之一就是今天出現在這裡！」

由於價格驚人，維京銀河當然無法迎合每一個人，因此原本就設定非常特定的客源，這與維京的其他品牌相反，譬如鐵道旅遊和通訊，這些都是一般大眾在經濟上可負擔得起的。結果，維京銀河的行銷方向就是向金字塔頂端和優選客戶宣傳其品牌。啟用典禮本身就是品牌行銷策略的一部分；藉由精心挑選參加啟用典禮的客戶名單，它不僅為賓客提供一個結合娛樂與新體驗的轉型之夜，同時也向他們宣傳它的產品，因為他們正好就是布藍森在尋找的客戶類型：有錢人。

你能從維京銀河計畫的例子中學到什麼？

- 不斷研究你的目標市場，並且在你的產品或活動中利用你的行銷來反映出他們的價值和需求。可能的話，要展現出你的目標市場的財富與消費主義。
- 為了在潛在的利益關係人之間製造出羨慕的感覺和期望，引起夠多媒體報導你的活動是很重要的事。

■ 專業會議管理協會50週年

專業會議管理協會（Professional Convention Management Association, PCMA）是為美國、加拿大和墨西哥地區會議與活動專業人員服務的主要機構。該協會於1956年成立時，原本是健康照護管理人員的交流協會，PCMA後來不斷創造佳績，因而成為最可靠和最具聲望的協會，其宗旨乃為專業人員、供應商以及學生等提供卓越和創新的教育訓練以及交流機會。目前該協會在美國、加拿大和墨西哥各地分會的會議專業人士會員已超過6,100位，其觸角也正往歐洲擴展。

為了慶祝協會創立50週年，該協會又回到賓州的費城，也就是開幕會議的地點。為了承先啟後，PCMA開始著手為慶祝大會製作全新的設計，以帶領活動管理進入21世紀最尖端的世界。PCMA也非常熱衷運用最先進的科技以提供創新的教育訓練課程。PCMA設法為它的活動提供創新設計的方式之一就是「無線射頻辨識系統」（radio frequency identification, RFID）[1]的應用。RFID的前提是在每一位與會者的識別證上安裝微晶片，讓協會利用雷射定位技術來記錄出席狀況，並且鎖定未來可能的賓客。正如同北中區的副主席泰利・東尼歐力（Teri Tonioli）所言：「RFID能做的事沒有限制。」

你能從專業會議管理協會的例子中學到什麼？

- 在今日，沒有比跟上最新科技的腳步更重要的事了。PCMA使用RFID有可能使活動產業發生變革。由於能夠追蹤出席者，因

---

1. 無線射頻辨識系統（RFID）是一種無線通訊技術，可以透過無線電訊號識別特定目標並讀寫相關數據，而無須識別系統與特定目標之間建立機械或者光學接觸。

此活動行銷人員能夠觀察其動向模式，知道誰正出席哪一場活動。有了這層資訊，活動經理人便能夠瞭解誰正出席活動，並且有可能擴展該市場，或是開發潛在的市場。

美國國家美式足球聯盟球迷嘉年華會

美國國家美式足球聯盟（National Football League, NFL）於1920年成立，其為美國最高層級的職業美式足球組織。它也是全世界所有大眾參與的運動聯盟中最受歡迎的，每場比賽的平均出席人數都超過60,000人。這是一個相當重要的成就，它展現出某種程度的顧客忠誠度，肯定讓世界各地的運動產業羨慕不已。

「美國國家美式足球聯盟體驗」是超級盃開賽前的一週所舉辦的球迷嘉年華會，而且它是行銷一場活動的活動。它有公益事業的資格證明，並將收益全數捐給位於佛羅里達州坦帕灣（Tampa Bay）的青年教育計畫。這場嘉年華會為期6天，活動包含了互動式與參與性的活動，NFL讓球迷參與其中。

NFL體驗的活動由美國銀行（Bank of America）贊助，裡面包括了全家的活動，例如最大型的美式足球卡展、教練會客室、服裝比賽，以及收集到10,000張NFL球員親筆簽名的機會。除此之外，還有許多附帶的活動，譬如「超級盃元氣營」，這個活動是讓年輕女孩參與特別為女性量身打造的超級盃競賽，而且有機會收到專業啦啦隊員的來信。啦啦隊也會舉辦一場歡呼與舞蹈比賽，另外還有青年足球營隊、裁判員營隊、球員說故事（由NFL的球員為孩童唸故事書），以及NFLX夜間活動，為成人球迷提供專屬的夜間娛樂。

你能從NFL球迷嘉年華會的例子中學到什麼？

• 提供互動式活動讓更多的目標群眾參與，如此將能創造顧客滿
  意度、連結，並且對你的品牌感到好奇。它將讓你的顧客和參
  與者增加和擴大它們對你的品牌的興趣與認識，並且感覺自己
  是你的活動的一部分。尤其是像美式足球這種季節性的活動，
  要讓球迷保持興味盎然。

• 像超級盃這類的大型活動具有一種吸引力，會吸引周邊的活
  動。活動行銷人員應該要考量大型活動所展現出的機會，一方
  面是吸引周邊活動以增加大型活動的價值，另外承辦較小型活
  動的行銷人員可以借助大型活動的巨大吸引力，可說是共生共
  享的關係。

■■ Fjällräven經典活動

斯堪地納維亞半島上有一些全歐洲（也或許是全世界）最方便
進行但卻最驚心動魄的戶外活動。尤其，瑞典有健行和騎越野車登山
的悠久傳統。因此，全世界最成功的戶外活動服裝與設備品牌之一
「Fjällräven」發跡於北歐國家也就一點都不令人意外了。該品牌成立
於1960年，它們以耐用的設備以及創新的設計而聞名。從1970年代開
始，Fjällräven就已經主辦戶外活動，並且從2005年推出Fjällräven經典
系列之後，更舉辦了有2,000人共襄盛舉的登山健行活動，他們從尼
卡路塔（Nikkalukta）的山米村（Sami Village）出發，走到阿比斯柯
（Abisko），路程總長110公里，距離北方的北極圈約200公里。從活
動行銷的觀點來看，這個活動可以作為該公司一個驚人的成就。

Fjällräven野外生活週從1970年代就開始推行，它也是Fjällräven

經典活動的前身。Fjällräven的國際行銷經理傑利・恩斯壯（Jerry Engström）表示，這個活動的宗旨是要讓都市居民動身走到野外，並且發展出對戶外生活的認識與熱情。此外，他們想要證明當穿上正確的裝備時，人們在室外也能夠感到舒服。人們往往認為登山健行是一個痛苦和極限的運動；Fjällräven想要破除這層迷思。該活動的影響力迅速擴散，人們開始推薦品牌給他們的朋友。就如同我們今天所知道的，口耳相傳比任何的廣告媒體威力要強大得多。

2005年，Fjällräven推出Fjällräven經典活動，形式就跟今天我們見到的一樣。即使票價大約要200至250美元，但是通常在一年前報名就額滿了。Fjällräven利用Fjällräven經典活動讓顧客有機會「認識」這個品牌以及品牌背後的推手。它展現出該品牌對於環境真誠的奉獻。對Fjällräven而言，更重要的是，他們在自然環境中遇見他們的顧客。他們與顧客共度時光、與他們交談，並看見他們的產品對顧客產生哪些功用，以及顧客如何使用他們的產品。他們獲得寶貴的意見，知道人們喜歡他們的設備哪些部分，以及哪些地方可以再改進。一般而言，這是在實驗室中完成的工作，必須投入大量的成本與時間，然而卻常常因為人造的環境而無法產生最佳的結果。Fjällräven讓焦點團體走出會議室，走入大自然，這種做法既省錢又使得研究更有效率。此外，過去曾擔任聯合利華（Unilever）公司品牌經理的傑利・恩斯壯解釋說，顧客喜歡跟Fjällräven的員工面對面，如此即可瞭解他們愛用的設備是由跟他們一樣有共同愛好的人所製造和設計出來的。

再者，Fjällräven在型錄和網站上放的照片都是在經典活動中拍攝的。這也省下另外拍照和找模特兒的費用，因為他們就以自己的員工當做照片的模特兒。這可以被視為是更加致力於真實性與品牌誠信。讓他們的員工到戶外去跟消費者打成一片也有助於人力資源部門培育員工，並建立更好、更強大和更有效率的團隊──工作人員喜歡看見自己為了什麼目的工作。最後，Fjällräven瞭解經典活動可以當做顧客的訓練課程。他們獲得愈多的經驗，就愈可能需要更多的裝備，而

且花更多錢在這上面。同時，受過較多教育的消費者更可能保護大自然，因此也就保障了公司的基礎與未來。

經典活動如今已有受人矚目的媒體經驗，包括部落格、廣播節目、報紙，甚至近期也在遙遠的中國國內電視節目中播出。

Fjällräven並未衡量Fjällräven經典活動的ROI/ROE/ROMI（投資報酬／活動報酬／行銷投資報酬）。該活動帶給這家公司許許多多的好處並省下經費，而且活動反而讓他們獲得更高的價值。即便如此，他們還是要監控媒體曝光率，至少讓他們知道他們的公關價值所在。

Fjällräven利用部落格和論壇來掌握品牌與參與者之間的交流。這表示它很清楚地瞭解到，諸如臉書和推特這類的社交媒介都是雙向溝通的好管道，但是留下一個延續的討論，社交媒體太難以掌控。不過，Fjällräven仍然偏好利用臉書和推特以達到交流的目的。每一位員工的留言都會簽上自己的名字，將臉孔與品牌相連結——這是使品牌更人性化的有效方法。

Fjällräven經典活動是活動可以發揮多種用途的最好例子。它有助於Fjällräven提升品牌意識，在市場中定位該品牌，並創造大規模的公關並教育消費者。同時，它有助於省下拍照、研發、員工培育和焦點團體的經費。

選擇登山健行作為Fjällräven的招牌活動是理所當然的：它象徵公司所代表的價值，譬如傳統、戶外活動，並尊重他們的消費者。它讓這個品牌顯得真實可靠，並證明他們的服裝品質有保證，的確是一個完美的選擇。

你能從Fjällräven的例子中學到什麼？

- 活動為品牌提供多平台行銷機會。想想在本案例中所描述的利益範圍，並且透過另一個方法嘗試構思一種獲得各種行銷優勢的方法。那就是活動的力量。

■ APP展覽行銷：紐約猶太人博物館

　　猶太人博物館於1904年成立，它是全世界致力於探索猶太文化的領域和多樣性最大和最重要的機構。它座落在紐約的博物館大道上，這間博物館通常展示跨領域性質的大型臨時展。它是一個為各種文化的人們提供教育、啟發和分享人類價值的園地。

　　作為一間特色博物館，它有當地與全國各地的目標群眾，因此紐約猶太人博物館的行銷目標是將展覽資訊數位化。由於iPhone的問世，它們力圖將博物館的內容放到iPhone的平台上。隨著時間的演進，這將會變成愈來愈普遍的做法，而且這名策展人很有遠見地將可能發生的事注入新的想法。

　　「胡迪尼：藝術與魔法展」對他們而言似乎就像是一個很好的實驗性展覽，因為他們預期這個展覽會有很大的吸引力，其中包括許多智慧型手機的用戶。在考慮app裡應該包含哪些內容時，他們的結論是胡迪尼展的錄音檔內容是一個不可或缺的部分，就跟藝術品的影像、標籤、影片以及社交媒體的功能、展覽平面圖以及基本的遊客資訊一樣重要。在app裡的影像、聲音以及影片皆可在線上免費取得，並結合以Flash為主的線上功能。博物館致力於在「胡迪尼：藝術與魔法」開幕前二個月製作app，而且因為展覽借用單上並未包含app的版權，所以他們必須再次連絡許多出借人。由於該展覽包含了好幾位出借人和藝術家，所以該專案的這個部分花費最多的時間，但統整資料並將它呈交給Apple公司則相對簡單。提交日期取決於錄音檔完成的時間，而這個日期則要看錄音檔的排演驗收何時完成來決定。

　　該展覽的網頁連結到iTunes，而其app則透過該博物館社交媒體的大力推動來宣傳。在未來，博物館試圖結合更多的資料和媒體到app中，並試圖以這種格式製作展覽的微型錄。

你能從猶太人博物館的例子中學到什麼？

- 利用新興科技找到顧客，並準備好去試驗創新的參與法。
- 考慮將你的行銷活動變成一系列進步的方法，而且對於應該如何完成事情無須墨守成規。

慶典活動的目的地行銷：愛丁堡體驗

　　愛丁堡是蘇格蘭的首都，長期以來皆利用舉辦慶典來吸引觀光客。這就是說，慶典是愛丁堡用來向全世界行銷自己的方式。雖然這個城市有古堡以及一些著名的舊城區，但是慶典的景象才是吸引觀光客來體驗該地的主因。

　　2010年參加愛丁堡全年共23個慶典的人數達到550萬人次，這個數字超過蘇格蘭的總人口。這表示跟2009年舉辦的活動相比，多出了100萬人次，所以顯然愛丁堡的慶典行銷威力驚人。在所有的慶典中，參加人數上升的有藝穗節（Fringe，為較年輕的參與者所舉辦的藝術祭）、愛丁堡國際科學節、愛丁堡多元文化節，以及愛丁堡國際書展。不過，有跡象顯示，有些慶典開始受到整體經濟衰退的影響，例如愛丁堡國際嘉年華、愛丁堡國際電影節以及愛丁堡國際爵士與藍調音樂節的參加人數皆大幅下降。不過，市府官員大力讚揚整體遊客人數增加，以表示愛丁堡依然保持領先全球的慶典城市的地位。

　　愛丁堡慶典與活動的捍衛者史提夫‧卡道尼（Steve Cardownie）認為，「這些慶典依舊提供豐富的內容給全世界的人們以及想要在國內度假的英國國民。在經濟衰退的時代參與人數的增加恰恰證明了慶典與活動的價值，不僅對人民而言如此，對該城市的經濟亦是如此。」

在愛丁堡所有的慶典中，藝穗節仍然輕鬆地吸引最多的遊客參加。市政廳的資料指出，相較於2009年的186萬參加人次，在2010年，有287萬人參與藝穗節活動。

卡道尼更進一步觀察到，有愈來愈多人體認到慶典對這個城市的價值。「原有的美景愈來愈少，而且慶典變成一件麻煩事，譬如公車擠滿了人，街道上的人車也川流不息。如果你無法被藝術與文化產業所說服，那麼你就必須相信經濟上的主張。我認為人們現在確實體認到這點，而且雖然我們有所損失，但是我們討論過，這是可被接受的三年計畫的一部分。」慶典成功部分的原因要歸功於「國內旅遊」的成長——英國的觀光客留在他們自己的國家。蘇格蘭旅遊局（VisitScotland）的發言人表示：「去年，蘇格蘭旅遊局的『好日子』（Perfect Day）活動為愛丁堡和洛錫安郡（Lothians）額外創造150萬英鎊的收入。這個活動以特製的直接郵件瞄準英國市場來宣傳這個城市中許多的景點、住宿場所以及周邊地區，以吸引住在這裡的人以及英國各地的人們。由於愛丁堡慶典對於愛丁堡和蘇格蘭要成為『必遊之地、必定再訪』的旅遊目的地，都具有國際上的意義和重要性，因此其宣傳成為國內活動非常重要的一個焦點。」

你能從愛丁堡體驗的例子中學到什麼？

• 慶典既是產品，也是宣傳。它們要吸引人，而且本身就是一個景點。這使得它們成為一種優越的行銷。

• 慶典使一個地點充滿活力；它們成為旅遊目的地欲吸引遊客前往的先決條件。

• 慶典又會衍生慶典，而且當它們結合時，它們會為其主辦單位形成一股強大的行銷力量。

第*12*章

相關資源

■ 媒體傳播服務

1. **Burrelle's Luce**：為數位時代提供媒體監測服務。
   http://www.burrellesluce.com
2. **Global Venue TV**：線上活動串流媒體。
   http://globalvenue.tv
3. **Internet News Bureau**：為商界和日報提供線上新聞稿服務。
   http://ssl.internet.com/INB/orderpr.cgi
4. **Market Wire**：整合傳統與數位媒體以推動和建立與顧客之間的關係。
   http://www.marketwire.com
5. **PIMS**：協助公關專業人士從他們的媒體活動中獲得最大的利益。
   http://www.pimsinc.com
6. **Press-Release-Writing.com**：專門從事新聞稿撰寫以及將新聞稿發送給媒體管道。也包含撰寫新聞稿的訣竅和資源。
   http://www.press-release-writing.com
7. **PR Leap**：協助企業散播其訊息並且與客戶接觸。
   http://www.prleap.com
8. **PR News Wire**：專門傳遞新聞稿與附加價值。
   http://www.prnewswire.com
9. **PR Web**：致力於提升網路流量、銷售量與曝光度。
   http://www.prweb.com

■ 活動行銷協會／社團

1. **American Marketing Association (AMA)**：全方位的行銷人員
   專業社團。
   地址： 311 South Wacker Drive, Suite 5800, Chicago, IL 60606
   電話： (800) AMA-1500
   網址： http://www.ama.org
2. **Association of Convention Marketing Executives**：為一專業貿
   易協會，會員皆為專業國際會議行銷管理人員。
   地址： 204 E Street, NE, Washington, DC 30309
   電話： (202) 547-8030
   網址： http://acmenet.org
   臉書： The Association for Convention Sales and Marketing
   　　　Executives (ACME)
   推特： @ACMEtweeting
3. **Association for Convention Operations Management
   (ACOM)**：為一專業貿易協會，會員皆為專業國際會議行銷管
   理人員。
   地址： 191 Clarksville Road, Princeton Junction, NJ 08550
   電話： (609) 799-3712
   網址： http://www.acomonline.org
   臉書： ACOM－The Association for Convention Operations
   　　　Management
   推特： @ACOMTweets

4. **Business Marketing Association**：為一專業貿易協會，其目的為滿足企業對企業的行銷人員之專業、教育訓練以及生涯發展需求。

    地址： 1833 Center Point Circle, Suite 123, Naperville, IL 60563

    電話： (603) 544-5054

    網址： http://www.marketing.org

    推特： @BMA_National

5. **Center for Association Leadership (ASAE)**：致力於提升協會管理人員的專業素養與才能。

    地址： 1575 I Street, NW, Washington, DC 20005

    電話： (888) 950-2723

    網址： http://www.asaecenter.org

6. **Center for Exhibition Industry Research (CEIR)**：全球展覽產業的研究、資訊及宣傳的主要部門。

    地址： 12700 Park Central Drive, Suite 308, Dallas, TX 75251

    電話： (972) 687-9242

    網址： http://www.ceir.org

7. **Convention Industry Council (CIC)**：由美國以及國際主要的會議、大會、展覽及觀光旅遊產業等組織所組成。

    地址： 700 N. Fairfax Street, Suite 510, Alexandria, VA 22314

    電話： (571) 527-3116

    網址： http://www.conventionindustry.org

    臉書： http://www.facebook.com/pages/Convention-Industry-Council/116999999590

    推特： @ConvIndustry

8. **Exhibit Designers and Producers Association (EDPA)**：成員包括展覽設計師、製作人、系統製造者／行銷人員，表演服務承包商、展覽運輸公司，以及其他許多提供產品或服務給展覽產業的機構。

地址：5775 Peachtree-Dunwoody Road, Suite 500-G, Atlanta, GA
　　　30342-1507

電話：(404) 303-7310

網址：http://www.edpa.com

9. **Exposition Service Contractors Association (ESCA)**：提供用品
和／或服務給貿易展、大會、展覽以及銷售會議的公司所組成
的專業組織。

地址：5068 West Plano Parkway, Suite 300, Plano, TX 75202

電話：(972) 447-8212

網址：http://www.esca.org

10. **Hospitality Sales and Marketing Association International
(HSMAI)**：為一專業貿易協會，其成員為飯店、國際會議中心
以及餐旅產業中的專業銷售人員以及為該產業提供服務與產品
的人。

地址：1760 Old Meadow Road, Suite 500, McLean, VA 22102

電話：(703) 506-3266

網址：http://www.hsmai.org

11. **InfoComm International, the Audiovisual (AV) Association**：為
一專業貿易協會，其成員提供交流服務。

地址：11242 Waples Mill Road, Suite 200, Fairfax, VA 22030

電話：(703) 273-7200

網址：http://www.infocomm.org

臉書：http://www.facebook.com/InfoComm

推特：@InfoComm

12. **International Association of Conference Centers (IACC)**：有鑑
於會議中心在餐旅產業中的獨特性，因此其宗旨為促進人們對
它的瞭解和認識。

地址：243 North Lindberg Boulevard, Suite 315, St. Louis, MO
　　　63141

電話：(314) 993-8575

網址：http://www.iacconline.com

臉書：http://www.facebook.com/pages/International-Association-of-Conference-Centers-IACC/288629741567

推特：@IACCconfcenters

13. **International Association for Exhibitions and Events (IAEE)**：為一專業協會，其功能為全球會展產業的管理與支援。

地址： 12700 Park Central Drive, Suite 308, Dallas, TX 75251

電話：(972) 458-8002

網址：http://www.iaee.com

臉書：http://www.facebook.com/iaeehq

推特：@IAEE_HQ

14. **International Special Events Society (ISES)**：為一代表特殊活動產業的綜合性組織。

地址： 401 N. Michigan Avenue, Suite 2200, Chicago, IL 60611-4267

電話：(800) 688-4737

網址：http://www.ises.com

臉書：http://www.facebook.com/profile.php?id=100001475420305

推特：@iseshq

15. **Meeting Professionals International (MPI)**：滿足所有對於會議的成果有直接利害關係的人不同的需求，指導會員讓他們準備好接受不斷轉換的角色，認識相關的知識與技能，並且展現出在會議方面的優異成就。

地址： 3030 Lyndon B. Johnson Freeway, Suite 1700, Dallas, TX 75234-2759

電話：(972) 702-3000

網址：http://www.mpiweb.org

臉書：http://www.facebook.com/MPIfans

推特：@MPI

16. **National Association of Catering Executives (NACE)**：為各類別宴席承包商及其合作供應商所設立的專業協會。

    地址：9891 Broken Land Parkway, Suite 301, Columbia, MD 21046

    電話：(410) 290-5410

    網址：http://www.nace.net

    臉書：http://www.facebook.com/pages/The-Official-NACE-National-Fan-Page/272580417909?ref=ts

    推特：@NACENational

17. **Professional Convention Management Association (PCMA)**：透過會員與業界的教育訓練加強會議、國際大會以及展覽的效能，並且藉由提升會議產業對一般大眾的價值，達到為協會服務的目的。

    地址：35 East Wacker Drive, Suite 500, Chicago, IL 60601

    電話：(312) 423-7262

    網址：http://www.pcma.org

    臉書：http://www.facebook.com/group.php?gid=35493766501

    推特：@pcmahq

18. **Public Relations Society of America (PRSA)**：為一專業貿易協會，其會員皆為參與公共關係活動或是為該行業提供商品與服務的人士。

    地址：33 Maiden Lane, Floor 11, New York, NY 100038

    電話：(212) 460-1452

    網址：http://www.prsa.org

19. **Religious Conference Management Association (RCMA)**：提供全球宗教組織的國際大會和活動的規劃與行銷。

    地址：7702 Woodland Drive, Suite 120, Indianapolis, IN 46278

    電話：(317) 632-1888

    網址：http://www.rcmaweb.org

20. **Society of Corporate Meeting Professionals (SCMP)**：其會員是由企業會議專業人員和國際會議／服務專業人員所組成。

　　地址： 2965 Flowers Road South, Suite 105, Atlanta, GA 30341

　　電話： (770) 457-9212

　　網址： http://www.scmprof.com

21. **Trade Show Exhibitors Association (TSEA)**：提供資訊給利用貿易展和活動媒體來宣傳和銷售其產品的管理專業人員，以及供應商品與服務給這些專業人員的廠商。

　　地址： 2301 South Lake Shore Drive, Suite 1005, Chicago, IL 60616

　　電話： (312) 842-8732

　　網址： http://www.tsea.org

　　臉書： http://www.facebook.com/pages/Trade-Show-Exhibitors-Association/60831289392

　　推特： @TSEAHQ

22. **U.S. Travel Association**：為一專業貿易協會，其會員為宣傳、行銷、研究和提供關於旅遊產業資訊的人士。

　　地址： 1100 New York Avenue, NW, Washington, DC 20005

　　電話： (202) 408-8422

　　網址： http://www.ustravel.org

媒體追蹤服務

1. **24.7 Real Media**：獨立的廣告服務、追蹤與分析。

　　網址：http://www.247realmedia.com

2. **Attentio**：社交媒體監測與研究工具。

　　網址：http://www.attentio.com

3. **Crimson Hexagon**：社交媒體監測與分析。

　　網址：http://www.crimsonhexagon.com

4. **Jitter Jam Social CRM**：結合社交媒體監測、連絡人資料庫以
　　及多重管道數位行銷在一個整合的系統中。

　　網址：http://www.jitterjam.com

5. **Lithium**：讓社交媒體的使用者參與商務。

　　網址：http://www.lithium.com

6. **Radian 6**：加入社交媒體的平台。

　　網址：http://www.radian6.com

7. **Research on Demand**：付費的研究服務，可使用全球公共與私
　　人的資料庫；包含媒體追蹤服務。

　　網址：http://www.researchondemand.com

8. **Sentiment Metrics**：即時的社交媒體追蹤以及回報服務。

　　網址：http://www.sentimentmetrics.com

9. **Sysomos**：監測、參與以及評估社交媒體。

　　網址：http://www.sysomos.com

10. **Trackur**：社交媒體監測軟體。

　　網址：http://www.trackur.com

11. **TVEyes.com**：目的是為網路用戶提供高度自動化、即時警訊
　　的媒體追蹤服務。

　　網址：http://www.tveyes.com

12. **TweetDeck**：社交媒體流量控制。

　　網址：http://www.tweetdeck.com

13. **Webtrends**：手機與社交網絡的解析法。

　　網址：http://www.webtrends.com

參考書目

Ashman, S. G., and Ashman, J. (1999). *Introduction to Event Information Systems.* Washington, DC: George Washington University.

Association of National Advertisers Event Marketing Committee. (1995). *Event Marketing: A Management Guide.* New York: Association of National Advertisers.

Astroff, M. T., and Abbey, J. R. (1995). *Convention Sales and Services.* 4th ed. Cranbury, NJ: Waterbury Press.

Baghot, R., and Nuttall, G. (1990). *Sponsorship, Endorsements and Merchandising: A Practical Guide.* London: Waterloo.

Baker, M. J., and Hart, S. (2007). *The Marketing Book.* Oxford: Butterworth-Heinemann.

Baragona, J. (2007). *Event Solutions 2007 Annual Forecast: Forecasting the Events Industry.* Minneapolis, MN: Event Publishing.

Bergin, R., and Hempel, E. (1990). *Sponsorship and the Arts: A Practical Guide to Corporate Sponsorship of the Performing and Visual Arts.* Evanston, IL: Entertainment Resource Group.

Berridge, G. (2007). *Event Design and Experience.* Oxford: Butterworth-Heinemann.

Bischof, R. (2008). *Event-Marketing: Emotionale Erlebniswelten schaffen— Zielgruppen Nachhaltig Binden.* Berlin: Cornelsen.

Blanchard, O. (2011). *Social Media ROI: Managing and Measuring Social Media Efforts in Your Organization.* Indianapolis, IN: Canada: QUE. Catalano, F., and Smith, B. (2001). *Internet Marketing for Dummies.* Foster City, CA: IDG Books Worldwide.

Catherwood, D. W., and Van Kirk, R. L. (1992). *The Complete Guide to Special Event Management, Business Insights, Financial Advice, and Successful Strategies from Ernst & Young, Advisors to the Olympics, the Emmy Awards and the PGA Tour.* New York: John Wiley & Sons, Inc.

Cohen, W. A. (1987). *Developing a Winning Marketing Plan.* New York: John Wiley & Sons, Inc.

Cornelissen, J. P. (2011). *Corporate Communication: A Guide to Theory and Practice.* 3rd ed. New York: Sage.

Dolan, K., Kerrins, D., and Kasofsky, G. (2000). *Internet Event Marketing*. Washington, DC: George Washington University.

Dover, D., and Dafforn, E. (2011). *Search Engine Optimization (SEO) Secrets*. New York: John Wiley & Sons, Inc.

Doyle, P., and Bridgewater, S. (1998). *Innovation in Marketing*. Oxford: Butterworth-Heinemann.

Eager, B., and McCall, C. (1999). *The Complete Idiot's Guide to Online Marketing*. Indianapolis, IN: Canada: QUE.

Esty, D. C., and Winston, A. S. (2006). *Green to Gold: How Smart Companies Use Environmental Strategy to Innovate, Create Value, and Build Competitive Advantage*. New Haven, CT: Yale University Press.

Flanagan, J. (1993). *Successful Fund Raising: A Complete Handbook for Volunteers and Professionals*. Chicago: Contemporary Books.

Fried, K., Goldblatt, J. J. and Rutherford-Silvers, J. (2000). *Event Marketing*. Washington, DC: George Washington University.

Gartell, R. B. (1994). *Destination Marketing for Convention and Visitor Bureaus*. 2nd ed. Dubuque, IA: Kendall/Hunt.

Getz, D. (2007). *Event Studies: Theory, Research and Policy for Planned Events*. Oxford: Butterworth-Heinemann.

Gillis, T., and IABC. (2011). *The IABC Handbook of Organizational Communication: A Guide to Internal Communication, Public Relations, Marketing, and Leadership (J-B International Association of Business Communicators)*. 2nd ed. San Francisco: Jossey-Bass.

Global Media Commission Staff. (1988). *Sponsorship: Its Role and Effect*. New York: International Advertising Association.

Godin, S., and Pepper, D. (2002). *Permission Marketing*. New York: Free Press.

Goldblatt, J. J. (1996). *The Best Practices in Modern Event Management*. New York: John Wiley & Sons, Inc.

Goldblatt, J. J. (2001). *Special Events, Twenty-First-Century Global Event Management*. New York: John Wiley & Sons, Inc.

Goldblatt, J. J. and McKibben, C. (1996). *The Dictionary of Event Management*. New York: Van Nostrand-Reinhold.

Graham, S., Goldblatt, J. J., and Delpy, L. (1995). *The Ultimate Guide to Sport Event Management and Marketing*. Chicago: Irwin.

Greier, T. (1986). *Make Your Events Special: How to Produce Successful Special Events for Non-Profit Organizations.* New York: Folkworks.

Halligan, B., and Dharmesh, S. (2009). *Inbound Marketing: Get Found Using Google, Social Media and Blogs* (New Rules Social Media Series). New York: John Wiley & Sons, Inc.

Handley, A., and Chapman, C. C. (2010). *Content Rules: How to Create Killer Blogs, Podcasts, Videos, eBooks, Webinars (and More) That Engage Customers and Ignite Your Business.* New York: John Wiley & Sons, Inc.

Harris, N. (1973). *Humbug: The Art of P. T. Barnum.* Chicago: University of Chicago Press.

Harris, T. L. (1991). *The Marketer's Guide to Public Relations: How Today's Top Companies Are Using the New PR to Gain a Competitive Edge.* New York: John Wiley & Sons, Inc.

Hill, E., O'Sullivan, C., and O'Sullivan, T. (2004). *Creative Arts Marketing.* Oxford: Butterworth-Heinemann.

International Association of Business Communicators. (1990). *Special Events Marketing.* San Francisco: International Association of Business Communicators.

International Events Group. (1995). *Evaluation: How to Help Sponsors Measure Return on Investment.* Chicago: International Events Group.

International Events Group. (1995). *Media Sponsorship: Structuring Deals with Newspaper, Magazine, Radio and TV Sponsors.* Chicago: International Events Group.

Jeweler, S., and Goldblatt, J. J. (2000). *The Event Management Certificate Program Event Sponsorship.* Washington, DC: George Washington University.

Kawasaki, G. (1991). *Selling the Dream: How to Promote Your Product, Company or Ideas—and Make a Difference—Using Everyday Evangelism.* New York: HarperCollins.

Keegan, P. B. (1990). *Fundraising for Non-Profits.* New York: Harper Perennial.

Keeler, L. (1995). *Cyber Marketing.* New York: NJ: AMACOM.

Kennedy, D. S. (2011). *The Ultimate Marketing Plan: Target Your Audience! Get Out Your Message! Build Your Brand!* 4th ed. Avon, MA: Adams Media Corporation.

Kotler, P., and Armstrong, G. (2005). *Principles of Marketing.* Upper Saddle River, NJ: Prentice Hall.

Kurdle, A. E., and Sandler, M. (1995). *Public Relations for Hospitality Managers.* New York: John Wiley & Sons, Inc.

Laursen, G. H. N. (2011). *Business Analytics for Sales and Marketing Managers: How to Compete in the Information Age.* New York: John Wiley & Sons, Inc.

Lenderman, M. (2006). *Experience the Message: How Experiential Marketing Is Changing the Brand World.* New York: Carroll & Graf.

Lindsay, K. (2011). *Planning and Managing a Corporate Event.* Oxford: How To Books.

Lury, C. (2011). *Consumer Culture.* Stafford, UK: Polity Press.

Mallen, C., and Adams, L. (2008). *Sport, Recreation and Tourism Event Management: Theoretical and Practical Dimensions.* Oxford: Butterworth-Heinemann.

Martin, E. L. (1992). *Festival Sponsorship Legal Issues.* Port Angeles, WA: International Festivals Association.

Masterman, G., and Wood, E. H. (2006). *Innovative Marketing Communications: Strategies for the Events Industry.* Oxford: Elsevier.

McDonald, M., and Wilson, H. (2002). *The New Marketing.* Oxford: Butterworth-Heinemann.

Meerman-Scott, D. (2010). *Social Media Metrics: How to Measure and Optimize Your Marketing Investment.* New York: John Wiley & Sons, Inc.

National Association of Broadcasters. (1991). *A Broadcaster's Guide to Special Events and Sponsorship Risk Management.* Washington, DC: National Association of Broadcasters.

Neff, D. J., and Moss, R. C. (2011). *The Future of Nonprofits: Innovate and Thrive in the Digital Age.* New York: John Wiley & Sons, Inc.

Pine, B., and Gilmore, J. (1999). *The Experience Economy: Work Is Theatre and Every Business Is a Stage.* Cambridge, MA: Harvard Business School Press.

Plessner, G. M. (1980). *The Encyclopaedia of Fund Raising: Testimonial Dinner and Luncheon Management Manual.* Arcadia, CA: Fund Raisers.

Quain, B. (1993). *Selling Your Services to the Meetings Market.* Dallas, TX: Meeting Professionals International.

Reed, M. H. (1989). *IEG Legal Guide to Sponsorship.* Chicago: International Events Group.

Rich, J. R. (2001). *The Unofficial Guide to Marketing Your Business Online.* Foster City, CA: IDG Books Worldwide.

Richey, L. A., and Ponte, S. (2011). *Brand Aid: Shopping Well to Save the World.* Minneapolis: University of Minnesota Press.

Safko, L. (2010). *The Social Media Bible: Tactics, Tools and Strategies for Business Success.* 2nd ed. New York: John Wiley & Sons, Inc.

Saget, A. (2005). *The Event Marketing Handbook: Beyond Logistics and Planning.* Chicago: Dearborn Trade.

Schmader, S. W., and Jackson, R. (1990). *Special Events: Inside and Out: A "How-To" Approach to Event Production, Marketing, and Sponsorship.* Champaign, IL: Sagamore.

Schmitt, B. H. (1999). *Experiential Marketing.* New York: Free Press.

Schreibner, A. L., and Lenson, B. (1994). *Lifestyle and Event Marketing: Building the New Customer Partnership.* New York: McGraw-Hill.

Shaw, M. (1990). *Convention Sales: A Book of Readings.* East Lansing, MI: Educational Institute of the American Hotel & Motel Association.

Sheerin, M. (1984). *How to Raise Top Dollars for Special Events.* Hartsdale, NY: Public Service Materials Center.

Shenson, H. L. (1990). *How to Develop and Promote Successful Seminars and Workshops: A Definitive Guide to Creating and Marketing Seminars, Classes and Conferences.* New York: John Wiley & Sons, Inc.

Simerly, R. G. (1990). *Planning and Marketing Conferences and Workshops: Tips, Tools, and Techniques.* San Francisco: Jossey-Bass.

Simerly, R. G. (1993). *Strategic Financial Management for Conferences, Workshops, and Meetings.* San Francisco: Jossey-Bass.

Skinner, B. (2002). *Event Sponsorship.* Hoboken, NJ: John Wiley & Sons, Inc.

Soares, E. J. (1991). *Promotional Feats: The Role of Planned Events in the Marketing Communications Mix.* Westport, CT: Greenwood.

Solis, B. (2011). *Engage: The Complete Guide for Brands and Businesses to Build, Cultivate and Measure Success in the New Web.* New York: John Wiley & Sons, Inc.

Stallard, H., et al. (1998). *Bagehot on Sponsorship, Endorsements and Merchandising.* 2nd ed. London: Sweet & Maxwell.

Sterne, J. (2001). *World Wide Web Marketing: Integrating the Web into Your Marketing Strategy.* New York: John Wiley & Sons, Inc.

Supovitz, F. (2004). *The Sports Event Management and Marketing Playbook.* Hoboken, NJ: John Wiley & Sons, Inc.

Ukman, L. (1999). *IEG's Complete Guide to Sponsorship.* Chicago: International Events Group.

U.S. Web and Bruner, R. E. (1998). *Net Results: Web Marketing That Works.* Indianapolis, IN: New Riders.

Waldorf, J., and Rutherford-Silvers, J. (2000). *The Event Management Certificate Program Sport Event Management and Marketing.* Washington, DC: George Washington University.

Wendroff, A. (2003). *Special Events: Proven Strategies for Nonprofit Fundraising.* Hoboken, NJ: John Wiley & Sons, Inc.

Whitman, D. (2004). "Exchange Links and Lure New Customers—For Free." *Net Progress.* Microsoft Central.com.

Williams, W. (1994). *User Friendly Fundraising: A Step-by-Step Guide to Profitable Special Events.* Alexander, NC: WorldComm.

Wolf, T. (1983). *Presenting Performances: A Handbook for Sponsors.* New York: American Council of the Arts.

Wolfson, S. M. (1995). *The Meeting Planner's Complete Guide to Negotiating: You Can Get What You Want.* Kansas City, MO: Institute for Meeting and Conference Management.

Van Der Wagen, L., and Carlos, B. (2004). *Event Management.* New York: Prentice Hall.

■ 活動行銷期刊

Advertising Age. Weekly, by Crain Communications, Detroit. http://adage.com

Agenda New York. Annually, by New York Media, 75 Varick Street, New York, NY 10013; (212) 508–0700.

Association Meetings. Bimonthly, by Adams/Laux Publishing Company, 63 Great
Road, Maynard, MA 01754; (508) 897-5552.
http://meetingsnet.com/associationmeetings

Conference and Association World. Bimonthly, by ACE International, Event
Marketing Periodicals, 211 Riverside House, High Street, Huntingdon,
Cambridgeshire PE18 6SG, England; (0480) 457595; International,
011 44 1480 457595.

Conference and Expositions International. Monthly, by International Trade Publica-
tions Ltd., Queensway House, 2 Queensway, Redhill, Surrey RH1 1QS,
England; (0737) 768611; International, 011 44 1737 768611.

Conference & Incentive Management. Bimonthly, by CIM Verlag für Conference,
Incentive & Travel Management GmBH, Nordkanalstrasse 36, D-20097
Hamburg, Germany; International, 40 237 1405.
http://www.cimunity.com

Convene. Ten times a year, by Professional Convention Management Association,
100 Vestavia Office Park, Suite 220, Birmingham, AL 35216- 9970;
(205) 978-4911.
http://www.pcma.org/Convene.htm

Conventions and Expositions. Bimonthly, by Conventions and Expositions Section of the
American Society of Association Executives, 1575 I Street, NW, Washington, DC
20005; (202) 626-2769.

Corporate and Incentive Travel. Monthly, by Coastal Communications Corporation,
2700 North Military Trail, Suite 120, FL 33431; (561) 989-0600.
http://www.themeetingmagazines.com/index/Default.aspx?alias=www
.themeetingmagazines.com/index/cit

Delegates. Monthly, by Audrey Brindsley, Premier House, 10 Greycoat Place,
London SW1P 1SB, England; (0712) 228866.

Entertainment Marketing Letter. Twelve times a year, by EPM Communications,
Inc., 488 East 18th Street, Brooklyn, NY 11226-6702; (718) 469-9330.

Event Magazine. Monthly, by Haymarket Publication,
http://www.eventmagazine.co.uk

Event Management. Quarterly, by Cognizant Communication Corp., 3 Hartsdale
Road, Elmsford, NY 10523-3701.
http://www.cognizantcommunication.com/filecabinet/EventManagement/
em.htm

Event Solutions. Monthly, by Virgo Publishing, Inc., Phoenix, AZ;
(480) 990-1101.
http://www.event-solutions.com

Events. Bimonthly, by April Harris, published by Harris Communications,
Madison, AL.

Incentive. Monthly, by Northstar Travel Media, 100 Lighting Way, Secaucus, NJ
07094; (201) 902-2000.
http://www.incentivemag.com

Incentive Travel & Corporate Meetings. Market House, 19-21 Market Place, Berk-
shire, RG40 1AP England; 0118 979 3277.
http://www.incentivetravel.co.uk

M&C Meetings and Conventions. Monthly, by News American Publishing, Inc.,
747 Third Avenue, New York, NY 10017.
http://www.meetings-conventions.com/

Marketing Review. Quarterly, by Westburn Publishers Ltd., 23 Millig Street,
Helensburgh, Argyll, G84 9LD Scotland; 01436 678 699.
http://www.westburn-publishers.com/the-marketing-review/
the-marketing-review.html

Meeting News. Daily, by Northstar Travel Media, 100 Lighting Way, Secaucus, NJ
07094; (201) 902-2000.
http://www.meetingnews.com/login.aspx?action=editprofile

Public Relations Journal. Quarterly, by Public Relations Society of America,
33 Maiden Lane, 11th Floor, NY 10038; (212) 460-1400.
http://www.prsa.org

Religious Conference Manager. Seven times a year, by PRIMEDIA, 175 Nature
Valley Place, Owatonna, MN 55060; (507) 455-2136.
http://meetingsnet.com/religiousconferencemanager

Sales and Marketing Management. Fifteen times a year, by Bill Communications,
Inc., 770 Broadway, New York, NY 10003; (646) 654-4500.
http://www.salesandmarketing.com/

Special Events Magazine. Monthly, by PRIMEDIA, 17383 West Sunset Boulevard,
Suite A220, Pacific Palisades, CA 90272; (310) 230-7160.
http://specialevents.com

Successful Meetings. Thirteen times a year, by Goldstein and Associates, Inc.,
1150 Yale Street, #12, Santa Monica, CA 90403; (310) 828-1309.
http://www.successfulmeetings.com

■ 電子行銷服務

Aelana Interactive Multimedia Development

> http://www. aelana.com

Aspen Media: Creative solutions for the digital age.

> http://www.aspenmedia.com

Bay Area Marketing: Specializes in web design, site promotion, hosting, and more.

> http://www.bayareamarketing.com

d2m Interactive: A full-service web development company that offers custom website design, web presence management, Internet marketing services, and electronic commerce solutions.

> http://www.d2m.com/index2.html

Desktop Innovations

> http://www.desktopinnovations.com

Digital Rose: Specializes in website design, Internet publications, and digital photography and marketing.

> http://www.digitalrose.com

Electronic Marketing Group

> http://www.empg.com

Imirage, E-business: Technology and interactive marketing solutions.

> http://www.imirage.com

Impact Studio: Uses the Internet, CD-ROM, and digital video to create electronic marketing campaigns.

> http://www.impactstudio.com

Information Strategies: Electronic marketing, consulting, information design, web assistance, and organizational development for information technology issues.

> http://www.info-strategies.com

Ironwood Electronic Media: Offers electronic marketing services for businesses.

> http://www.cris.com/~ironwood/iwbusiness.htm

Magic Hour Communications

　　http://www.magic-hour.com

SpectraCom: Provides strategic planning and electronic marketing services.

　　http://www.spectracom.com

■ 設備／場地資源

America's Meeting Places. Published by Facts on File.

Auditorium/Arena/Stadium Guide. Published by Amusement Business/Single Copy Department, Box 24970, Nashville, TN 37202.

BVenues:　http://www.bvenues.com

Conference Portfolio: http://www.conferenceportfolio.com

Event: The Guide: http://www.eventvenuesearch.com

Global Venue Solutions: http://www.globalvenuesolutions.co.uk

The Guide to Campus and Non-Profit Meeting Facilities. Published by AMARC.

International Association of Conference Centers Directory. Published by International Association of Conference Centers, 45 Progress Parkway, Maryland Heights, MO 63043.

Locations, Etc.: The Directory of Locations and Services for Special Events. Published by Innovative Productions.

Meeting Source: http://www.meetingsource.com

Regus: *Virtual Conference Venues.* http://www.regus.com

Tradeshow and Convention Guide. Published by Amusement Business/Single Copy Department, Box 24970, Nashville, TN 37202.

會展叢書

活動行銷〔第二版〕

作　　者／Chris Preston
譯　　者／張明玲
出 版 者／揚智文化事業股份有限公司
發 行 人／葉忠賢
總 編 輯／馬琦涵
地　　址／新北市深坑區北深路三段260號8樓
電　　話／(02)8662-6826．8662-6810
傳　　眞／(02)2664-7633
E - m a i l ／service@ycrc.com.tw
網　　址／http://www.ycrc.com.tw
印　　刷／鼎易印刷事業股份有限公司
I S B N ／978-986-298-143-6
二版二刷／2018年1月
定　　價／新臺幣500元

國家圖書館出版品預行編目（CIP）資料

活動行銷 / Chris Preston著；張明玲譯. -- 初版. --
　新北市：揚智文化, 2014.06
　　面；　公分. --（會展叢書）
　譯自：Event marketing: how to successfully
promote events, festivals, conventions, and
expositions, 2nd ed.
　ISBN　978-986-298-143-6（平裝）

　1.公關活動　2.行銷管理

496　　　　　　　　　　　　　　103008416